Molecular Dynamics Simulation

分子动力学模拟

樊哲勇　著

化学工业出版社
·北京·

内 容 简 介

本书主要介绍分子动力学模拟中所涉及的物理学原理、数值算法、编程实现和实际应用案例。在简要回顾分子动力学模拟所需的物理知识后，由一个简单的分子动力学模拟程序入手，继而讨论模拟中的重要概念和算法，如模拟盒子与近邻列表技术、经验势函数与机器学习势函数、控温与控压算法、静态性质计算、输运性质计算等。此外，本书还介绍了路径积分分子动力学的量子基础及算法实现等内容。

本书是一本较为理想的学习分子动力学模拟的入门与提高读物，适合高等院校理工科专业的本科生和研究生及其他任何对分子动力学模拟感兴趣的人士阅读。

图书在版编目（CIP）数据

分子动力学模拟 / 樊哲勇著. -- 北京 ： 化学工业
出版社，2024. 10. -- ISBN 978-7-122-46074-5

Ⅰ. O313

中国国家版本馆 CIP 数据核字第 2024GL7030 号

责任编辑：张　赛　　　　　　　　　　　装帧设计：王晓宇
责任校对：李雨函

出版发行：化学工业出版社（北京市东城区青年湖南街 13 号　邮政编码 100011）
印　　刷：三河市航远印刷有限公司
装　　订：三河市宇新装订厂
710mm×1000mm　1/16　印张 15½　字数 272 千字　2024 年 12 月北京第 1 版第 1 次印刷

购书咨询：010-64518888　　　　　　　售后服务：010-64518899
网　　址：http://www.cip.com.cn
凡购买本书，如有缺损质量问题，本社销售中心负责调换。

定　　价：98.00 元　　　　　　　　　　　版权所有　违者必究

分子动力学模拟是一种数值计算方法，通过对具有一定初始条件和边界条件且具有相互作用的多粒子系统的运动方程进行数值积分，得到系统在相空间中的若干离散轨迹，然后用统计力学方法从这些相轨迹中提取出有用的物理结果。分子动力学模拟在物理、材料、化学、化工、生物、医药、机械、能源、环境、地质等众多学科的研究中发挥着重要作用。

本书是一本较为理想的学习分子动力学模拟的入门与提高读物，适合高等院校理工科专业的本科生和研究生，以及对分子动力学模拟感兴趣的读者。为了更好地理解本书内容，读者需具备一定的编程基础（包括 C++和 Python 编程）和物理学知识基础（大致具备本科物理学的水平）。

本书循序渐进地介绍分子动力学模拟中所涉及的物理学原理、数值算法、编程实现和实际应用案例，具体分为如下 11 章：

第 1 章全面回顾本书所需的物理学知识，包括牛顿力学、分析力学、热力学和经典统计物理。但该章内容不能代替读者对相关知识的系统学习，它旨在帮助读者温习关键基础知识，并熟悉本书所用的数学符号。

第 2 章从一个简单的分子动力学模拟程序 simpleMD 开始，介绍分子动力学模拟的整个流程，但每一部分都保持最简单的形式。在势函数方面，本章将仅涉及最简单的 Lennard-Jones 势。在统计系综方面，本章将仅介绍微正则系综，即具有恒定粒子数 N、体积 V 和能量 E 的 NVE 系综。

第 3 章在第 2 章 simpleMD 程序的基础上开发一个更高级的程序 linearMD，意为线性标度的分子动力学程序。实现线性标度计算的关键在于使用线性标度的近邻列表算法。本章还将模拟盒子从正交的推广为三斜的。最后，本章简要介绍了笔者主导开发的 GPUMD 程序包。

第 4 章介绍了经验多体势函数的定义以及一般性质，接着以两个常用的经验多体势，即嵌入原子方法势和 Tersoff 势为例，重点讨论了势能和力的计算表达式等。对 Tersoff 势，本章展示了一个 C++编程范例，并将其计算结果与由 GPUMD 程序包得到的结果进行了对比，从而验证了其可靠性。

第 5 章进一步讨论机器学习势。本章以笔者主导开发的 Neuroevolution potential（NEP）为例深入讨论机器学习势的三个关键要素：描述符、机器学习模型以及参数优化方法。本章以晶体硅为例，展示了使用 GPUMD 程序包构建一个 NEP 势的基本流程。本章还讨论 NEP 与 Ziegler-Biersack-Littmark 短程排斥势以及 D3 色散相互作用势的组合。

第 6 章讨论实现 NVT 系综的关键，即控温算法。本章讨论了 Berendsen、Bussi-Donadio-Parrinello、Nose-Hoover、Nose-Hoover 链以及朗之万控温算法。对后面三种控温算法，给出了 Python 编程实现并用简谐振子模型进行检验。最后，本章还使用 GPUMD 程序包对比了几个控温算法的特性。

第 7 章在 NVT 系综的基础上进一步讨论 NPT 系综的实现。要实现 NPT 系综，除了控温算法，还需要控压算法。本章讨论三种控压算法，包括 Berendsen、Bernetti-Bussi 以及 Martyna-Tuckerman-Tobias-Klein 控压算法。最后，本章使用 GPUMD 程序包对比了几个控压算法，并展示了几种典型的控压方式。

第 8 章介绍统计误差和静态性质的计算，包括热膨胀、热容、径向分布函数和亥姆霍兹自由能。本章用 GPUMD 程序包计算了晶体硅的热膨胀系数、等压热容、亥姆霍兹自由能，以及液态水的径向分布函数。

第 9 章讨论输运性质的计算。本章对线性响应理论和时间关联函数做初步介绍，之后进一步探讨输运系数的计算，包括自扩散系数、黏滞系数和热导率。本章也讨论了振动态密度的计算。本章用 GPUMD 程序包计算了液态硅的自扩散系数和黏滞系数，以及晶体硅的热导率。

第 10 章讨论路径积分分子动力学。在简要回顾量子力学和量子统计力学的基础之后，本章逐步推导出路径积分分子动力学的基本算法，并用 Python 编程展示其实现。最后，采用 GPUMD 程序包和路径积分分子动力学重新计算液态水的径向分布函数。

第 11 章从势函数、积分算法和物理量测量三方面对本书内容做了一个总结，并对未来版本可能的增补以及分子动力学模拟领域的发展做了一个展望。

本书提供了配套的代码和范例仓库（托管于 GitHub），以及相关程序、文献的链接，读者可扫描右侧二维码获取。该仓库含有与书中所展示代码片段对应的完整代码。此外，该仓库还包含一些额外的代码及说明文档。欢迎读者通过该仓库与笔者展开针对本书的交流。该网站也将用于收集读者对本书的反馈和勘误等。

相关链接

此外，本书还提供了书中部分图片的电子文件，以帮助读者更直观地理解相关示意图。具体请扫码查看。

部分彩图

笔者对分子动力学模拟的学习始于 2010 年在厦门大学做博士后的阶段，所阅读的第一本相关书籍是 J.M. Haile 的 Molecular Dynamics Simulation：Elementary Methods（John Wiley & Sons，New York，1992）。Haile 的书也许是最适合入门的分子动力学模拟教材，至今仍值得一读。那为何还要写一本新书呢？主要原因是 Haile 的书年代久远，缺少许多现代的内容。本书力求像 Haile 的书一样清晰易懂，也希望能在题材上更加现代化。另一本值得推荐的书籍是 Mark E. Tuckerman 的 Statistical Mechanics：Theory and Molecular Simulation（Oxford University Press，2010）。笔者从 Tuckerman 的书中获益良多，其理论深度是本书难以企及的。读者学习完本书后可阅读 Tuckerman 的书，进一步理解分子动力学模拟的相关理论。

本书的撰写得到了众多同行的帮助，包括（按姓名拼音排序）边铁源（香港理工大学）、陈超博（University of Virginia）、陈顺达（George Washington University）、陈泽坤（University of California，Davis）、陈浙锐（大连理工大学）、董海宽（渤海大学）、方满娣（浙江大学）、李可（中科大）、李清（渤海大学）、李顺（山东省科学院）、刘宇奇（渤海大学）、柳佳晖（北京科技大学）、潘书宁（南京大学）、钱丞（Ulsan National Institute of Science & Technology）、邵和助（温州大学）、谭子涵（渤海大学）、唐本瑞（渤海大学）、王硕（渤海大学）、王亚飞（复旦大学）、王彦周（Aalto University）、吴建波（宁夏大学）、肖杨（渤海大学）、熊世云（广东工业大学）、徐博（湖南大学）、徐飞洋（四川大学）、徐克（香港中文大学）、许楠（浙江大学）、严子韩（西湖大学）、应鹏华（Tel Aviv University）、余林凤（湖南大学）、曾泽柱（University College London）、张博（华中科技大学）、张博涵（渤海大学）、张磊（中山大学）、张攀（武汉大学）、张薇（哈尔滨工业大学）、张文君（渤海大学）、张智杰（吉林大学）和赵瑞（湖南大学）。

特别感谢陈泽坤（University of California，Davis）、潘书宁（南京大学）、谭曦（华中科技大学）、唐本瑞（渤海大学）、徐博（湖南大学）、徐克（香港中文大学）、许楠（浙江大学）和应鹏华（Tel Aviv University）为本书贡献若干Python 代码和图片。陈泽坤贡献了图 8.6、图 10.4、代码 8.4 和代码 10.2。潘书宁贡献了图 2.2、图 4.2、图 6.1、图 6.2、图 6.3、图 8.7、代码 6.1、代码 6.2、代码 6.3、代码 8.5、代码 8.6、代码 8.7 和代码 8.8。谭曦贡献了图 3.2。唐本瑞贡献了图 5.3。徐博贡献了图 3.3。徐克贡献了图 10.1、图 10.2 和代码 1.1。许楠贡献了代码 8.3 和代码 10.1。应鹏华贡献了图 3.1。

虽然笔者很早就打算写此书，但要感谢编辑的邀请，促使我下定决心完成此书。最后，感谢家人的全力支持。

樊哲勇

2024 年 4 月

目录
CONTENTS

第 1 章
分子动力学模拟的物理基础

　　本章将引导读者回顾分子动力学模拟所需的物理学知识，包括牛顿力学、分析力学、热力学和经典统计力学。然而，这并不能代替读者对相关知识的系统学习。本章旨在帮助读者温习关键基础知识，并熟悉本书所用的数学符号。需要注意的是，量子力学仅在路径积分分子动力学方法中涉及，因此本章不做回顾。

1.1　牛顿力学

1.1.1　质点力学

　　牛顿（Newton）力学中最基本的研究对象是质点，它是指一个有特定质量（mass）m 但其大小对所研究问题不重要的物体，也常称为粒子（particle）。这也将是分子动力学模拟中最重要的研究对象之一。一个粒子在三维空间的运动由一个位置（position）函数 $r(t)$ 完全地描述。也就是说，在任意时刻 t，粒子的位置由一个有三个分量的矢量给出：

$$r(t) = x(t)e_x + y(t)e_y + z(t)e_z. \tag{1.1}$$

式中，e_x、e_y 和 e_z 是直角坐标系的三个相互正交的单位矢量。

　　我们说粒子的位置函数完全地描述了粒子的运动性质，是因为其他的运动性质，如速度（velocity）和加速度（acceleration），都可由位置函数导出。速度函数定义为位置函数对时间的一阶导数：

$$v(t) = \frac{\mathrm{d}r(t)}{\mathrm{d}t} = \dot{r}(t) = \frac{\mathrm{d}x}{\mathrm{d}t}e_x + \frac{\mathrm{d}y}{\mathrm{d}t}e_y + \frac{\mathrm{d}z}{\mathrm{d}t}e_z. \tag{1.2}$$

加速度函数定义为位置函数对时间的二阶导数，或者速度函数对时间的一阶导数：

$$a(t) = \frac{\mathrm{d}^2 r(t)}{\mathrm{d}t^2} = \frac{\mathrm{d}v(t)}{\mathrm{d}t} = \ddot{r}(t) = \dot{v}(t). \tag{1.3}$$

以上对粒子运动的描述属于运动学（kinematics）范畴。接下来我们讨论质点的动力学（dynamics）。动力学研究物体运动及其变化的原因。质点动力学的基础是牛顿三大运动定律：

（1）牛顿第一定律：当施加于粒子的合外力 F 为零时，该粒子保持静止或以恒定速度 v 运动：

$$F = 0 \Rightarrow v = 常数. \tag{1.4}$$

（2）牛顿第二定律：粒子动量 p 的时间变化率 $\mathrm{d}p/\mathrm{d}t$ 正比于作用于它的合外力 F：

$$F = \frac{\mathrm{d}p}{\mathrm{d}t}. \tag{1.5}$$

粒子的动量（momentum） p 定义为其质量 m 与速度 v 的乘积：

$$p = mv. \tag{1.6}$$

若粒子质量为常数，牛顿第二定律可写为如下形式：

$$F = m\frac{\mathrm{d}v}{\mathrm{d}t} = ma. \tag{1.7}$$

如果作用在一个粒子上的合力为零，则该粒子的动量是常数，这称为动量守恒定律。

（3）牛顿第三定律：每一个作用力都有一个与之大小相等、方向相反的反作用力。例如，如果有一个由粒子 2 作用在粒子 1 上的作用力 F_{12}，那么同时存在一个由粒子 1 作用在粒子 2 上的反作用力 F_{21}，它们大小相等、方向相反：

$$F_{12} = -F_{21}. \tag{1.8}$$

上式是牛顿第三定律的弱形式。强形式的牛顿第三定律进一步要求作用力和反作用力沿着两个粒子所在直线的方向：

$$F_{12} \propto r_{12} \equiv r_2 - r_1. \tag{1.9}$$

显然，满足牛顿第三定律的强形式，就一定满足牛顿第三定律的弱形式，但反之不成立。

一个粒子的角动量（angular momentum）被定义为其位置矢量 r 与动量的叉乘，即：

$$L = r \times p. \tag{1.10}$$

由于位置矢量 r 取决于所选择的坐标系原点，因此角动量也会随之变化。类似地，我们可定义作用在粒子上的力矩（moment of force）M：

$$M = r \times F. \tag{1.11}$$

显然，角动量的时间变化率等于力矩：

$$\frac{dL}{dt} = \frac{d(r \times p)}{dt} = v \times p + r \times F = r \times F = M. \tag{1.12}$$

如果作用在粒子上的力矩为零，则粒子的角动量是常数，这称为角动量守恒定律。

除了动量，还可定义一个仅与质量和速度有关的物理量，称为动能（kinetic energy）：

$$K = \frac{1}{2}mv^2 = \frac{1}{2}mv \cdot v = \frac{1}{2}m(v_x^2 + v_y^2 + v_z^2). \tag{1.13}$$

如果粒子在外力 F 的作用下获得了一个微分位移：

$$dr = dxe_x + dye_y + dze_z, \tag{1.14}$$

则可定义该力对粒子做的微功（work）为：

$$dW = F \cdot dr = F_x dx + F_y dy + F_z dz. \tag{1.15}$$

进一步推导可得：

$$dW = F \cdot vdt = (Fdt) \cdot v = dp \cdot v = mdv \cdot v = d\left(\frac{1}{2}mv^2\right) = dK. \tag{1.16}$$

所以在这一过程中，外力对粒子做的功等于其动能改变量。

外力 F 做的功通常依赖于路径的选取。如果外力做的功与具体路径无关，只与起点和终点有关，那么该外力可写为一个标量场 $U(r)$ 的负梯度：

$$F = -\nabla U(r). \tag{1.17}$$

该标量场 $U(r)$ 称为粒子的势能场，简称势能（potential energy）或势（potential）。与此对应的力称为保守力（conservative force）。该保守力沿任意微小路径对粒子做的总功为：

$$dW = -\nabla U(r) \cdot dr = -dU. \tag{1.18}$$

将该式与式（1.16）比较可得：

$$dK + dU = 0. \tag{1.19}$$

这就是说，在保守力的作用下，粒子在任何过程中的动能与势能之和保持不变。该守恒量称为机械能（mechanical energy）。

1.1.2 粒子系力学

若干粒子的集合称为粒子系（system of particles），也称为系统或体系。在讨论粒子系的动力学行为之前，我们需要明确内力和外力之间的区别。内力是系统中某个粒子作用于另一个粒子的力，故外力则来自于系统之外。内力满足牛顿第三定律。尽管外界对粒子 i 施加力 $\boldsymbol{F}_i^{\text{ext}}$，粒子 i 也对外界施加大小相等、方向相反的反作用力，但由于我们的系统不包含外界，而通常不会对外力使用牛顿第三定律。因此，内力和外力之间的主要区别在于内力是系统内部粒子之间的相互作用力，而外力来自系统外部。

对系统内任意粒子 i，我们可写出其动力学方程：

$$m_i \ddot{\boldsymbol{r}}_i = \sum_{j \neq i} \boldsymbol{F}_{ij} + \boldsymbol{F}_i^{\text{ext}}. \tag{1.20}$$

将上式左右两边同时对粒子指标 i 求和，得：

$$\sum_i m_i \ddot{\boldsymbol{r}}_i = \sum_i \sum_{j \neq i} \boldsymbol{F}_{ij} + \sum_i \boldsymbol{F}_i^{\text{ext}}. \tag{1.21}$$

根据牛顿第三定律，等号右边的第一项等于零。定义系统的总质量为 $m = \sum_i m_i$。如果定义一个平均坐标为：

$$\boldsymbol{r} = \frac{\sum_i m_i \boldsymbol{r}_i}{m}, \tag{1.22}$$

则有：

$$m \ddot{\boldsymbol{r}} = \sum_i \boldsymbol{F}_i^{\text{ext}}. \tag{1.23}$$

该式等效为一个质量为系统总质量 m，坐标为平均坐标 $\boldsymbol{r}$ 的单粒子动力学方程。该等效粒子所受合外力为整个粒子系所受的合外力。我们称该等效粒子为粒子系的质心（center of mass）。由质心坐标可以定义质心速度：

$$\dot{\boldsymbol{r}} = \frac{\sum_i m_i \dot{\boldsymbol{r}}_i}{m}, \tag{1.24}$$

和质心动量：

$$\boldsymbol{p} = m \dot{\boldsymbol{r}} = \sum_i m_i \dot{\boldsymbol{r}}_i. \tag{1.25}$$

于是，质心的牛顿第二定律可用质心动量表达为：

$$\frac{\mathrm{d}\boldsymbol{p}}{\mathrm{d}t} = \sum_i \boldsymbol{F}_i^{\mathrm{ext}}. \tag{1.26}$$

如果系统受到的合外力为零，那么系统的质心动量（即系统的总动量）守恒。这就是质点系的动量守恒定律。

类似地，根据牛顿第三定律，内力对系统总力矩的贡献也为零，即系统所受总力矩等于外力的总力矩 $\boldsymbol{M}^{\mathrm{ext}}$：

$$\boldsymbol{M}^{\mathrm{ext}} = \sum_i \boldsymbol{r}_i \times \boldsymbol{F}_i^{\mathrm{ext}}. \tag{1.27}$$

定义系统的总角动量为：

$$\boldsymbol{L} = \sum_i \boldsymbol{L}_i = \sum_i \boldsymbol{r}_i \times \boldsymbol{p}_i, \tag{1.28}$$

则可证明外力产生的总力矩等于系统总角动量的时间变化率：

$$\frac{\mathrm{d}\boldsymbol{L}}{\mathrm{d}t} = \boldsymbol{M}^{\mathrm{ext}}, \tag{1.29}$$

即角动量定理。若外力产生的总力矩为零，则系统的总角动量守恒，这就是质点系的角动量守恒定律。

如果内力是保守力，那么系统在不受外力时的总势能 U 可表达为各个粒子坐标的函数：

$$U = U(\{\boldsymbol{r}_i\}). \tag{1.30}$$

势能函数在分子动力学模拟中扮演着重要角色，其具体表达式通常与系统的组成和相互作用类型有关。我们暂时只需知道粒子 i 所受合力为势能函数的负梯度：

$$\boldsymbol{F}_i = -\frac{\partial U(\{\boldsymbol{r}_i\})}{\partial \boldsymbol{r}_i} \equiv -\frac{\partial U(\{\boldsymbol{r}_i\})}{\partial x_i}\boldsymbol{e}_x - \frac{\partial U(\{\boldsymbol{r}_i\})}{\partial y_i}\boldsymbol{e}_y - \frac{\partial U(\{\boldsymbol{r}_i\})}{\partial z_i}\boldsymbol{e}_z. \tag{1.31}$$

关于势能函数更系统的讨论见第 2 章、第 4 章和第 5 章。

1.1.3　牛顿运动方程的数值积分

给定一个多粒子体系的初始状态（坐标和速度），根据各个粒子之间的相互作用力就可预测该体系的运动状态，即任意时刻各个粒子的坐标和速度。该预测过程本质上就是对运动方程的数值积分。

对粒子 i 在 $t+\Delta t$ 时刻的坐标做泰勒（Taylor）级数展开：

$$r_i(t+\Delta t) \approx r_i(t) + v_i(t)\Delta t + \frac{1}{2}\frac{F_i(t)}{m_i}(\Delta t)^2. \qquad (1.32)$$

也可考虑一个过去的时刻 $t-\Delta t$ 并做类似的展开：

$$r_i(t-\Delta t) \approx r_i(t) - v_i(t)\Delta t + \frac{1}{2}\frac{F_i(t)}{m_i}(\Delta t)^2. \qquad (1.33)$$

由以上两式可得：

$$r_i(t+\Delta t) \approx 2r_i(t) - r_i(t-\Delta t) + \frac{F_i(t)}{m_i}(\Delta t)^2. \qquad (1.34)$$

这就是所谓的 Verlet 积分算法[1]，它只涉及坐标，不涉及速度。如果要获得速度，需要通过如下差分求得：

$$v_i(t) \approx \frac{r_i(t+\Delta t) - r_i(t-\Delta t)}{2\Delta t}. \qquad (1.35)$$

Verlet 积分算法中的速度计算涉及时间上相差 $2\Delta t$ 的坐标，不太方便。为得到更方便的速度计算方式，考虑如下展开：

$$r_i(t) = r_i(t+\Delta t - \Delta t) \approx r_i(t+\Delta t) - v_i(t+\Delta t)\Delta t + \frac{1}{2}\frac{F_i(t+\Delta t)}{m_i}(\Delta t)^2. \quad (1.36)$$

将式（1.36）与式（1.32）对比可得如下速度计算公式：

$$v_i(t+\Delta t) \approx v_i(t) + \Delta t \frac{F_i(t) + F_i(t+\Delta t)}{2m_i}. \qquad (1.37)$$

式（1.32）和式（1.37）表达的就是速度-Verlet 积分算法[2]。

可以看出，$t+\Delta t$ 时刻的坐标仅依赖于 t 时刻的坐标、速度和力，但 $t+\Delta t$ 时刻的速度依赖于 t 时刻的速度、力及 $t+\Delta t$ 时刻的力。所以，从算法的角度来说，速度-Verlet 积分算法可对应如下计算流程：

① 部分地更新速度并完全地更新坐标：

$$v_i(t) \to v_i(t+\Delta t/2) = v_i(t) + \frac{1}{2}\frac{F_i(t)}{m_i}\Delta t; \qquad (1.38)$$

$$r_i(t) \to r_i(t+\Delta t) = r_i(t) + v_i(t+\Delta t/2)\Delta t. \qquad (1.39)$$

② 用更新后的坐标计算新的力：

$$F_i(t) \to F_i(t+\Delta t). \qquad (1.40)$$

③ 用更新后的力完成速度的更新：

$$v_i(t + \Delta t / 2) \rightarrow v_i(t + \Delta t) = v_i(t + \Delta t / 2) + \frac{1}{2} \frac{F_i(t + \Delta t)}{m_i} \Delta t. \qquad （1.41）$$

1.1.4　Python 编程范例：简谐振子运动的数值求解

我们用一维简谐振子模型来展示速度-Verlet 算法的实现，见代码 1.1。简谐振子偏离平衡位置的坐标为 x，受力为 $-kx$，$k = 1$ 是弹簧的劲度系数。假设初始速度为零，初始坐标为 1，粒子质量取 1，积分步长取 0.01，积分步数取为 1000。图 1.1 展示了坐标和速度随时间的变化情况。图 1.2 展示了该体系的动能、势能与机械能随时间的变化。可以看出，该体系的机械能确实是守恒的。

代码 1.1　求解一维简谐振子运动的 Python 代码

```
1   import numpy as np
2   import matplotlib.pyplot as plt
3
4   m=1; k=1; dt=0.01; n_step=1000
5   v=0; x=1
6   v_vector = np.zeros(n_step)
7   x_vector = np.zeros(n_step)
8   for step in range(n_step):
9       v = v + (dt/2) * (-k * x / m)
10      x = x + dt * v
11      v = v + (dt/2) * (-k * x / m)
12      v_vector[step] = v
13      x_vector[step] = x
```

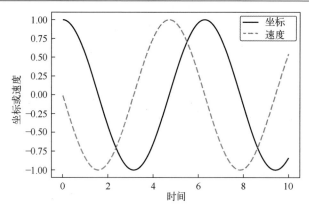

图 1.1　一维简谐振子的坐标和速度随时间的变化

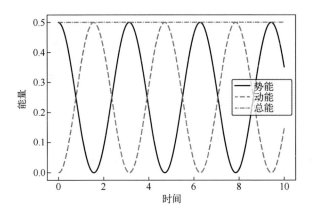

图 1.2　一维简谐振子的动能、势能和机械能随时间的变化

1.2　分析力学

1.2.1　拉格朗日方程

将 s 个广义坐标 $q_1, q_2, \cdots, q_s$ 的集合简记为 q。对保守力体系，可从牛顿力学出发推导出如下拉格朗日（Lagrange）方程：

$$\frac{\mathrm{d}}{\mathrm{d}t}\left(\frac{\partial L}{\partial \dot{q}_\alpha}\right) - \frac{\partial L}{\partial q_\alpha} = 0 \quad (\alpha = 1, 2, \cdots, s). \tag{1.42}$$

其中，

$$L(q, \dot{q}) = K(\dot{q}) - U(q) \tag{1.43}$$

称为拉格朗日量，是动能 K 与势能 U 之差。例如，一维简谐振子的拉格朗日量为：

$$L = \frac{1}{2}m\dot{x}^2 - \frac{1}{2}kx^2. \tag{1.44}$$

由此可推导出简谐振子的运动方程：

$$m\ddot{x} + kx = 0. \tag{1.45}$$

这与牛顿第二定律一致。

1.2.2　哈密顿方程

由于拉格朗日量具有能量量纲，故当广义坐标具有长度量纲时，偏导数 $\dfrac{\partial L}{\partial \dot{q}_\alpha}$

具有动量量纲。我们称这个偏导数为广义动量，记为：

$$p_\alpha = \frac{\partial L}{\partial \dot{q}_\alpha}. \tag{1.46}$$

运用广义动量可将拉格朗日方程写成更简洁的形式：

$$\dot{p}_\alpha - \frac{\partial L}{\partial q_\alpha} = 0 \quad (\alpha = 1, 2, \cdots, s). \tag{1.47}$$

虽然广义动量出现在拉格朗日方程中，但拉格朗日量是广义坐标和广义速度的函数，而不是广义动量的函数。用勒让德（Legendre）变换可改变多元函数的独立变量。为此，我们先写下拉格朗日量的全微分：

$$\mathrm{d}L(q, \dot{q}) = \sum_\alpha \left(\frac{\partial L}{\partial q_\alpha} \mathrm{d}q_\alpha + \frac{\partial L}{\partial \dot{q}_\alpha} \mathrm{d}\dot{q}_\alpha \right) = \sum_\alpha \left(\dot{p}_\alpha \mathrm{d}q_\alpha + p_\alpha \mathrm{d}\dot{q}_\alpha \right). \tag{1.48}$$

勒让德变换是指将函数减去它的某个独立变量与它对该独立变量的偏导数的乘积。选取广义速度为该独立变量进行勒让德变换，并将变换后的函数取相反数可得：

$$H = \sum_\alpha p_\alpha \dot{q}_\alpha - L. \tag{1.49}$$

变换后的函数 H 称为哈密顿（Hamilton）量，它的全微分为：

$$\mathrm{d}H = \sum_\alpha \left(\dot{q}_\alpha \mathrm{d}p_\alpha - \dot{p}_\alpha \mathrm{d}q_\alpha \right). \tag{1.50}$$

由此可知哈密顿量是广义动量和广义坐标的函数，不再是广义速度的函数。既然哈密顿量是广义动量和广义坐标的函数，那么根据全微分的定义有：

$$\mathrm{d}H = \sum_\alpha \left(\frac{\partial H}{\partial q_\alpha} \mathrm{d}q_\alpha + \frac{\partial H}{\partial p_\alpha} \mathrm{d}p_\alpha \right). \tag{1.51}$$

对比以上两式可得如下两组重要的方程：

$$\dot{q}_\alpha = \frac{\partial H}{\partial p_\alpha} (\alpha = 1, 2, \cdots, s), \tag{1.52}$$

$$\dot{p}_\alpha = -\frac{\partial H}{\partial q_\alpha} (\alpha = 1, 2, \cdots, s). \tag{1.53}$$

这 $2s$ 个一阶微分方程组称为哈密顿正则方程。

对于由 N 个粒子组成的体系，根据上述哈密顿量的定义可知：

$$H = \sum_i \frac{\boldsymbol{p}_i^2}{2m_i} + U(\boldsymbol{r}_1, \boldsymbol{r}_2, \cdots, \boldsymbol{r}_N). \tag{1.54}$$

由此可见，哈密顿量就是体系的总能量。以一维简谐振子为例，其哈密顿量为：

$$H = \frac{p^2}{2m} + \frac{1}{2}kx^2. \tag{1.55}$$

由此可得运动方程：

$$\dot{x} = \frac{p}{m}, \tag{1.56}$$

$$\dot{p} = -kx. \tag{1.57}$$

这与牛顿力学的结果一致。

1.2.3 相空间

广义坐标和广义动量是相互独立的变量，它们共同构成了相空间（phase space）。我们将广义坐标和动量简写为如下具有 $2s$ 个分量的矢量：

$$x \equiv (q_1, q_2, \cdots, q_s, p_1, p_2, \cdots, p_s). \tag{1.58}$$

一个矢量就代表一个相空间点。

另外，根据哈密顿正则方程，只要给定一个初始条件，即初始时刻的广义坐标和广义动量，就可唯一地确定任意时刻的广义坐标和广义动量，即如下 $2s$ 个函数：

$$x_\alpha = x_\alpha(t) \quad (\alpha = 1, 2, \cdots, 2s). \tag{1.59}$$

这 $2s$ 个函数将在 $2s$ 维的相空间给出一条轨迹，称为相轨迹。随着时间的推移，一条相轨迹会在相空间跑动，历经多个相点。一个系统中不同的初始条件会给出不同的相轨迹，而两条不同的相轨迹不会相交于某个相点（可用反证法轻易证明）。简谐振子的一条相轨迹如图 1.3 所示。

对于哈密顿体系，可以证明相空间是不可压缩的（incompressible）。在流体力学中，流体的不可压缩性是指其中的流速场的散度为零（即没有源和汇）。将相空间比作流体，那么相空间的不可压缩性指的是：

$$\nabla_x \cdot \dot{x} \equiv \sum_\alpha \frac{\partial \dot{x}_\alpha}{\partial x_\alpha} = 0. \tag{1.60}$$

根据哈密顿正则方程，我们有：

$$\dot{x} = \left(\frac{\partial H}{\partial p_1}, \frac{\partial H}{\partial p_2}, \cdots, \frac{\partial H}{\partial p_s}, -\frac{\partial H}{\partial q_1}, -\frac{\partial H}{\partial q_2}, \cdots, -\frac{\partial H}{\partial q_s} \right), \tag{1.61}$$

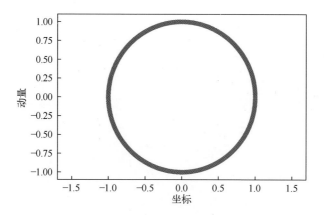

图 1.3　一维简谐振子的一条相轨迹

于是有：

$$\nabla_x \cdot \dot{x} = \sum_{\alpha} \left(\frac{\partial^2 H}{\partial p_\alpha \partial q_\alpha} - \frac{\partial^2 H}{\partial q_\alpha \partial p_\alpha} \right) = 0. \tag{1.62}$$

所以，哈密顿体系的相空间是不可压缩的。

哈密顿体系相空间的不可压缩性也意味着刘维尔（Liouville）定理。首先定义相空间的体积元：

$$dx = dx_1 dx_2 \cdots dx_{2s}. \tag{1.63}$$

记某个初始时刻 $t = 0$ 的相空间点为 x_0，时刻 t 的相空间点为 x_t，刘维尔定理是指：

$$dx_t = dx_0, \tag{1.64}$$

即相空间体积元的体积是守恒的。

为证明该等式，首先注意到，两个体积元可由一个雅可比（Jacobi）行列式（determinant）相联系：

$$dx_t = \det(J)dx_0. \tag{1.65}$$

为确定雅可比行列式，先计算其时间导数：

$$\frac{d}{dt}\det(J) = \frac{d}{dt}e^{\operatorname{tr}[\ln(J)]} = \det(J)\operatorname{tr}\left[\frac{dJ}{dt}J^{-1}\right]. \tag{1.66}$$

上面利用了恒等式：

$$\det(J) = e^{\operatorname{tr}[\ln(J)]}. \tag{1.67}$$

将求迹（trace）展开得：

$$\frac{\mathrm{d}\det(J)}{\mathrm{d}t} = \det(J)\sum_{k,l}\frac{\partial \dot{x}_t^k}{\partial x_0^l}\frac{\partial x_0^l}{\partial x_t^k}. \tag{1.68}$$

利用求导的链式法则可得：

$$\frac{\mathrm{d}\det(J)}{\mathrm{d}t} = \det(J)\sum_{k}\frac{\partial \dot{x}_t^k}{\partial x_t^k}. \tag{1.69}$$

根据相空间体积的不可压缩性：

$$\sum_{k}\frac{\partial \dot{x}_t^k}{\partial x_t^k} = 0. \tag{1.70}$$

可知：

$$\frac{\mathrm{d}\det(J)}{\mathrm{d}t} = 0. \tag{1.71}$$

也就是说，雅可比行列式不随时间变化。将时刻 t 取 0 可得 $\det(J)=1$。于是，我们就证明了刘维尔定理：$\mathrm{d}x_t = \mathrm{d}x_0$。

1.2.4 哈密顿体系运动方程的数值积分

一个物理量 A 可表达为相空间坐标的函数：

$$A = A(\{q_\alpha\},\{p_\alpha\}). \tag{1.72}$$

对时间求导数可得：

$$\frac{\mathrm{d}A}{\mathrm{d}t} = \sum_{\alpha}\left(\frac{\partial A}{\partial q_\alpha}\dot{q}_\alpha + \frac{\partial A}{\partial p_\alpha}\dot{p}_\alpha\right). \tag{1.73}$$

利用哈密顿正则方程，可得：

$$\frac{\mathrm{d}A}{\mathrm{d}t} = \sum_{\alpha}\left(\frac{\partial A}{\partial q_\alpha}\frac{\partial H}{\partial p_\alpha} - \frac{\partial A}{\partial p_\alpha}\frac{\partial H}{\partial q_\alpha}\right). \tag{1.74}$$

定义任意两个物理量之间的泊松（Poisson）括号：

$$\{A,B\} = \sum_{\alpha}\left(\frac{\partial A}{\partial q_\alpha}\frac{\partial B}{\partial p_\alpha} - \frac{\partial A}{\partial p_\alpha}\frac{\partial B}{\partial q_\alpha}\right), \tag{1.75}$$

则有：

$$\frac{\mathrm{d}A}{\mathrm{d}t} = \{A,H\}. \tag{1.76}$$

将物理量 A 取为哈密顿量本身，则有：

$$\frac{\mathrm{d}H}{\mathrm{d}t} = \{H, H\} = 0. \tag{1.77}$$

由此可见，由哈密顿量描述的力学体系的能量守恒。

物理量 A 和哈密顿量之间的泊松括号运算也常用刘维尔算符 iL（i 为虚数单位）表示：

$$\frac{\mathrm{d}A}{\mathrm{d}t} = \{A, H\} \equiv iLA. \tag{1.78}$$

该方程的形式解为：

$$A(t) = \mathrm{e}^{iLt} A(t = 0). \tag{1.79}$$

可以证明，上述指数算符是幺正算符，称为经典演化算符。将物理量 A 取为相空间坐标，则有：

$$x_t = \mathrm{e}^{iLt} x_0. \tag{1.80}$$

该式只是形式解。我们通常无法解析地求解经典演化算符，这就是要研究分子动力学模拟等近似数值计算方法的根本原因。

为推导近似计算方法，可将刘维尔算符写成如下形式：

$$iL = \sum_\alpha \left(\frac{\partial H}{\partial p_\alpha} \frac{\partial}{\partial q_\alpha} - \frac{\partial H}{\partial q_\alpha} \frac{\partial}{\partial p_\alpha} \right). \tag{1.81}$$

将其写成两部分的和：

$$iL = iL_1 + iL_2, \tag{1.82}$$

$$iL_1 = \sum_\alpha \left(\frac{\partial H}{\partial p_\alpha} \frac{\partial}{\partial q_\alpha} \right), \tag{1.83}$$

$$iL_2 = \sum_\alpha \left(-\frac{\partial H}{\partial q_\alpha} \frac{\partial}{\partial p_\alpha} \right). \tag{1.84}$$

以上两个刘维尔算符是非对易的，即：

$$iL_1 iL_2 - iL_2 iL_1 \equiv [iL_1, iL_2] \neq 0. \tag{1.85}$$

由此可知，不能将经典演化算符分开，即：

$$\mathrm{e}^{iL_1 t + iL_2 t} \neq \mathrm{e}^{iL_1 t} \mathrm{e}^{iL_2 t}. \tag{1.86}$$

实际上，两个部分的时间演化算符 $\mathrm{e}^{iL_1 t}$ 和 $\mathrm{e}^{iL_2 t}$ 都可精确求解。我们希望找到一种方法，使得可用 $\mathrm{e}^{iL_1 t}$ 和 $\mathrm{e}^{iL_2 t}$ 近似地表达 $\mathrm{e}^{iL_1 t + iL_2 t}$。对称 Trotter 定理[3]提供了

分子动力学模拟

一种近似方法：

$$e^{A+B} = \lim_{P \to \infty} \left[e^{B/2P} e^{A/P} e^{B/2P} \right]^P. \qquad (1.87)$$

利用该定理，有：

$$e^{iLt} = \lim_{P \to \infty} \left[e^{iL_2 t/2P} e^{iL_1 t/P} e^{iL_2 t/2P} \right]^P. \qquad (1.88)$$

根据该式定义一个时间步长 $\Delta t = t / P$，则有：

$$e^{iLt} \approx \left[e^{iL_2 \Delta t/2} e^{iL_1 \Delta t} e^{iL_2 \Delta t/2} \right]^P + \mathcal{O}(P(\Delta t)^3). \qquad (1.89)$$

上式最后一项说明该近似的（整体）误差正比于 $P(\Delta t)^3$，也就是 $(\Delta t)^2$。如果只看一个时间步的话，我们有：

$$e^{iL\Delta t} \approx e^{iL_2 \Delta t/2} e^{iL_1 \Delta t} e^{iL_2 \Delta t/2} + \mathcal{O}(\Delta t^3). \qquad (1.90)$$

上式的最后一项说明该近似在一个步长内的（局部）误差正比于 $(\Delta t)^3$。

下面考虑 N 个质点的体系。该体系的相空间坐标从时刻 t 到时刻 $t + \Delta t$ 的演化可表达为：

$$\begin{pmatrix} \boldsymbol{r}_i(t + \Delta t) \\ \boldsymbol{p}_i(t + \Delta t) \end{pmatrix} = e^{iL\Delta t} \begin{pmatrix} \boldsymbol{r}_i(t) \\ \boldsymbol{p}_i(t) \end{pmatrix}. \qquad (1.91)$$

利用 Trotter 定理可得：

$$\begin{pmatrix} \boldsymbol{r}_i(t + \Delta t) \\ \boldsymbol{p}_i(t + \Delta t) \end{pmatrix} \approx e^{iL_2 \Delta t/2} e^{iL_1 \Delta t} e^{iL_2 \Delta t/2} \begin{pmatrix} \boldsymbol{r}_i(t) \\ \boldsymbol{p}_i(t) \end{pmatrix}. \qquad (1.92)$$

上述时间演化中两部分的刘维尔算符分别为：

$$iL_1 = \sum_{i=1}^{N} \frac{\boldsymbol{p}_i}{m_i} \cdot \frac{\partial}{\partial \boldsymbol{r}_i}, \qquad (1.93)$$

$$iL_2 = \sum_{i=1}^{N} \boldsymbol{F}_i \cdot \frac{\partial}{\partial \boldsymbol{p}_i}. \qquad (1.94)$$

为进一步推导，我们注意到，对于任意常数 c，我们有：

$$e^{c\frac{\partial}{\partial x}} x = \left(1 + c\frac{\partial}{\partial x} + \frac{1}{2} c^2 \frac{\partial^2}{\partial x^2} + \cdots \right) x = x + c. \qquad (1.95)$$

将该式应用到最右边的演化算符 $e^{iL_2 \Delta t/2}$ 可得：

$$\begin{pmatrix} \boldsymbol{r}_i(t+\Delta t) \\ \boldsymbol{p}_i(t+\Delta t) \end{pmatrix} \approx e^{iL_2\Delta t/2} e^{iL_1\Delta t} \begin{pmatrix} \boldsymbol{r}_i(t) \\ \boldsymbol{p}_i(t) + \dfrac{\Delta t}{2} \boldsymbol{F}_i(t) \end{pmatrix}. \tag{1.96}$$

再考虑算符 $e^{iL_1\Delta t}$，可得：

$$\begin{pmatrix} \boldsymbol{r}_i(t+\Delta t) \\ \boldsymbol{p}_i(t+\Delta t) \end{pmatrix} \approx e^{iL_2\Delta t/2} \begin{pmatrix} \boldsymbol{r}_i(t) + \Delta t \dfrac{\boldsymbol{p}_i(t) + \dfrac{\Delta t}{2} \boldsymbol{F}_i(t)}{m_i} \\ \boldsymbol{p}_i(t) + \dfrac{\Delta t}{2} \boldsymbol{F}_i(t) \end{pmatrix}. \tag{1.97}$$

最后考虑算符 $e^{iL_2\Delta t/2}$，可得：

$$\begin{pmatrix} \boldsymbol{r}_i(t+\Delta t) \\ \boldsymbol{p}_i(t+\Delta t) \end{pmatrix} \approx \begin{pmatrix} \boldsymbol{r}_i(t) + \Delta t \dfrac{\boldsymbol{p}_i(t) + \dfrac{\Delta t}{2} \boldsymbol{F}_i(t)}{m_i} \\ \boldsymbol{p}_i(t) + \dfrac{\Delta t}{2} \boldsymbol{F}_i(t) + \dfrac{\Delta t}{2} \boldsymbol{F}_i(t+\Delta t) \end{pmatrix}. \tag{1.98}$$

上式可由坐标和速度表达为：

$$\boldsymbol{r}_i(t+\Delta t) \approx \boldsymbol{r}_i(t) + \boldsymbol{v}_i(t)\Delta t + \frac{1}{2} \frac{\boldsymbol{F}_i(t)}{m_i}(\Delta t)^2, \tag{1.99}$$

$$\boldsymbol{v}_i(t+\Delta t) \approx \boldsymbol{v}_i(t) + \Delta t \frac{\boldsymbol{F}_i(t) + \boldsymbol{F}_i(t+\Delta t)}{2m_i}. \tag{1.100}$$

这就是速度-Verlet 积分公式。因此，我们从经典演化算符和 Trotter 定理推导出了速度-Verlet 积分公式。

1.3　热力学

1.3.1　基本概念

一个热力学系统是大量粒子的集合，通常简称为系统（system）。系统之外的所有物质称为环境。如果系统与环境既不交换能量也不交换物质，称为孤立系统（isolated system）；若只交换能量但不交换物质，称为闭合系统（closed system）；若既交换能量也交换物质，称为开放系统（open system）。交换的能量可以是热能，称为热量（heat）；也可以是机械能，称为功（work）。一个系统达到热力学平衡时（equilibrium），意味着它的各个部分（称为子系统）之间同时达到了热平衡、力学平衡和扩散平衡。若两个系统分别与第三个系统能达到热平衡，则这两个系统也一定能相互达到热平衡，这就是热力学第零定律。

热力学第零定律说明处于热平衡的两个系统之间有一个相等的量，这个量就是温度（temperature）。

考虑一个简单的孤立或闭合系统，当达到热力学平衡时，可由三个物理量描述：压强（pressure）P、体积（volume）V 和温度 T。给定这三个量，就确定了系统的一个状态。事实上，这三个量并非完全独立，而是由状态方程（equation of state）相联系。该方程可写为：

$$f(P,V,T) = 0. \tag{1.101}$$

其中，f 是一个特定的三元函数。我们可将其中任何一个量写成另外两个量的二元函数，如 $V = V(P,T)$。这样的二元函数在由 P、V、T 这三个参数构成的三维空间中可表示为一个曲面。系统的一个状态就对应于该曲面上的一个点。如果系统的状态发生了变化，我们称系统经历了一个过程（process）。如果系统在其状态发生变化时始终无限接近平衡态，那么系统经历的过程为准静态过程（quasi-static process）。准静态过程对应于状态方程曲面上的一条曲线。

理想气体（ideal gas）体系满足如下状态方程：

$$PV = Nk_BT. \tag{1.102}$$

其中，N 是粒子数，$k_B \approx 1.38 \times 10^{-23} \mathrm{J/K}$ 是玻尔兹曼（Boltzmann）常量。再定义 $n = N/V$ 为系统的数密度，可将理想气体状态方程改写成：

$$P = nk_BT. \tag{1.103}$$

对于单原子理想气体，可以证明：

$$P = \frac{1}{3}nm\langle \boldsymbol{v}^2 \rangle. \tag{1.104}$$

其中，m 是一个原子的质量，$\langle \boldsymbol{v}^2 \rangle$ 是原子速度平方的平均值。于是有：

$$\frac{3}{2}k_BT = \frac{1}{2}m\langle \boldsymbol{v}^2 \rangle. \tag{1.105}$$

这就是温度的微观意义之一：温度是对大量原子（分子）热运动剧烈程度的量度，即原子平均平动动能的量度。

1.3.2 热力学第一定律

热力学第一定律表明，在一个过程中，系统内能的增加量 ΔE 等于环境对系统做的功 W 和传给系统的热 Q 的和：

$$\Delta E = Q + W. \tag{1.106}$$

如果系统对环境做功，则约定 $W<0$；如果系统传给环境热量，则约定 $Q<0$。对于无限小过程，热力学第一定律可写成：

$$dE = \delta Q + \delta W. \tag{1.107}$$

内能是一个热力学体系所包含的能量，其数值无绝对意义，可被定义为将体系从某个标准状态变为当前状态所需的能量。内能不包括与体系总体运动相关的动能以及与体系总体位置相关的势能。功和热量都不是状态量，而是过程量，依赖于具体过程。从数学角度来说，状态量的微分是恰当微分，而过程量的微分则不是。所以，为了区分，用 dE 表示内能的微分，而用 δW 和 δQ 表示微小的功和热量。

系统在吸热时温度一般会升高。因为热量与过程有关，所以将一个系统的温度升高一定的值所需的热量依赖于系统所经历的过程。指定一个过程，可定义热容（heat capacity）：

$$C = \frac{\delta Q}{dT}. \tag{1.108}$$

常见的两个过程是等容（isochoric）过程和等压（isobaric）过程，对应的热容分别为等容热容和等压热容。如果体积固定，系统与外界互不做功，由热力学第一定律可知 $\delta Q = dE$，故等容热容可表达为：

$$C_V = \left(\frac{\delta Q}{dT}\right)_V = \left(\frac{\partial E}{\partial T}\right)_V. \tag{1.109}$$

如果压强固定（体积不固定），系统要对环境做功 PdV，由热力学第一定律可知 $\delta Q = dE + PdV = d(E + PV)$，故等压热容可表达为：

$$C_P = \left(\frac{\delta Q}{dT}\right)_P = \left(\frac{\partial H}{\partial T}\right)_P. \tag{1.110}$$

其中，我们定义了一个类似内能的热力学函数，焓（enthalpy）：

$$H = E + PV. \tag{1.111}$$

综上可知，等容过程中系统吸收的热量等于其内能的增加量；等压过程中系统吸收的热量等于其焓的增加量。如果在一个过程中，系统与环境没有热交换，那么该过程被称为绝热（adiabatic）过程。理想气体的绝热过程可由下式描述：

$$PV^\gamma = 常数, \tag{1.112}$$

其中 $\gamma \equiv C_P / C_V$ 是绝热指数。

循环过程是指系统终态等于初态的过程。在 P-V 图中，循环过程对应于一个闭合路径。若闭合路径为顺时针方向，则系统对环境做净功并从环境吸净热（对应于热机）；反之，环境对系统做净功并从系统吸净热（对应于热泵或制冷机）。

理论上最重要的循环过程为理想气体的卡诺（Carnot）循环，由等温膨胀（高温 T_1）、绝热膨胀、等温压缩（低温 T_2）、绝热压缩四个过程组成。高温和低温由环境中的热源来保持。根据热力学第一定律，对于卡诺热机，系统在等温膨胀过程中从温度为 T_1 的高温热源吸热，并在等温压缩过程中向温度为 T_2 的低温热源放热。系统吸入和放出的热量分别记为 Q_1 和 $|Q_2|(Q_2<0)$，并定义热机的效率 η 为系统所做净功与从高温热源所吸热量之比：

$$\eta = \frac{Q_1 - |Q_2|}{Q_1}. \tag{1.113}$$

容易证明，该效率只与温度有关且总小于 100%：

$$\eta = \frac{T_1 - T_2}{T_1} = 1 - \frac{T_2}{T_1}. \tag{1.114}$$

为什么热机的效率总小于 100%？或者说，为什么系统不能把吸收的热量皆转化为功？这是热力学第一定律无法回答的问题。要回答这个问题，我们需要学习热力学第二定律。

1.3.3 热力学第二定律

比较上面关于卡诺热机效率的两个公式可知（注意 $Q_2<0$）：

$$\frac{Q_1}{T_1} + \frac{Q_2}{T_2} = 0. \tag{1.115}$$

该式用微积分的语言可写成：

$$\oint \frac{\delta Q}{T} = 0. \tag{1.116}$$

克劳修斯（Clausius）证明了该式不但对卡诺循环成立，而且对任何可逆（reversible）循环过程都成立。如果该式不成立，对应的循环就是不可逆的（irreversible）。对不可逆循环，克劳修斯证明了下述不等式：

$$\oint \frac{\delta Q}{T} < 0. \tag{1.117}$$

以上两式分别称为克劳修斯等式和不等式。这两个式子表述的内容被称为克劳修斯定理。

根据微积分知识，适用于可逆过程的克劳修斯等式意味着 $\frac{\delta Q}{T}$ 是一个恰当微分，也就是说，积分 $\int_A^B \frac{\delta Q}{T}$ 与从初态 A 到终态 B 的路径无关。一个恰当微分总可以写成某个函数的全微分。我们用 dS 表示该全微分：

$$dS \equiv \frac{\delta Q}{T}. \tag{1.118}$$

这个新的热力学函数称为熵（entropy），是中国近代物理学奠基人之一胡刚复先生于 1923 年翻译并创造的新字，"火"字旁表示与热量有关，"商"字则表示热温之商。

使用熵的记号，我们可将热力学第一定律写成只涉及热力学变量的形式：

$$dE = TdS - PdV. \tag{1.119}$$

这个重要的式子通常被称为热力学基本方程或热力学基本关系（fundamental thermodynamic relation）。对热力学理论的探索常从这个方程出发。由该式可知，熵与能量和体积类似，是广延（extensive）量，或者说是可加量，而温度与压强是强度（intensive）量。

熵是一个状态量，其值除了一个积分常数（类似于势能的零点）之外，不依赖于系统所经历的过程。例如，考虑单原子理想气体，其内能为体系的动能：

$$E = \frac{3}{2} N k_B T. \tag{1.120}$$

从温度为 T_1、体积为 V_1 的状态变化到温度为 T_2、体积为 V_2 的状态的过程中，系统的熵增加量为：

$$S_2 - S_1 = N k_B \ln \left[\frac{V_2}{V_1} \left(\frac{T_2}{T_1} \right)^{3/2} \right]. \tag{1.121}$$

克劳修斯定理（即克劳修斯等式和不等式）可以说是热力学第二定律的一种数学表述。然而，该数学表述是基于循环过程的。在很多情况下，考虑一个普通的过程或无限小过程更加方便。通过适用于可逆过程的克劳修斯等式，确立了一个恰当微分 d$S = \frac{\delta Q}{T}$。对此积分，可得到对应于一个从态 A 到态 B 的有限可逆过程中的熵变：

$$S_B - S_A = \int_A^B \frac{\delta Q}{T}. \tag{1.122}$$

假设通过一个任意的（可逆或不可逆的）过程让系统从态 B 回到态 A。根据克劳修斯定理有：

$$S_B - S_A + \int_B^A \frac{\delta Q}{T} = \int_A^B \frac{\delta Q}{T} + \int_B^A \frac{\delta Q}{T} = \oint \frac{\delta Q}{T} \leqslant 0, \tag{1.123}$$

即：

$$S_A - S_B \geqslant \int_B^A \frac{\delta Q}{T}. \tag{1.124}$$

令 A 状态无限接近 B 状态，即得：

$$\mathrm{d}S \geqslant \frac{\delta Q}{T}. \tag{1.125}$$

从推导的过程可以看出，这里的等号和不等号分别对应于克劳修斯定理中的等号和不等号，从而分别对应于可逆与不可逆过程。由于与克劳修斯定理等价，这个不等式也可以作为热力学第二定律的数学表述。

特别地，如果过程是绝热的，即 $\delta Q = 0$，那么有：

$$\mathrm{d}S \geqslant 0. \tag{1.126}$$

该式被称为熵增加原理。考察一个不可逆过程：气体的自由膨胀。为简单起见，考虑单原子理想气体的绝热自由膨胀（即假定理想气体被装在绝热容器里）。如果气体体积从 V_1 自由地膨胀至 V_2，因温度不变（气体与环境无热交换，自由膨胀的理想气体与环境也无功的交换，故内能不变，从而温度不变），由式（1.121）可得系统熵的增量为：

$$\Delta S = Nk_\mathrm{B}\ln\frac{V_2}{V_1} > 0. \tag{1.127}$$

因此，该绝热过程是不可逆的，与我们的直觉一致。

1.3.4 热力学函数和关系

到目前为止，我们只研究了与环境没有物质交换的孤立和闭合系统。对于开放系统，其粒子数 N 是允许变化的。为了能处理粒子数变化的过程，我们将 N 也视作一个热力学变量并将热力学基本方程推广为：

$$\mathrm{d}E = T\mathrm{d}S - P\mathrm{d}V + \mu\mathrm{d}N. \tag{1.128}$$

这里引入了一个新的强度量 μ，称为化学势（chemical potential）。从上述内能的全微分可以看出：

$$\mu = \left(\frac{\partial E}{\partial N}\right)_{S,V}. \tag{1.129}$$

这个式子可看作化学势的一个定义。考虑理想气体，由式（1.121）可知其熵随着 N、E 和 V 这些变量的增大而增大。因此，如果要在增大 N 的同时将 S 和 V 固定，必须将 E 减小。因此，根据上述化学势的定义式，理想气体的化学势必然是负的。

由热力学基本方程可知，内能是熵、体积和粒子数的函数：

$$E = E(S, V, N). \tag{1.130}$$

该式中所有变量都是广延量，意味着内能是这些变量的齐次函数，即：

$$E(\lambda S, \lambda V, \lambda N) = \lambda E(S, V, N). \tag{1.131}$$

其中，λ 是一个任意的参数。将该式对参数 λ 求导可得（为简洁起见，省略偏导数的条件）

$$\frac{\partial E(\lambda S, \lambda V, \lambda N)}{\partial (\lambda S)} S + \frac{\partial E(\lambda S, \lambda V, \lambda N)}{\partial (\lambda V)} V + \frac{\partial E(\lambda S, \lambda V, \lambda N)}{\partial (\lambda N)} N = E(S, V, N). \tag{1.132}$$

再取 $\lambda = 1$ 可得（加上偏导数的条件）：

$$E = \left(\frac{\partial E}{\partial S} \right)_{V,N} S + \left(\frac{\partial E}{\partial V} \right)_{S,N} V + \left(\frac{\partial E}{\partial N} \right)_{S,V} N. \tag{1.133}$$

另外，从推广的热力学基本方程可知如下关系：

$$T = \left(\frac{\partial E}{\partial S} \right)_{V,N}, \tag{1.134}$$

$$P = -\left(\frac{\partial E}{\partial V} \right)_{S,N}, \tag{1.135}$$

$$\mu = \left(\frac{\partial E}{\partial N} \right)_{S,V}. \tag{1.136}$$

于是得到一个重要的方程：

$$E = TS - PV + \mu N. \tag{1.137}$$

该方程被称为欧拉（Euler）方程。由欧拉方程可以推导另一个重要的关系式。对欧拉方程两边作全微分，可得：

$$dE = TdS + SdT - PdV - VdP + \mu dN + Nd\mu. \tag{1.138}$$

将此与推广的热力学基本方程对照便知：

$$SdT - VdP + Nd\mu = 0. \tag{1.139}$$

该方程被称为吉布斯（Gibbs）-杜安（Duhem）关系。这个关系告诉我们：三个强度量（压强，温度，化学势）中只有两个是独立的，即此类系统的热力学自由度为 2。

根据欧拉方程，可将熵表达为能量、体积和粒子数的函数：

$$S = S(E, V, N) = \frac{E + PV - \mu N}{T}. \tag{1.140}$$

其全微分可由热力学基本方程得到：

$$dS = \frac{1}{T}dE + \frac{P}{T}dV - \frac{\mu}{T}dN. \tag{1.141}$$

考虑一个孤立系统，并用一个假想边界将该系统分为两个子系统：A 和 B。显然，两个子系统都是开放系统，它们之间能够交换物质与能量。我们用下标 A 和 B 表示两个子系统中的热力学量。由于熵是可加量，故整个孤立系统的熵的全微分可写为：

$$dS = dS_A + dS_B = \frac{1}{T_A}dE_A + \frac{P_A}{T_A}dV_A - \frac{\mu_A}{T_A}dN_A + \frac{1}{T_B}dE_B + \frac{P_B}{T_B}dV_B - \frac{\mu_B}{T_B}dN_B. \tag{1.142}$$

整个系统的粒子数、体积和内能都是守恒的，故有：

$$dS = \left(\frac{1}{T_A} - \frac{1}{T_B}\right)dE_A + \left(\frac{P_A}{T_A} - \frac{P_B}{T_B}\right)dV_A - \left(\frac{\mu_A}{T_A} - \frac{\mu_B}{T_B}\right)dN_A. \tag{1.143}$$

若整个孤立系统达到热力学平衡，则有 $dS = 0$，从而有如下平衡条件：

$$T_A = T_B \quad （热平衡）, \tag{1.144}$$

$$P_A = P_B \quad （力平衡）, \tag{1.145}$$

$$\mu_A = \mu_B \quad （扩散平衡）. \tag{1.146}$$

如果系统仍未达到平衡态，由熵增加原理可知整个系统的广延量（即内能、体积及粒子数）会在子系统之间按照如下规则重新分配：

$$T_A > T_B \Rightarrow dE_A < 0, \tag{1.147}$$

$$T_A = T_B 且 P_A > P_B \Rightarrow dV_A > 0, \tag{1.148}$$

$$T_A = T_B 且 \mu_A > \mu_B \Rightarrow dN_A < 0. \tag{1.149}$$

也就是说，在趋向平衡的过程中，具有较高温度的子系统会失去内能以降低温度，具有较高压强的子系统会扩展体积以降低压强，具有较高化学势的子系统会失去物质（粒子）以降低化学势。所以，化学势是对粒子扩散趋势的一种量度。

无论是能量的全微分还是熵的全微分，其独立变量（也叫自然变量）都是广延量。然而，实验上更容易控制的是强度量。有没有一种方法将部分或全部独立变量用强度量替代呢？勒让德变换可以做到这一点。勒让德变换可将一个函数变换为另一个相关的函数，即原来的函数减去它的一个独立变量与对应的偏导数的乘积。我们曾经用勒让德变换从拉格朗日量得到了哈密顿量。

考虑能量函数 $E = E(S,V,N)$ 并取 V 为需要变换的独立变量，对应的勒让德变换将能量变换为焓：

$$H = H(S,P,N) = E - \left(\frac{\partial E}{\partial V}\right)_{S,N} V = E + PV = TS + \mu N. \tag{1.150}$$

它的独立变量为 S、P 和 N，因为：

$$dH = dE + PdV + VdP = TdS + VdP + \mu dN. \tag{1.151}$$

取 S 为需要变换的独立变量，对能量进行勒让德变换，就可以得到亥姆霍兹（Helmholtz）自由能：

$$F = F(T, V, N) = E - \left(\frac{\partial E}{\partial S}\right)_{V,N} S = E - TS = -PV + \mu N. \tag{1.152}$$

它的独立变量为 T、V 和 N，因为：

$$dF = dE - TdS - SdT = -SdT - PdV + \mu dN. \tag{1.153}$$

如果同时针对 V 和 S 两个变量进行勒让德变换，则可得到吉布斯自由能：

$$G = G(T, P, N) = E - TS + PV = \mu N. \tag{1.154}$$

它的独立变量为 T、P 和 N，因为：

$$dG = -SdT + VdP + \mu dN. \tag{1.155}$$

最后，如果取 N 为需要变换的独立变量并对亥姆霍兹自由能进行勒让德变换，即可得到朗道（Landau）自由能：

$$\Phi = \Phi(T, V, \mu) = F - \mu N = -PV. \tag{1.156}$$

它的独立变量为 T、V 和 μ，因为：

$$d\Phi = -SdT - PdV - Nd\mu. \tag{1.157}$$

内能和上述四个通过勒让德变换得到的函数统称为热力学势。

前面根据熵增加原理讨论了孤立系统趋于平衡的过程。然而，孤立系统的模型往往不是讨论一个特定问题时的最佳选择。这里，我们来考察其他类型的系统（闭合系统和开放系统）趋于平衡的过程。

一个常见的例子是体积和粒子数固定的闭合系统，它与一个热源接触而保持一个恒定的温度。对这样的非孤立系统，熵增加原理不再适用，因为系统与环境（主要是热源）可能会交换热量。为了研究此时系统的热力学演化行为，必须从热力学第二定律更为一般的表达式，即 $TdS \geqslant \delta Q$ 出发。一方面，因温度恒定，有 $TdS = d(TS)$；另一方面，因粒子数和体积固定，由热力学第一定律可知 $\delta Q = dE$。结合这三个式子，并注意到亥姆霍兹自由能的定义，可得到如下不等式：

$$dF \leqslant 0. \tag{1.158}$$

该式被称为自由能最小原理。它是说，一个粒子数、体积和温度固定的系统总是朝着自由能减小的方向演化。

另一个常见的例子是粒子数、压强和温度固定的系统。类似地，可根据热力学第一和第二定律得到不等式 $\mathrm{d}(TS) \geqslant \mathrm{d}E + \mathrm{d}(PV)$。利用吉布斯函数的定义可将该不等式表达为：

$$\mathrm{d}G \leqslant 0. \tag{1.159}$$

这就是吉布斯函数最小原理，即一个粒子数、压强和温度固定的系统总是朝着吉布斯函数减小的方向演化。

1.4 经典统计力学

1.4.1 统计系综和统计分布函数

一个统计系综（statistical ensemble）由大量系统组成，其中每个系统具有同样的微观相互作用规律和一组同样的宏观性质。虽然系综中每一个系统具有同样的微观相互作用规律，但它们不一定处于同样的微观状态。从时间演化的角度看，系综中每一个系统的初始微观状态都不一样，从而代表相空间中不同的轨迹。根据系综的宏观性质，可将它分为微正则系综、正则系综、等温等压系综等。根据系综中宏观性质的时间依赖性，可将它分为平衡系综和非平衡系综等。本章仅讨论宏观性质不随时间变化的平衡系综。

设有一个平衡系综，具有 Z 个微观系统。在某一时刻，第 λ 个微观系统的相空间状态为 x_λ，物理量 A 的取值为 $A(x_\lambda)$。我们定义该物理量在该系综中的系综平均（ensemble average）为：

$$\langle A \rangle = \frac{1}{Z} \sum_{\lambda=1}^{Z} A(x_\lambda). \tag{1.160}$$

对于具有 N 个粒子的系统，相空间点是连续的，系综平均可由一个统计分布函数（statistical distribution function）$f(x)$ 表达：

$$\langle A \rangle = \int \mathrm{d}x f(x) A(x). \tag{1.161}$$

该函数满足正定条件：

$$f(x) \geqslant 0, \tag{1.162}$$

以及归一化条件：

$$\int \mathrm{d}x f(x) = 1. \tag{1.163}$$

对于平衡系综，其统计分布函数不依赖于时间，故与体系的哈密顿量是对易的：

$$\frac{\mathrm{d}f}{\mathrm{d}t} = \{f(x), H(x)\} = 0. \tag{1.164}$$

该式的一般解是：

$$f(x) = \frac{1}{Z} F[H(x)], \tag{1.165}$$

其中 F 是某种函数，Z 是归一化因子：

$$Z = \int \mathrm{d}x F[H(x)]. \tag{1.166}$$

后面我们会看到，Z 叫作配分函数（partition function），是统计物理中最重要的量之一。对不同的宏观条件，我们有不同的系综，对应不同的统计分布函数。本章剩下的部分讨论微正则系综、正则系综以及等温等压系综。

1.4.2　微正则系综

我们考虑一个孤立系统。这个系统具有固定的粒子数 N（系统与外界无粒子交换）、体积 V（系统与外界无体积功的交换）以及能量 E（系统与外界也不交换热量，故能量不变）。这样的系统组成的系综称为 NVE 系综，或微正则系综（micro-canonical ensemble）。从热力学的角度来看，系统的状态就由 N、V 和 E 来描述。这些量称为宏观量，而一组宏观量就确定了一个宏观态（macrostate）。然而，从微观角度来说，即使一个系统处于一个确定的宏观态，系统中各个粒子的运动状态也可能是不确定的。系统中所有粒子的运动状态的组合构成一个微观态（microstate）。一个 N、V 和 E 确定的宏观态可能具有多个微观态，而且微观态的个数一般来说是 N、V 和 E 的函数。我们将这个函数记为：

$$\Omega = \Omega(N, V, E). \tag{1.167}$$

上面只考虑了一个孤立系统。现在考虑一个由子系统 1 和 2 构成的复合系统。设两个子系统之间可相互传热，但不能相互传递粒子，也不能相互做体积功。于是，每个子系统的粒子数和体积都不变，但能量可变。设两个子系统之间的相互作用能可忽略不计，则复合系统的总能量 E 为两个子系统能量之和：

$$E_1 + E_2 = E. \tag{1.168}$$

假定复合系统是孤立的，其总能量 E 是常数。因为子系统 1 有 $\Omega_1(N_1, V_1, E_1)$ 个微观态，子系统 2 有 $\Omega_2(N_2, V_2, E_2)$ 个微观态，而子系统 1 的任何一个微观态与子系统 2 的任何一个微观态一起构成了复合系统的一个可能的微观态，故由乘法原理可知，复合系统有

$$\Omega(N_1, V_1, E_1, N_2, V_2, E_2) = \Omega_1(N_1, V_1, E_1)\Omega_2(N_2, V_2, E_2) \tag{1.169}$$

个微观态。试问：总能量 E 如何在两个子系统之间分配，才能让两个子系统之间达到热力学平衡？也就是说，如果一开始两个子系统之间没有达到热力学平衡，那么能量 E_1（或 E_2）要如何改变才能使两个子系统趋向热力学平衡？

要回答上面的问题，必须对宏观态与微观态的对应作一个假设。这个假设就是等概率原理（the principle of equal a priori probabilities），即一个孤立系统所有可能的微观态出现的概率都是相等的。如何将等概率原理运用到统计力学和热力学中呢？既然每一个微观状态（不管它属于哪一个宏观态）出现的概率都相等，那么那个具有最大微观状态数的宏观态出现的概率自然是最大了。这个具有最大微观状态数的宏观态叫作最可几态。所以，随着时间的推移，系统将演化到最可几态。这个最可几态自然就是平衡态。所以，当复合系统达到热力学平衡时，微观状态数 $\Omega(N_1, V_1, E_1, N_2, V_2, E_2)$ 应该具有最大值。因为这个问题中唯一可变化的是 E_1（或 E_2），这个最大值发生的条件是：

$$\frac{\partial}{\partial E_1}\Omega(N_1, V_1, E_1, N_2, V_2, E_2) = \frac{\partial}{\partial E_1}\big[\Omega_1(N_1, V_1, E_1)\Omega_2(N_2, V_2, E_2)\big] = 0. \tag{1.170}$$

在我们的问题中，N_1、N_2、V_1、V_2 都是常数，故可将上式简写为：

$$\frac{\partial}{\partial E_1}\big[\Omega_1(E_1)\Omega_2(E_2)\big] = 0. \tag{1.171}$$

注意到 $E_1 + E_2 = E$，我们有：

$$\frac{\partial \Omega_1(E_1)}{\partial E_1}\Omega_2(E_2) - \Omega_1(E_1)\frac{\partial \Omega_2(E_2)}{\partial E_2} = 0, \tag{1.172}$$

即：

$$\frac{1}{\Omega_1(E_1)}\frac{\partial \Omega_1(E_1)}{\partial E_1} = \frac{1}{\Omega_2(E_2)}\frac{\partial \Omega_2(E_2)}{\partial E_2}, \tag{1.173}$$

亦即：

$$\frac{\partial \ln\big[\Omega_1(E_1)\big]}{\partial E_1} = \frac{\partial \ln\big[\Omega_2(E_2)\big]}{\partial E_2}. \tag{1.174}$$

上式就是两个子系统达到热力学平衡的条件。因为子系统之间不能传粒子也不能做功，这个条件具体地说就是热平衡的条件。热平衡时子系统之间的温度相等，即 $T_1 = T_2$，或者 $1/T_1 = 1/T_2$。运用热力学基本方程，可有：

$$\left(\frac{\partial S_1}{\partial E_1}\right)_{N_1, V_1} = \left(\frac{\partial S_2}{\partial E_2}\right)_{N_2, V_2}. \tag{1.175}$$

比较以上两式，可猜测 $S \propto \ln[\Omega(E)]$，即一个系统的某个宏观态的熵正比于该宏观态的微观状态数的对数，此即玻尔兹曼提出的熵的微观解释。我们注意到玻尔兹曼常数 k_B 与熵具有相同的量纲，而微观状态数的对数的量纲是 1，故可猜测上式中的比例常数就是 k_B：

$$S = k_B \ln[\Omega(E)]. \tag{1.176}$$

普朗克（Planck）最先写出了这个后来被刻在玻尔兹曼墓碑上的等式。

　　熵的微观解释和等概率原理也包含了热力学第二定律。根据等概率原理，一个孤立系统总是向微观状态数最大的宏观态演化。这就是用来表述热力学第二定律的熵增加原理。

　　根据熵的公式 $S = k_B \ln \Omega$，熵有一个绝对的最小值 0，当且仅当 $\Omega = 1$ 时取得，这对应简单晶体在零温的情形。对复杂晶体或非晶物质，可能有 $M(\geqslant 1)$ 个基态，使得零温时熵的最低值为 $S_0 = k_B \ln M$。不管如何，一个闭合系统在绝对零度的熵值是确定的，但无法用有限的步骤将系统的熵降低到最低值，这是能斯特（Nernst）对热力学第三定律的一种表述。

1.4.3　正则系综

　　正则系综（canonical ensemble）考虑 M 个相同的具有一定粒子数 N、体积 V 和温度 T 的热力学系统。这样的系综也称为 NVT 系综。可以想象让 M 个相同的系统排成一个圈，相邻系统之间有微弱的相互作用，使得所有的系统最终能处于同一温度。用 M_i 表示在微观态 i 上的系统数目，E_i 表示态 i 的能量。对于一个给定的分布 $\{M_i\}$，系综的微观状态数为：

$$\Omega = \frac{M!}{\prod_i M_i!}. \tag{1.177}$$

从而，这个系综（作为一个很大的孤立系统）的熵为：

$$S_M = k_B \ln \Omega = k_B \ln \left(\frac{M!}{\prod_i M_i!} \right). \tag{1.178}$$

平衡态对应于系综的熵取极大值的情形，由此可确定分布 $\{M_i\}$。在 $\sum M_i$ 和 $\sum M_i E_i$ 都是常数的约束条件下，可引入两个拉格朗日乘子 α 和 β，将熵取极值的条件写为：

$$\frac{\partial \ln \Omega}{\partial M_i} - \alpha \frac{\partial \sum_j M_j}{\partial M_i} - \beta \frac{\partial \sum_j M_j E_j}{\partial M_i} = 0. \tag{1.179}$$

在 M 趋近于无穷大时，所有的 M_i 也趋近于无穷大。利用斯特林（Stirling）公式：

$$\ln M! \approx M(\ln M - 1), \tag{1.180}$$

可得：

$$\ln M_i = -\alpha - \beta E_i. \tag{1.181}$$

对上式两边取指数可得：

$$M_i = \mathrm{e}^{-\alpha - \beta E_i}. \tag{1.182}$$

既然 M_i 是处于微观态 i 的系统的个数，那么一个系统处于微观态 i 的概率为：

$$w_i = \frac{M_i}{M} = \frac{\mathrm{e}^{-\beta E_i}}{\sum_i \mathrm{e}^{-\beta E_i}}. \tag{1.183}$$

上式中的分母称为正则配分函数（canonical partition function），记为：

$$Z = \sum_i \mathrm{e}^{-\beta E_i}. \tag{1.184}$$

正则系综中的温度是常数，故可猜测 β 与温度有关。从量纲的角度来看可猜测：

$$\beta = \frac{1}{k_\mathrm{B} T}. \tag{1.185}$$

将统计力学结果与热力学结果对比可知，此处引入的 T 正是温度。

可以证明，整个正则系综的熵可化为如下形式：

$$S_M = -k_\mathrm{B} M \sum_i w_i \ln w_i. \tag{1.186}$$

由熵的可加性得到单个系统的熵为：

$$S = -k_\mathrm{B} \sum_i w_i \ln w_i. \tag{1.187}$$

该公式称为熵的吉布斯公式。虽然我们是在正则系综中推导出该式，它也适用于其他系综。例如，在微正则系综中，任意微观态 i 的概率为 $w_i = 1/\Omega$，从而可由吉布斯熵公式得到玻尔兹曼熵公式：

$$S = k_\mathrm{B} \ln \Omega. \tag{1.188}$$

将概率函数 w_i 的表达式代入熵的吉布斯公式可得：

$$S = k_B \ln Z + \frac{E}{T}. \tag{1.189}$$

其中，

$$E = \sum_i w_i E_i \tag{1.190}$$

是系统能量的平均值。于是，

$$E - TS = -k_B T \ln Z. \tag{1.191}$$

上式右边就是亥姆霍兹自由能：

$$F = -k_B T \ln Z. \tag{1.192}$$

这样就将正则配分函数与系统的亥姆霍兹自由能联系起来了。这个联系的意义是深远的，因为在粒子数、体积和温度固定的系统中，亥姆霍兹自由能包含系统所有的热力学性质。例如，正则系综中系统的能量和压强平均值可分别表示为：

$$E = -\frac{\partial}{\partial \beta} \ln Z, \tag{1.193}$$

$$p = \frac{1}{\beta} \frac{\partial}{\partial V} \ln Z. \tag{1.194}$$

如果系统的粒子数不是无穷大，热力学量应该有涨落，即标准偏差不为零。正则系综中能量平方的平均值：

$$\langle E^2 \rangle = \sum_i w_i E_i^2, \tag{1.195}$$

可写成：

$$\langle E^2 \rangle = \langle E \rangle^2 - \frac{\partial \langle E \rangle}{\partial \beta}. \tag{1.196}$$

为明确起见，我们把之前定义的平均能量 E 写成了 $\langle E \rangle$。进而可求出能量的方差：

$$(\Delta E)^2 = \langle E^2 \rangle - \langle E \rangle^2 = -\frac{\partial \langle E \rangle}{\partial \beta} = \frac{1}{k_B \beta^2} \frac{\partial \langle E \rangle}{\partial T} = k_B T^2 C_V. \tag{1.197}$$

其中，C_V 是系统的等容热容。这就证明了等容热容一定非负。因为能量和等容热容都是广延量，能量的相对偏差在热力学极限（保持粒子数密度不变时让粒子数趋近于无穷大）下趋于零：

$$\frac{\Delta E}{\langle E \rangle} = \frac{\sqrt{k_B T^2 C_V}}{\langle E \rangle} \to \frac{1}{\sqrt{N}}. \tag{1.198}$$

这个结论的数学根源是中心极限定理：即不管每个粒子的能量如何分布，在粒子数趋于无穷大时，系统总能量的相对偏差一定趋于零。

接下来，我们从离散能量的情形推广到连续能量的情形。为此，只要将概率函数 w_i 换成统计分布函数 $f(q,p)$ 即可：

$$f(q,p) = \frac{e^{-\beta H(q,p)}}{\int dq dp e^{-\beta H(q,p)}}. \tag{1.199}$$

其分母

$$Z = \int dq dp e^{-\beta H(q,p)} \tag{1.200}$$

就是连续情形中的配分函数。这个配分函数的定义不是最终的正确形式（一个明显的问题是 Z 的量纲不为 1），但在遇到问题之前，我们不知道该对它做怎样的修正。对经典粒子系统，总能量 $H(q,p)$ 是动能 $K(p)$ 和势能 $U(q)$ 的和：

$$H(q,p) = K(p) + U(q). \tag{1.201}$$

于是，系统处于相空间体积元 $dpdq$ 的概率 $f(q,p)dpdq$ 可分解为动量部分 $f_p(p)dp$ 和坐标部分 $f_q(q)dq$ 的乘积：

$$\frac{e^{-\beta H(q,p)}}{Z} dpdq = \left[A e^{-\beta K(p)} dp \right] \left[B e^{-\beta U(q)} dq \right] \equiv \left[f_p(p)dp \right] \left[f_q(q)dq \right]. \tag{1.202}$$

其中，常数 A 和 B 分别是动量和坐标部分的归一化因子，满足 $AB = 1/Z$。这就是说，我们可以将动量分布函数与坐标分布函数分开来研究。这是关于独立随机变量的乘法原理的体现。

对一般的系统，如果我们不知道体系的势能函数，则无法研究坐标分布函数。然而，任何系统的动能都可以写成单粒子动能的和，所以可进一步将整个系统的动量分布函数 $f_p(p)dp$（这里的 p 指代所有 $3N$ 个动量分量）分解为单个粒子的动量分布函数 $f_p(\boldsymbol{p})$（这里的 $\boldsymbol{p}$ 指代某个原子的动量矢量）的乘积。其中，$f_p(\boldsymbol{p})$ 为：

$$f_p(\boldsymbol{p})dp_x dp_y dp_z = a e^{-\beta \frac{p_x^2 + p_y^2 + p_z^2}{2m}} dp_x dp_y dp_z = a e^{-\frac{p_x^2 + p_y^2 + p_z^2}{2mk_B T}} dp_x dp_y dp_z. \tag{1.203}$$

此处的归一化因子 a 与前面的归一化因子 A 的关系为 $A = a^N$。单粒子动量分布函数的归一化因子可计算为 $a = (2\pi m k_B T)^{-3/2}$。于是可将单粒子动量分布函数完整地写出来：

$$f_{\boldsymbol{p}}(\boldsymbol{p})\mathrm{d}p_x\mathrm{d}p_y\mathrm{d}p_z = \frac{1}{(2\pi m k_{\mathrm{B}}T)^{3/2}}\mathrm{e}^{-\frac{p_x^2+p_y^2+p_z^2}{2mk_{\mathrm{B}}T}}\mathrm{d}p_x\mathrm{d}p_y\mathrm{d}p_z.\qquad(1.204)$$

如果将动量换成速度 $\boldsymbol{v}$，我们可立刻写出速度分布函数：

$$f_{\boldsymbol{v}}(\boldsymbol{v})\mathrm{d}v_x\mathrm{d}v_y\mathrm{d}v_z = \left(\frac{m}{2\pi k_{\mathrm{B}}T}\right)^{3/2}\mathrm{e}^{-\frac{m(v_x^2+v_y^2+v_z^2)}{2k_{\mathrm{B}}T}}\mathrm{d}v_x\mathrm{d}v_y\mathrm{d}v_z.\qquad(1.205)$$

这就是麦克斯韦（Maxwell）速度分布函数。

我们可以继续将各个方向的速度分量的分布函数分离出来。例如，x 方向的速度分布函数为：

$$f_{v_x}(v_x)\mathrm{d}v_x = \left(\frac{m}{2\pi k_{\mathrm{B}}T}\right)^{1/2}\mathrm{e}^{-\frac{mv_x^2}{2k_{\mathrm{B}}T}}\mathrm{d}v_x.\qquad(1.206)$$

由此可知：

$$\left\langle v_x^2\right\rangle = \frac{k_{\mathrm{B}}T}{m},\qquad(1.207)$$

即每个平动自由度的平均能量为 $k_{\mathrm{B}}T/2$：

$$\frac{1}{2}m\left\langle v_x^2\right\rangle = \frac{k_{\mathrm{B}}T}{2}.\qquad(1.208)$$

这就是能量均分定理在平动自由度的体现。

下面将正则系综分布函数应用于单原子理想气体。首先，我们写出 N 个无相互作用原子组成的理想气体系统的能量函数：

$$H(q,p) = \sum_{i=1}^{N}\frac{\boldsymbol{p}_i^2}{2m},\qquad(1.209)$$

对这样的系统，其配分函数是：

$$Z = \int \exp\left[-\sum_{i=1}^{N}\frac{\boldsymbol{p}_i^2}{2mk_{\mathrm{B}}T}\right]\mathrm{d}\boldsymbol{r}_1\mathrm{d}\boldsymbol{p}_1\mathrm{d}\boldsymbol{r}_2\mathrm{d}\boldsymbol{p}_2\cdots\mathrm{d}\boldsymbol{r}_N\mathrm{d}\boldsymbol{p}_N.\qquad(1.210)$$

然而，正如之前就指出过的，这个配分函数的量纲不对。要使配分函数的量纲等于 1，必须将上式除以一个量纲为（[长度]×[动量]）^{3N} 的量。这样做其实就是定义一个量纲为[长度]×[动量]的"最小"相空间体积 ω_0，使得：

$$\int \frac{\prod_{i=1}^{N} \mathrm{d}\boldsymbol{r}_i \mathrm{d}\boldsymbol{p}_i}{\omega_0^{3N}} \qquad (1.211)$$

等于系统中总的"相点个数"。我们期望这个最小相空间体积 ω_0 是一个小量。普朗克常数 h 与 ω_0 具有同样的量纲，故暂且假设 $\omega_0 = h$。于是，配分函数为：

$$Z = \frac{1}{h^{3N}} \int \exp\left[-\sum_{i=1}^{N} \frac{\boldsymbol{p}_i^2}{2mk_\mathrm{B}T}\right] \mathrm{d}\boldsymbol{r}_1 \mathrm{d}\boldsymbol{p}_1 \mathrm{d}\boldsymbol{r}_2 \mathrm{d}\boldsymbol{p}_2 \cdots \mathrm{d}\boldsymbol{r}_N \mathrm{d}\boldsymbol{p}_N. \qquad (1.212)$$

上述配分函数可以写成如下形式：

$$Z = Z_1^N, \qquad (1.213)$$

$$Z_1 = \frac{V}{\lambda^3}, \qquad (1.214)$$

$$\lambda = \frac{h}{\sqrt{2\pi m k_\mathrm{B}T}}. \qquad (1.215)$$

于是，体系的亥姆霍兹自由能为：

$$F = -k_\mathrm{B}T\ln Z = -Nk_\mathrm{B}T\ln\left(\frac{V}{\lambda^3}\right). \qquad (1.216)$$

通过上述自由能，可计算体系的压强，从而导出理想气体状态方程 $PV = Nk_\mathrm{B}T$。从统计分布函数可以计算出理想气体的熵：

$$S = Nk_\mathrm{B}\ln\left(\frac{V}{\lambda^3}\right) + \frac{3}{2}Nk_\mathrm{B}. \qquad (1.217)$$

虽然上述熵和自由能以及内能满足关系 $F = E - TS$，但值得注意的是熵和自由能都不是广延量。这是不可接受的。这说明我们的理论还有不完美的地方。这个问题能由所谓的吉布斯佯谬更生动地展现出来。

考虑由两个温度和数密度都相同的理想气体系统构成的孤立系统，粒子数分别为 N_1 和 N_2。可以证明，两个系统混合后与混合前总熵的差为：

$$\Delta S = k_\mathrm{B}(N\ln N - N_1\ln N_1 - N_2\ln N_2). \qquad (1.218)$$

在 $N_1 = N_2 = N/2$ 的特殊情形，我们有如下精确结果：

$$\Delta S = Nk_\mathrm{B}\ln 2 > 0. \qquad (1.219)$$

如果两个子系统中的气体是相同种类（全同）的，这个结果则是很荒谬的。这就是吉布斯佯谬（Gibbs paradox）。同时，上述结果暗示我们，如果重新定义配分函数，使得熵的值为原来的值减去 $k_B \ln N!$，也许就能解决这个佯谬。根据熵与配分函数的关系可以猜测，应该重新定义如下配分函数：

$$Z = \frac{1}{h^{3N} N!} \int \exp\left[-\sum_{i=1}^{N} \frac{\boldsymbol{p}_i^2}{2mk_B T} \right] \mathrm{d}\boldsymbol{r}_1 \mathrm{d}\boldsymbol{p}_1 \mathrm{d}\boldsymbol{r}_2 \mathrm{d}\boldsymbol{p}_2 \cdots \mathrm{d}\boldsymbol{r}_N \mathrm{d}\boldsymbol{p}_N. \tag{1.220}$$

这样定义的结果就是将系统中总的相点（状态数）个数 Ω 除以 $N!$。重复之前的推导可得 $Z = Z_1^N / N!$。从这个新的配分函数出发，可证明理想气体的亥姆霍兹自由能和熵的正确表达式如下：

$$F = -k_B T \ln Z = -N k_B T \left[\ln\left(\frac{v}{\lambda^3} \right) + 1 \right], \tag{1.221}$$

$$S = N k_B \ln\left(\frac{v}{\lambda^3} \right) + \frac{5}{2} N k_B, \tag{1.222}$$

$$v = V / N. \tag{1.223}$$

上述熵的公式称为 Sackur-Tetrode 公式。Sackur 假设 $\omega_0 = h$，而后 Tetrode 通过将理论与实验对比确定该表达式。

修正配分函数后，自由能和熵都是广延量了，而且可验证，吉布斯佯谬也得到了解决。这说明这个修正是合理的。那么，这个修正究竟代表什么意思呢？传统的答案是：它反映了量子力学中假设的全同粒子（如同种原子）的不可分辨性。由于全同粒子之间不可分辨，对体系的所有粒子做一个重排并不改变系统的微观态，故需要将体系的微观状态数在原来的基础上除以可能的重排数目，即 $N!$。然而，这并不是唯一的解释。文献中有很多关于吉布斯佯谬的争论（包括哲学层面的），至今尚未达成共识。从分子动力学模拟的角度来看，笔者认为经典全同粒子也没有所谓的"可分辨"性。考虑 N 个单原子分子组成的体系（我们从下一章开始便会研究这样的体系），即使我们做分子动力学模拟时常给每个原子标号，那也不代表它们是可分辨的。给原子标号只是方便计算的一种数学手段。我们有 $N!$ 种方式对原子标号，而即使在模拟的中途改变标号方式，都不会影响模拟结果。实际上，在分子动力学模拟中，常根据粒子空间坐标的变化适当地改变粒子的标号，从而让粒子信息（坐标和速度）在计算机内存的存取更高效。所以，对于经典全同粒子体系，依然需要将微观状态数除以 $N!$。这个修正与量子力学无关，只是与微观状态数 Ω 的正确计算有关。如果从一开始就注意到对全同粒子组成的（经典）理想气体，其微观状态数 Ω 需要考虑因子 $N!$，那么吉布斯佯谬根本不会出现。

最后，我们完整地写下具有相互作用势 $U(\boldsymbol{r}_1, \boldsymbol{r}_2, \cdots, \boldsymbol{r}_N)$ 的经典粒子体系的正则系综（即 NVT 系综）配分函数：

$$Z(N,V,T) = \frac{1}{N!}\left(\frac{V}{\lambda^3}\right)^N \int e^{-\beta U(r_1, r_2, \cdots, r_N)} dr_1 dr_2 \cdots dr_N. \tag{1.224}$$

1.4.4 等温等压系综

等温等压系综（即 NPT 系综）的配分函数可由正则系综的配分函数构造而得：

$$Q(N,P,T) = \frac{1}{V_0}\int_0^\infty dV e^{-\beta PV} Z(N,V,T). \tag{1.225}$$

其中，V_0 是一个令配分函数无量纲化的参考体积。该配分函数与吉布斯自由能相联系：

$$G(N,P,T) = -k_B T \ln Q(N,P,T). \tag{1.226}$$

从吉布斯自由能或配分函数 $Q(N,P,T)$ 出发，可得到各种相关热力学性质。

第 **2** 章

简单的分子动力学模拟程序

第 1 章回顾了学习分子动力学模拟所需的物理基础。本章将从一个简单的分子动力学模拟程序（simpleMD）开始，带领读者进入分子动力学模拟的世界。随后的章节将逐步深入探讨这一领域涉及的重要课题，从基础算法到高级技术。

在本章讨论的分子动力学模拟中，没有外界对系统的干扰，所有粒子的运动完全由粒子间的相互作用力决定。从经典力学的角度看，这样的体系对应哈密顿体系。而从经典统计力学的角度看，这样的体系则属于微正则系综，即粒子数 N、体积 V 和能量 E 保持恒定的 NVE 系综。因此，本章讨论的主题是微正则系综下的分子动力学模拟。我们将在第 6 章和第 7 章分别讨论正则系综和等温等压系综下的分子动力学模拟。

2.1 简单分子动力学模拟的基本要素

2.1.1 分子动力学模拟的定义

分子动力学模拟是一种数值计算方法，通过对具有一定初始条件和边界条件且具有相互作用的多粒子系统的运动方程进行数值积分，得到系统在相空间中的若干离散轨迹，然后用统计力学方法从这些相轨迹中提取出有用的物理结果。本章余下部分将逐一考察上述定义中的重要概念，如初始条件、边界条件、相互作用、运动方程、数值积分等。这里，我们首先讨论上述定义中的统计力学方法。

第 1 章提到，在一个特定的平衡统计系综中，一个物理量 A 的统计平均值可表达为：

$$\langle A\rangle_{\text{ensemble}} = \int f(p,q)A(p,q)\mathrm{d}p\mathrm{d}q. \tag{2.1}$$

其中， $f(p,q)$ 是该系综的分布函数， q 和 p 代表广义坐标和广义动量的集合。这样的统计平均称为系综平均。然而，根据我们的定义，在分子动力学模拟中并没有使用系综(即系统的集合)，而是仅对一个系统的时间演化过程进行分析。那么，上述定义中的统计力学方法指的是什么呢？

这里的"统计力学方法"指的是时间平均，即：

$$\langle A\rangle_{\text{time}} = \lim_{t\to\infty}\frac{1}{t}\int_0^t A(t')\mathrm{d}t'. \tag{2.2}$$

我们知道，随着时间的推移，系统将历经一条相轨迹。因为这条相轨迹永不与自身相交，如果它不代表一个周期性运动的话，那么随着时间的增加，这条相轨迹应该历经越来越多的相点。一个自然的假设是，当时间趋于无穷大时，这条相轨迹将遍历系统的所有相点。这就是各态历经假设。在此假设下，系综平均与时间平均等价。

从实验的角度来说，对热力学体系的实验测量采用了时间平均而非系综平均。所以，分子动力学模拟实际上比基于系综的统计力学更贴近实验。从计算机模拟的角度来看，除了采用时间平均的分子动力学模拟，还有直接采用系综平均的蒙特卡洛模拟。

根据上述定义，我们可设想一个典型的、简单的分子动力学模拟有如下大致的计算流程：

① 初始化。设置系统的初始条件，具体包括各个粒子的位置矢量和速度矢量。

② 时间演化。根据系统中粒子所满足的相互作用规律，确定所有粒子的运动方程(二阶常微分方程组)，并对运动方程进行数值积分，即不断更新每个粒子的坐标和速度。最终，我们将得到一系列离散时刻系统在相空间中的位置，即一条离散的相轨迹。

③ 测量。用统计力学的方法分析相轨迹所蕴含的物理规律。

2.1.2 初始条件

初始化是指确定初始的相空间点，包括各个粒子初始的坐标和速度。在分子动力学模拟中，我们需要对 $3N$ (N 是粒子数)个二阶常微分方程进行数值积分。因为每个二阶常微分方程的求解都需要两个初始条件，所以我们需要确定 $6N$ 个初始条件： $3N$ 个坐标分量和 $3N$ 个速度分量。

坐标初始化是指为系统中每个粒子选定一个初始的位置坐标。分子动力学模拟中如何初始化位置主要取决于所要模拟的体系。例如，如要模拟固态氩，就得让各个氩原子的位置按面心立方结构排列。如要模拟液态或气态物质，那么初始坐标的选取就可比较随意了。重要的是，在构造的初始结构中，任何两个粒子的距离都不能太小，因为这可能导致有些粒子受到非常大的力，以至于让后面的数值积分变得不稳定。坐标的初始化也常被称为建模，往往需要用到一些专业知识，如固体物理学（晶体学）中的知识。本章将通过一个程序介绍固态氩的建模。

上一章讲到，任何经典热力学系统在平衡时各个粒子的速度满足麦克斯韦分布。然而，作为初始条件，我们并不一定要求粒子的速度满足麦克斯韦分布。最简单的速度初始化方法是产生 $3N$ 个在某区间均匀分布的随机速度分量，再通过如下几个基本条件对其修正。

① 系统的总动量应该为零。也就是说，我们不希望系统的质心在模拟的过程中跑动。分子间作用力是所谓的内力，不会改变系统的整体动量，即系统的整体动量守恒。只要初始的整体动量为零，在分子动力学模拟的时间演化过程中整体动量将保持为零。如果整体动量明显偏离零（相对所用浮点数精度来说），则说明模拟出了问题。这正是判断模拟是否有误的标准之一。

② 系统的总动能应该与所选定的初始温度对应。我们知道，在经典统计力学中，能量均分定理成立，即粒子的哈密顿量中每一个具有平方形式的能量项的统计平均值都等于 $k_{\mathrm{B}}T/2$。其中，k_{B} 是玻尔兹曼常数，T 是系统的温度。所以，在将质心动量取为零后就可对每个粒子的速度进行一个标度变换，使得系统的初温与设定值一致。假设我们设置的目标温度是 T_0，那么对各个粒子的速度做如下变换即可让系统的温度从 T 变成 T_0：

$$v_i \to v_i' = v_i\sqrt{\frac{T_0}{T}}. \tag{2.3}$$

容易验证，在做上式中的变换之前，如果系统的总动量已经为零，那么在做这个变换之后，系统的总动量也为零。

③ 系统的总角动量应该为零，但这是可选条件。这是因为，对于施加周期边界条件（见下面的讲解）的体系，系统的总角动量不守恒，故初始总角动量即使非零也无妨。如果所模拟的体系为纳米颗粒（三个方向都是非周期的）或纳米线（仅一个方向是周期的），则通常需要将初始角动量置零。

2.1.3　边界条件

在我们对分子动力学模拟的定义中，除了初始条件，还提到了边界条件。在分子动力学模拟中通常会根据所模拟的物理体系选取合适的边界条件，以期得到更合理的结果。边界条件的选取对粒子间作用力的计算也有影响。常用的边界条件有好几种，但我们这里只先讨论周期边界条件。在计算机模拟中，模拟系统的尺寸一定是有限的，通常比实验中对应体系的尺寸小很多。选取周期边界条件通常可让模拟体系更接近实际情形，因为原本有边界的系统在应用了周期边界条件之后，"似乎"没边界了。当然，并不能说应用了周期边界条件的系统就等价于无限大的系统，只能说周期边界条件的应用可部分地消除边界效应，让所模拟系统的性质更接近无限大系统的性质。在这种情况下，我们通常要模拟几个不同大小的系统，分析所得结果对模拟尺寸的依赖关系。

计算两个粒子 i 和 j 的距离时要考虑周期边界条件带来的影响。举个一维的例子。假设模拟在一个长度为 L_x 的"盒子"中进行，采用周期边界条件时，可将该一维的盒子想象为一个圆圈。设 $L_x = 10$（任意单位），第 i 个粒子的坐标 $x_i = 1$，第 j 个粒子的坐标 $x_j = 8$，则这两个粒子的距离是多少呢？如果忽略周期边界条件，那么答案是 $|x_j - x_i| = 7$，且 j 粒子在 i 粒子的右边（坐标值大的一边）。但在采取周期边界条件时，也可认为 j 粒子在 i 粒子的左边，且坐标值可以平移至 $8 - 10 = -2$。这样，j 与 i 的距离是 $|x_j - x_i| = 3$，比平移 j 粒子之前两个粒子之间的距离要小。在本书的模拟中，总是采用最小镜像约定（minimum image convention）[4]：在计算两粒子距离时，总是取最小的可能值。定义

$$x_j - x_i \equiv x_{ij}, \tag{2.4}$$

则这个约定等价于如下规则：如果 $x_{ij} < -L_x / 2$，则将 x_{ij} 换为 $x_{ij} + L_x$；如果 $x_{ij} > L_x / 2$，则将 x_{ij} 换为 $x_{ij} - L_x$。最终效果就是让变换后的 x_{ij} 的绝对值不大于 $L_x / 2$。

很容易将上述讨论推广到二维和三维的情形。采用最小镜像约定时，可将二维周期模拟盒子想象为环面，就像轮胎或甜甜圈的表面，如图 2.1 所示。

图 2.1　二维周期模拟盒子示意图

在三维的情形，可将一个周期的模拟盒子想象为三维环面，而最小镜像约定可表达如下：

- 如果 $x_{ij} < -L_x / 2$，则将 x_{ij} 换为 $x_{ij} + L_x$；如果 $x_{ij} > L_x / 2$，则将 x_{ij} 换为 $x_{ij} - L_x$。
- 如果 $y_{ij} < -L_y / 2$，则将 y_{ij} 换为 $y_{ij} + L_y$；如果 $y_{ij} > L_y / 2$，则将 y_{ij} 换为 $y_{ij} - L_y$。
- 如果 $z_{ij} < -L_z / 2$，则将 z_{ij} 换为 $z_{ij} + L_z$；如果 $z_{ij} > L_z / 2$，则将 z_{ij} 换为 $z_{ij} - L_z$。

这里，我们假设了三维模拟盒子中 3 个共点边的长度分别为 L_x、L_y 和 L_z，且两两相互垂直（所谓的正交模拟盒子）。如果有任意两个共点边不相互垂直，情况就要

复杂一些。本章仅讨论正交盒子的情形，第 3 章再讨论非正交盒子的情形。

2.1.4　相互作用

宏观物质的性质在很大程度上是由微观粒子之间的相互作用力决定的。所以，对粒子间相互作用力的计算在分子动力学模拟中至关重要。粒子间有何种相互作用不是分子动力学模拟本身所能回答的，因为这本质上是一个量子力学问题。在经典分子动力学模拟中，粒子间的相互作用力通常由一个或多个经验势函数描述。经验势函数能在一定程度上反映某些物质的某些性质。近年来，机器学习开始广泛用于构造更准确的势函数。本章我们只介绍一个称为 Lennard-Jones 势的简单势函数（简称 LJ 势）[5,6]，第 4 章和第 5 章将分别介绍经验多体势函数和机器学习势函数。

考虑系统中的任意粒子对 i 和 j，它们之间的 LJ 相互作用势能可写为：

$$U_{ij}(r_{ij}) = 4\epsilon \left(\frac{\sigma^{12}}{r_{ij}^{12}} - \frac{\sigma^6}{r_{ij}^6} \right). \tag{2.5}$$

其中，ϵ 和 σ 是势函数中的参数，分别具有能量和长度的量纲，$r_{ij} = |\boldsymbol{r}_j - \boldsymbol{r}_i|$ 是两个粒子间的距离。

LJ 势是最早提出的两体势函数之一，较适合描述惰性元素组成的物质。所谓两体势，是指两个粒子 i 和 j 之间的相互作用势仅依赖于它们之间的距离 r_{ij}，不依赖于系统中其他粒子的存在与否及具体位置。本章只讨论两体势，后续章节会讨论多体势，即非两体势。对于两体势函数，我们可将整个系统的总势能 U 写为：

$$U = \sum_{i=1}^{N} U_i; \tag{2.6}$$

$$U_i = \frac{1}{2} \sum_{j \neq i} U_{ij}(r_{ij}). \tag{2.7}$$

将以上两式合起来，可写成：

$$U = \frac{1}{2} \sum_{i=1}^{N} \sum_{j \neq i} U_{ij}(r_{ij}). \tag{2.8}$$

上面的 U_i 可称为粒子 i 的势能。因为 $U_{ij}(r_{ij}) = U_{ji}(r_{ji})$，故也可将总势能写为如下形式：

$$U = \sum_{i=1}^{N} \sum_{j > i} U_{ij}(r_{ij}). \tag{2.9}$$

下面从第 1 章给出的力的定义式（1.31）出发推导 LJ 势中力的表达式。根据定义可得：

$$\boldsymbol{F}_i = -\frac{\partial U}{\partial \boldsymbol{r}_i} = -\frac{1}{2}\frac{\partial}{\partial \boldsymbol{r}_i}\sum_j\sum_{k\neq j}U_{jk}(r_{jk}). \tag{2.10}$$

式（2.10）中的哑指标不能与指标 i 重复，这是在推导公式时要特别注意的。式（2.10）中的 j 可等于 i，也可不等于 i。当 $j=i$ 时，式（2.10）的右边为：

$$-\frac{1}{2}\frac{\partial}{\partial \boldsymbol{r}_i}\sum_{k\neq i}U_{ik}(r_{ik}). \tag{2.11}$$

当 $j\neq i$ 时，式（2.10）的右边为：

$$-\frac{1}{2}\frac{\partial}{\partial \boldsymbol{r}_i}\sum_{j\neq i}\sum_{k\neq j}U_{jk}(r_{jk}). \tag{2.12}$$

上式中显然只有 $k=i$ 的项才不为零，故可简化为：

$$-\frac{1}{2}\frac{\partial}{\partial \boldsymbol{r}_i}\sum_{j\neq i}U_{ji}(r_{ji}) = -\frac{1}{2}\frac{\partial}{\partial \boldsymbol{r}_i}\sum_{j\neq i}U_{ij}(r_{ij}). \tag{2.13}$$

式（2.11）实际上与式（2.13）等价，故有：

$$\boldsymbol{F}_i = -\frac{\partial}{\partial \boldsymbol{r}_i}\sum_{j\neq i}U_{ij}(r_{ij}) = -\sum_{j\neq i}\frac{\partial U_{ij}(r_{ij})}{\partial r_{ij}}\frac{\partial r_{ij}}{\partial \boldsymbol{r}_i}. \tag{2.14}$$

因为（注意 $\boldsymbol{r}_{ij}\equiv\boldsymbol{r}_j-\boldsymbol{r}_i$）

$$\frac{\partial r_{ij}}{\partial \boldsymbol{r}_i} = \frac{\partial r_{ij}}{\partial \boldsymbol{r}_{ij}}\frac{\partial \boldsymbol{r}_{ij}}{\partial \boldsymbol{r}_i} = \frac{\partial r_{ij}}{\partial \boldsymbol{r}_{ij}}\frac{\partial(\boldsymbol{r}_j-\boldsymbol{r}_i)}{\partial \boldsymbol{r}_i} = \frac{\partial r_{ij}}{\partial \boldsymbol{r}_{ij}}(0-1) = -\frac{\partial r_{ij}}{\partial \boldsymbol{r}_{ij}} = -\frac{\boldsymbol{r}_{ij}}{r_{ij}}, \tag{2.15}$$

所以

$$\boldsymbol{F}_i = \sum_{j\neq i}\frac{\partial U_{ij}(r_{ij})}{\partial r_{ij}}\frac{\boldsymbol{r}_{ij}}{r_{ij}}. \tag{2.16}$$

由此可得：

$$\boldsymbol{F}_i = \sum_{j\neq i}\boldsymbol{F}_{ij}, \tag{2.17}$$

$$\boldsymbol{F}_{ij} = \frac{\partial U_{ij}(r_{ij})}{\partial r_{ij}}\frac{\boldsymbol{r}_{ij}}{r_{ij}}. \tag{2.18}$$

此处的 $\boldsymbol{F}_{ij}$ 代表粒子 j 施加给粒子 i 的力。对于 LJ 势，其表达式可进一步推导为：

$$F_{ij} = \left(\frac{24\epsilon\sigma^6}{r_{ij}^8} - \frac{48\epsilon\sigma^{12}}{r_{ij}^{14}} \right) r_{ij}. \qquad (2.19)$$

显然，牛顿第三定律的强形式成立。

　　图 2.2 给出了 LJ 势函数的示意图。实线代表两个原子的势能（左边的纵坐标），虚线表示两个原子的相互作用力（右边的纵坐标）。正的力表示两个原子相互排斥；负的力表示相互吸引。在距离很大时，势能和力都趋于零，表示没有相互作用。两个原子从相隔较远开始相互靠近时，相互之间会逐渐感受到吸引力，产生负的势能，且绝对值越来越大。距离为 $2^{1/6}\sigma$ 时，势能达到最低值 $-\epsilon$，两个原子的相互作用力为零。该距离称为平衡距离。距离进一步减小时，势能开始上升，两个原子相互感受到排斥力，且随距离的减小而增大。

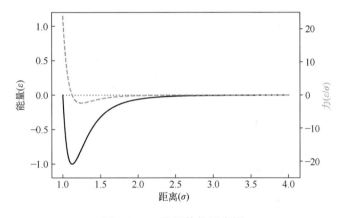

图 2.2　LJ 势函数的示意图

　　为节约计算，我们会对势函数取一个截断，即认为当两个原子之间的距离大于某个截断半径 r_c 时，它们的相互作用势能和力都是零。由图 2.2 可知，距离为 3σ 处的势能和力已很小，所以一般取 $r_c = 3\sigma$ 是比较合适的，而为了效率也可尝试取 $r_c = 2.5\sigma$。然而，对于某些特殊应用，可能需要更大的截断半径才够精确。显然，截断半径越大，势函数的计算越准确，但计算量也越大。这种计算速度与精度之间的制约和平衡是科学计算问题中永恒的主题。值得注意的是，要安全地使用最小镜像约定，必须保证任意方向的模拟盒子长度都不小于势函数截断半径的两倍。

2.1.5　运动方程的数值积分

　　经典多粒子哈密顿体系的运动方程及其数值积分方法已在第 1 章详述，故不再复述。

2.1.6 物理量的计算

物理量的计算将在第 8 章和第 9 章详述。这里，我们仅列出本章需要计算的几个物理量的表达式。我们前面给出了体系的总势能 U。体系的总动能 K 为：

$$K = \frac{1}{2} \sum_i m_i v_i^2. \tag{2.20}$$

体系的总能量（内能）E 为势能与动能之和：

$$E = U + K. \tag{2.21}$$

体系的温度 T 与总动能相关：

$$\frac{3}{2} N k_B T = K. \tag{2.22}$$

严格地说，对于动量守恒的体系，自由度个数为 $3(N-1)$，故上式应修正为：

$$\frac{3(N-1)}{2} k_B T = K. \tag{2.23}$$

当 $N \gg 1$ 时，可以忽略该修正。根据体系的相互作用力，还可计算压强，但本章暂不考虑压强的计算。

2.2 C++编程范例：一个简单的分子动力学模拟程序

本节给出一个简单的分子动力学模拟程序。我们选择用 C++ 语言开发该程序，因为 C++ 语言较为高效，也是笔者较熟悉的编程语言。在完成分子动力学模拟后，往往需要对得到的数据进行可视化，此时使用一门解释性语言更为方便，笔者使用 Python 语言进行数据的后处理和可视化。

2.2.1 程序中使用的单位制

我们的分子动力学模拟程序只涉及经典力学和热力学，故只需要用到 4 个基本物理量的单位。我们选择如下 4 个基本单位来确定各个物理量的数值：

① 能量：电子伏特（eV），约为 $1.602177 \times 10^{-19} \mathrm{J}$。

② 长度：埃（angstrom，Å），即 $10^{-10} \mathrm{m}$。

③ 质量：道尔顿（Dalton，Da，统一原子质量单位），约为 $1.660539 \times 10^{-27} \mathrm{kg}$。

④ 温度：开尔文（K）。

用这样的基本单位，可使程序中大部分物理量的数值都接近 1。我们称这样的单位为该程序的"自然单位"。从以上基本单位可推导出程序中其他相关物理量的"程序自然单位"：

① 力。因为力乘以距离等于功（能量），所以力的单位是能量单位除以长度单位，即 eV/Å。

② 速度。因为动能正比于质量乘以速度的平方，所以速度的单位是能量单位除以质量单位再开根号，即 $eV^{1/2}/Da^{1/2}$。

③ 时间。因为长度等于速度乘以时间，所以时间的单位是长度单位除以速度单位，即 $Å\,Da^{1/2}/eV^{1/2}$，约为 $1.018051 \times 10^1\,fs$（fs 指飞秒，即 $10^{-15}s$）。

④ 玻尔兹曼常数 k_B。这是一个很重要的常数，它在国际单位制中约为 $1.380649 \times 10^{-23}\,J/K$，对应于程序自然单位制的 $8.617343 \times 10^{-5}\,eV/K$。

2.2.2　本章程序的源代码解析

本章的程序总共只有 300 多行代码，因此我们将所有代码写在一个名为 simpleMD. cpp 的源文件中。接下来，我们将详细讲解这个程序。我们从该文件的主函数 main()开始讲解。代码 2.1 是主函数的全部代码。

代码 2.1　主函数

```
1   int main(int argc, char** argv)
2   {
3     int numSteps;
4     double temperature;
5     double timeStep;
6     readRun(numSteps, timeStep, temperature);
7
8     Atom atom;
9     readXyz(atom);
10    initializeVelocity(temperature, atom);
11
12    const clock_t tStart = clock();
13    std::ofstream ofile("thermo.out");
14    ofile << std::fixed << std::setprecision(16);
15
16    for (int step = 0; step < numSteps; ++step){
```

```
17      applyPbc(atom);
18      integrate(true, timeStep, atom);
19      findForce(atom);
20      integrate(false, timeStep, atom);
21      if (step % Ns == 0) {
22        const double kineticEnergy = findKineticEnergy(atom);
23        const double T = kineticEnergy / (1.5 * K_B * atom.number);
24        ofile << T << " " << kineticEnergy << " " << atom.pe << std::endl;
25      }
26    }
27    ofile.close();
28    const clock_t tStop = clock();
29    const float tElapsed = float(tStop - tStart) / CLOCKS_PER_SEC;
30    std::cout << "Time used = " << tElapsed << " s" << std::endl;
31
32    return 0;
33  }
```

代码 2.1 的第 6 行调用 readRun()函数读入几个控制参数，包括整个分子动力学模拟的步数（numSteps）、数值积分的时间步长（timeStep）和体系的目标温度（temperature）。在读入时间步长后，立刻将其单位从输入的 fs 转换为程序的自然单位。这种单位转换只需在处理输入输出时实施，在程序的其他地方，所有物理量都将使用我们定义的自然单位。

代码 2.1 的第 8 行定义了一个结构体 Atom 的变量 atom。该结构体类型定义了程序中使用的大部分数据。我们用 C++ 标准模板库中的 std::vector 表示数组。该结构体的定义见代码 2.2。该结构体的成员如下：

① number 表示模拟体系的粒子数。

② 数组 box 表示模拟盒子，其中前三个分量分别为 L_x、L_y 和 L_z，后三个分量分别是它们的一半。记录盒子长度的一半可以略微提高计算速度。

③ pe 表示总势能。

④ 数组 mass 保存每个粒子的质量。

⑤ 数组 x、y 和 z 保存每个粒子的坐标。

⑥ 数组 vx、vy 和 vz 保存每个粒子的速度。

⑦ 数组 fx、fy 和 fz 保存每个粒子的力。

代码 2.2　Atom 结构体的定义

```
1   struct Atom {
2     int number;
3     double box[6];
4     double pe;
5     std::vector<double> mass, x, y, z, vx, vy, vz, fx, fy, fz;
6   };
```

代码 2.1 的第 9 行调用 readXyz() 函数从 xyz.in 文件读入模拟体系的坐标模型，并给相关数组分配内存。坐标模型包括各个原子的坐标以及模拟盒子的大小。代码 2.1 的第 10 行调用 initializeVelocity() 函数，根据目标温度初始化体系的原子速度。代码 2.1 的第 16～26 行运行了一个次数为 numSteps 的循环，用于时间演化。在该循环中，我们实现了速度-Verlet 积分算法。第 18 行实现了速度的部分更新和坐标的完全更新。第 19 行实现了力的更新。第 20 行实现了剩下的速度更新。在循环过程中，每 100 步计算一次体系的总动能和总势能，并将结果输出到文件 thermo.out。程序会对演化过程进行计时，在结束程序之前输出演化过程所花的总时间。

代码 2.3 给出了速度初始化的函数。在该函数中，首先利用随机数获得分布在-1 到 1 之间的随机速度分量，同时计算体系的质心速度 centerOfMassVelocity。注意，函数 rand() 返回一个从零到 RAND_MAX 之间的整数。接着，对速度进行修正，使得体系的整体动量为零。最后，调用 scaleVelocity() 函数对速度进行标度变换，使得体系的温度达到目标值。

代码 2.3　速度初始化的函数

```
1    void initializeVelocity(const double T0, Atom& atom)
2    {
3    #ifndef DEBUG
4      srand(time(NULL));
5    #endif
6      double centerOfMassVelocity[3] = {0.0, 0.0, 0.0};
7      double totalMass = 0.0;
8      for (int n = 0; n < atom.number; ++n){
9        totalMass += atom.mass[n];
10       atom.vx[n] = -1.0 + (rand() * 2.0) / RAND_MAX;
11       atom.vy[n] = -1.0 + (rand() * 2.0) / RAND_MAX;
```

```
12    atom.vz[n] = -1.0 + (rand() * 2.0) / RAND_MAX;
13    centerOfMassVelocity[0] += atom.mass[n] * atom.vx[n];
14    centerOfMassVelocity[1] += atom.mass[n] * atom.vy[n];
15    centerOfMassVelocity[2] += atom.mass[n] * atom.vz[n];
16  }
17  centerOfMassVelocity[0] /= totalMass;
18  centerOfMassVelocity[1] /= totalMass;
19  centerOfMassVelocity[2] /= totalMass;
20  for (int n = 0; n < atom.number; ++n) {
21    atom.vx[n] -= centerOfMassVelocity[0];
22    atom.vy[n] -= centerOfMassVelocity[1];
23    atom.vz[n] -= centerOfMassVelocity[2];
24  }
25  scaleVelocity(T0, atom);
26 }
```

代码 2.4 给出了对速度进行标度变换的函数。在该函数中，首先调用函数 findKineticEnergy() 计算体系的动能，然后获得温度，最后根据式（2.3）计算标度变换因子 scaleFactor，对速度进行标度变换。注意，该函数的输入参数 T0 是目标温度，而函数体中定义的 temperature 是体系的瞬时温度。

代码 2.4　对速度进行标度变换的函数

```
1  void scaleVelocity(const double T0, Atom& atom)
2  {
3    const double temperature =
4      findKineticEnergy(atom) * 2.0 / (3.0 * K_B * atom.number);
5    double scaleFactor = sqrt(T0 / temperature);
6    for (int n = 0; n < atom.number; ++n) {
7      atom.vx[n] *= scaleFactor;
8      atom.vy[n] *= scaleFactor;
9      atom.vz[n] *= scaleFactor;
10   }
11 }
```

对周期体系，最好将粒子坐标限定在模拟盒子内。代码 2.5 的函数 applyPbc()

可实现该操作。该函数在代码 2.1 的第 17 行被调用。如果模拟的体系是固体，则该操作是可有可无的，但如果模拟的体系是流体，该操作则是必需的。

代码 2.5　施加周期边界条件的函数

```
1   void applyPbcOne(const double length, double& x)
2   {
3     if (x < 0.0) {
4       x += length;
5     } else if (x > length) {
6       x -= length;
7     }
8   }
9
10  void applyPbc(Atom& atom)
11  {
12    for (int n = 0; n < atom.number; ++n) {
13      applyPbcOne(atom.box[0], atom.x[n]);
14      applyPbcOne(atom.box[1], atom.y[n]);
15      applyPbcOne(atom.box[2], atom.z[n]);
16    }
17  }
```

我们用代码 2.6 中的函数 integrate() 来实现速度-Verlet 积分算法的两个步骤。该函数的第一个输入参数 isStepOne 是一个逻辑型变量。当该变量为真时，就实行速度-Verlet 积分算法的第一个步骤，即部分地将速度更新，并完全地将坐标更新。当该变量为假时，就实行速度-Verlet 积分算法的第二个步骤，只更新速度，不再更新坐标。为节约计算，我们首先定义了质量的倒数，然后重复使用它。对计算机来说，除法运算比乘法运算耗时得多，故应尽量减少除法运算的次数。

代码 2.6　积分的函数

```
1   void integrate(const bool isStepOne, const double timeStep, Atom& atom)
2   {
3     const double timeStepHalf = timeStep * 0.5;
4     for (int n = 0; n < atom.number; ++n) {
5       const double mass_inv = 1.0 / atom.mass[n];
6       const double ax = atom.fx[n] * mass_inv;
```

```
7      const double ay = atom.fy[n] * mass_inv;
8      const double az = atom.fz[n] * mass_inv;
9      atom.vx[n] += ax * timeStepHalf;
10     atom.vy[n] += ay * timeStepHalf;
11     atom.vz[n] += az * timeStepHalf;
12     if (isStepOne) {
13       atom.x[n] += atom.vx[n] * timeStep;
14       atom.y[n] += atom.vy[n] * timeStep;
15       atom.z[n] += atom.vz[n] * timeStep;
16     }
17   }
18 }
```

  函数 findForce()可用来求各个粒子受到的力和体系的总势能,代码见代码 2.7。在该函数的开头,我们定义了若干常量。这种常量的计算将在编译期间就完成。在循环之前尽可能多地计算常量可省去很多不必要的计算。我们用了固态氩的 LJ 参数 ϵ=0.01032eV,σ=3.405Å,并将截断半径取为 r_c=9Å(在 2.5σ 与 3σ 之间)。代码 2.7 的第 14 行将体系的势能初始化为零, 第 15～17 行将每个原子的力初始化为零,这是为后面循环中的累加做准备。代码 2.7 的第 19～45 行是一个两重循环,因为要计算每一对粒子之间的相互作用力。不过这里的两重循环有些特殊,排除了 $i>j$ 的可能性,这就是利用牛顿第三定律节约一半的计算量。在循环体中, 首先计算相对位置 r_{ij},并对其实施最小镜像约定。紧接着计算两个粒子距离的平方并忽略截断半径之外的粒子对。最后,通过非常节约的方式计算两个粒子之间的势能和相互作用力,并累加到对应的变量中。这部分的计算要避免使用耗时的 sqrt()函数和 pow()函数。在 LJ 势的编程中,虽然从公式来看好像需要使用它们,但仔细思考后会发现这些都可避免。再次强调,除法运算大概是乘法运算的几倍耗时,所以在编写程序时要将除法运算的个数最小化。

代码 2.7 求势能和力的函数

```
1  void findForce(Atom& atom)
2  {
3    const double epsilon = 1.032e-2;
4    const double sigma = 3.405;
5    const double cutoff = 9.0;
```

```
6     const double cutoffSquare = cutoff * cutoff;

7     const double sigma3 = sigma * sigma * sigma;

8     const double sigma6 = sigma3 * sigma3;

9     const double sigma12 = sigma6 * sigma6;

10    const double e24s6 = 24.0 * epsilon * sigma6;

11    const double e48s12 = 48.0 * epsilon * sigma12;

12    const double e4s6 = 4.0 * epsilon * sigma6;

13    const double e4s12 = 4.0 * epsilon * sigma12;

14    atom.pe = 0.0;

15    for (int n = 0; n < atom.number; ++n) {

16      atom.fx[n] = atom.fy[n] = atom.fz[n] = 0.0;

17    }

18

19    for (int i = 0; i < atom.number - 1; ++i) {

20      for (int j = i + 1; j < atom.number; ++j) {

21        double xij = atom.x[j] - atom.x[i];

22        double yij = atom.y[j] - atom.y[i];

23        double zij = atom.z[j] - atom.z[i];

24        applyMic(atom.box, xij, yij, zij);

25        const double r2 = xij * xij + yij * yij + zij * zij;

26        if (r2 > cutoffSquare)

27          continue;

28

29        const double r2inv = 1.0 / r2;

30        const double r4inv = r2inv * r2inv;

31        const double r6inv = r2inv * r4inv;

32        const double r8inv = r4inv * r4inv;

33        const double r12inv = r4inv * r8inv;

34        const double r14inv = r6inv * r8inv;

35        const double f_ij = e24s6 * r8inv - e48s12 * r14inv;

36        atom.pe += e4s12 * r12inv - e4s6 * r6inv;

37        atom.fx[i] += f_ij * xij;

38        atom.fx[j] -= f_ij * xij;

39        atom.fy[i] += f_ij * yij;
```

```
40        atom.fy[j] -= f_ij * yij;
41        atom.fz[i] += f_ij * zij;
42        atom.fz[j] -= f_ij * zij;
43      }
44    }
45  }
```

代码 2.7 的第 24 行调用了实施最小镜像约定的函数，其定义见代码 2.8。我们看到，最小镜像约定的实施需要使用每个方向的盒子长度以及它的一半。我们在数组 box 中记录了盒子长度的一半，从而节约了一些计算。

代码 2.8　实施最小镜像约定的函数

```
1  void applyMicOne(const double length, const double halfLength, double& x12)
2  {
3    if (x12 < -halfLength) {
4      x12 += length;
5    } else if (x12 > +halfLength) {
6      x12 -= length;
7    }
8  }
9
10 void applyMic(const double box[6], double& x12, double& y12, double& z12)
11 {
12   applyMicOne(box[0], box[3], x12);
13   applyMicOne(box[1], box[4], y12);
14   applyMicOne(box[2], box[5], z12);
15 }
```

本书所开发的 C++程序都可以在 Linux 和 Windows 操作系统使用。我们推荐使用 GCC 编译工具。在命令行可用如下方式编译本章的程序：

```
$ g++ -O3 simpleMD.cpp -o simpleMD
```

其中，-O3 选项表示优化等级。编译完成后，将生成名为 simpleMD 的可执行文件。可用如下命令运行该程序：

```
$ ./simpleMD
```

在当前文件夹必须准备好两个输入文件，一个是 xyz.in，一个是 run.in。我们将通过例子介绍输入文件的细节。

2.3 程序的测试

2.3.1 输入的准备

我们首先准备两个输入文件，模型文件 xyz.in 和流程控制文件 run.in。准备输入文件的过程通常称为"建模"。在 xyz.in 文件中，第一行为原子数，第二行为三个方向的盒子长度（单位为 Å），从第三行开始逐一列出每个原子的元素符号、三个坐标分量（单位为 Å）和质量（单位为 Da）。

本章以固态氩体系为例讨论。我们采用正交的立方体模拟盒子，内含 6×6×6 个固态氩立方晶胞。每个立方晶胞有 4 个氩原子，故模拟盒子内共有 6×6×6× 4=864 个氩原子。模型文件 xyz.in 的开头部分见代码 2.9。该文件可用 OVITO （扫描前言中的二维码，即可获取相关链接）可视化，效果见图 2.3。

代码 2.9　固态氩体系模型文件的开头部分

```
1    864
2    32.31 32.31 32.31
3    Ar 0 0 0 40
4    Ar 0 2.6925 2.6925 40
5    Ar 2.6925 0 2.6925 40
6    Ar 2.6925 2.6925 0 40
```

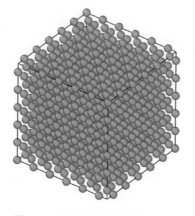

图 2.3　固态氩初始模型示意图

本章程序的流程控制文件很简单，只涉及几个输入参数，内容如代码 2.10 所示。该文件采用自由格式，允许有空行和以#开头的注释。每一行命令由一个关键字开头。关键字 velocity 后面给出的是模拟的初始温度，输入单位是 K，程序将根据该目标温度初始化各粒子的速度，该例的初始温度是 60K。关键字 time_step 后面给出的是积分步长，输入单位是 fs，该例的积分步长是 5fs。关键字 run 后面给出的是模拟步数，该例运行 10000 步。该模拟在笔者的计算机中运行的时间约为 15 秒。

代码 2.10　本章程序 run.in 文件内容

```
1   velocity  60         # temperature in units of K
2   time_step 5          # time step in units of fs
3   run       10000      # run 10000 steps
```

2.3.2　能量守恒的测试

程序每隔 100 步输出系统的总动能 $K(t)$ 和总势能 $U(t)$，它们都是时间 t 的函数。对有限大小的体系，它们都是随时间 t 涨落的。然而，根据能量守恒定律，系统动能和势能的和，即总能量 $E(t) = K(t) + U(t)$，应该是不随时间变化的。当然，我们的模拟使用了具有一定误差的数值积分方法，故总能量也会有一定大小的涨落。

图 2.4（a）～（c）给出了系统的总动能、总势能和总能量随时间变化的情况。可以看出动能是正的，势能是负的，涨落相对较大；总能是负的，涨落较小。细心的读者可注意到，体系的总动能在很短的时间内突然降低了大约一半。这是因为，我们的模拟体系一开始是完美的面心立方晶格，每个原子都处于受力为零的平衡状态，没有振动产生的额外势能。我们用某个温度（在我们的例子中是 60K）初始化了原子的速度，故该体系一开始有一定的动能。假设每个原子都会在其平衡位置附近做简谐振动（这就是所谓的简谐近似，它对很多问题的研究来说是一个很好的出发点），根据能量均分定理，在达到热力学平衡后体系的动能会基本等于体系的振动势能。也就是说，随着时间的推移，体系的动能平均值会减半，减少的部分变成了原子的振动势能。从图 2.4（a）和（b）可以看到，这个过程是很快的。该过程实际上就是一个从非平衡态趋向平衡态的过程。在这个例子中，这个过程只需 1ps 量级的时间。

图 2.4（d）给出了 $(E(t) - \langle E \rangle) / |\langle E \rangle|$，即总能的相对涨落值。因为总能量在模拟的初期也有一个突然的变化，我们在计算总能的相对涨落时去掉了第一

组输出的能量值（这相当于去掉了一个远离平衡态的时刻）。总能量相对涨
落值在 10^{-4} 量级。对很小的体系来说，这是合理的值。这个相对涨落主要与
势函数截断半径有关。一般来说，截断半径越大，总能量的相对涨落越小。
图 2.5 验证了这一论断。该图的纵坐标是总能量相对涨落的标准差。这里使
用的最大势函数截断半径是 15Å，小于模拟盒子长度的一半，故可安全地使
用最小镜像约定。

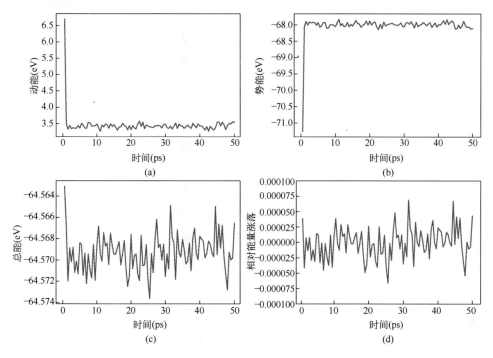

图 2.4　能量守恒测试结果

　　能量相对涨落的大小还与时间步长有关。实际上，能量守恒程度是选择时
间步长的常用判据之一。过大的时间步长可能导致模拟不稳定，而过小的步长
则浪费了计算。所以，我们希望选择一个尽可能大但又足够安全的时间步长。
一个比较好的估计值是所研究体系最小振动周期（最大振动频率的倒数）的
1/20。举例来说，碳材料的最大振动频率约为 50THz，对应的最小振动周期是
20fs，那么采用 1fs 的时间步长是足够安全且不太小的。再如，水体系的最大振
动频率约为 100THz，一般采用 0.5fs 的时间步长。

　　读者可以适当地修改程序，输出轨迹，使用 OVITO 可视化。读者也可以
输出速度，验证粒子的速度是否以及何时满足麦克斯韦分布。最后，读者还可
验证，体系的动量是守恒的，但角动量是不守恒的。

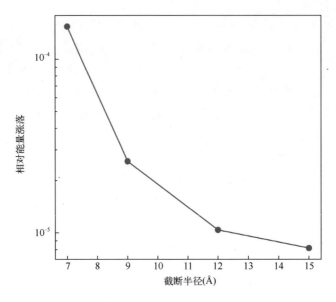

图 2.5　能量相对涨落的大小与 LJ 势函数截断半径的关系

第 **3** 章

模拟盒子与近邻列表

我们在第 2 章学习了一个简单的分子动力学模拟程序，并通过模拟一个具有 864 个原子的体系展示了程序的使用。读者如果尝试模拟较大的体系，会发现程序变得很慢。这是因为，该程序没有使用近邻列表的技术，其计算量正比于模拟体系原子数的平方。本章介绍对高效地模拟大体系至关重要的近邻列表技术，并扩展对模拟盒子的描述。我们将在第 2 章 simpleMD 程序的基础上开发一个更高级的程序 linearMD。在本章末，还会简要介绍后续章节将要使用的GPUMD 程序。

3.1 三斜盒子

3.1.1 三斜盒子的定义

我们首先将第 2 章讨论的正交盒子进行推广。在正交盒子中，我们只有三个关于盒子的自由度，分别是三个盒子边长 L_x、L_y 和 L_z。对于这样的盒子，我们假设了 L_x 朝 x 方向，L_y 朝 y 方向，L_z 朝 z 方向。

模拟盒子中共点的三条有向线段可表示为矢量，记为 $\boldsymbol{a}$、$\boldsymbol{b}$、$\boldsymbol{c}$。它们可以用分量表示为：

$$\boldsymbol{a} = a_x\boldsymbol{e}_x + a_y\boldsymbol{e}_y + a_z\boldsymbol{e}_z, \tag{3.1}$$

$$\boldsymbol{b} = b_x\boldsymbol{e}_x + b_y\boldsymbol{e}_y + b_z\boldsymbol{e}_z, \tag{3.2}$$

$$\boldsymbol{c} = c_x\boldsymbol{e}_x + c_y\boldsymbol{e}_y + c_z\boldsymbol{e}_z. \tag{3.3}$$

这样的具有 9 个自由度的盒子，称为三斜盒子（triclinic box）。对于正交盒子，我们有：

$$a = L_x e_x + 0 e_y + 0 e_z, \tag{3.4}$$

$$b = 0 e_x + L_y e_y + 0 e_z, \tag{3.5}$$

$$c = 0 e_x + 0 e_y + L_z e_z. \tag{3.6}$$

我们可将三个矢量的一共 9 个分量组合成一个矩阵，称为盒子矩阵（box matrix），记为：

$$H = \begin{pmatrix} a_x & b_x & c_x \\ a_y & b_y & c_y \\ a_z & b_z & c_z \end{pmatrix}. \tag{3.7}$$

对于正交盒子，该矩阵为对角矩阵：

$$H = \begin{pmatrix} L_x & 0 & 0 \\ 0 & L_y & 0 \\ 0 & 0 & L_z \end{pmatrix}. \tag{3.8}$$

图 3.1 描绘了一个正交盒子（左）与一个三斜盒子（右）。

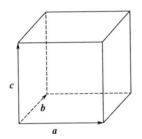 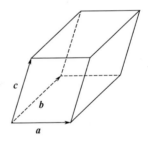

图 3.1 正交（左）与三斜（右）模拟盒子示意图

读者也许要问，盒子矩阵为什么不定义为上述定义的转置？实际上，这只是一个约定，也许只是在后面的计算中比较方便而已。读者可思考如果在定义中加一个转置，后面的讨论会如何改变。

三斜盒子的体积 V 等于上述矩阵行列式 $\det(H)$ 的绝对值：

$$V = |\det(H)|. \tag{3.9}$$

对 3×3 矩阵的行列式，有如下计算公式：

$$\det(H) = a_x(b_y c_z - c_y b_z) + b_x(c_y a_z - a_y c_z) + c_x(a_y b_z - b_y a_z). \tag{3.10}$$

在正交盒子的特殊情形，体积简化为 $V = L_x L_y L_z$。记矩阵 H 的逆为：

$$G = H^{-1}. \tag{3.11}$$

3.1.2　三斜盒子情况下的周期边界条件

为进一步理解盒子矩阵的作用，我们假设将一个坐标 $r = (x, y, z)$ 表示为：

$$r = s_a \boldsymbol{a} + s_b \boldsymbol{b} + s_c \boldsymbol{c}. \tag{3.12}$$

可以看出，$(s_a, s_b, s_c) = (0,0,0)$、$(1,0,0)$、$(0,1,0)$、$(0,0,1)$、$(0,1,1)$、$(1,0,1)$、$(1,1,0)$、$(1,1,1)$ 分别代表盒子的 8 个顶点。如果要求

$$0 \leqslant s_a \leqslant 1, \tag{3.13}$$

$$0 \leqslant s_b \leqslant 1, \tag{3.14}$$

$$0 \leqslant s_c \leqslant 1, \tag{3.15}$$

那么坐标 r 就完全在盒子内（或者表面）。这里的坐标分量 (s_a, s_b, s_c) 称为分数坐标（fractional coordinates）。坐标 r 的分量可用矩阵表示如下：

$$\begin{pmatrix} x \\ y \\ z \end{pmatrix} = \begin{pmatrix} a_x & b_x & c_x \\ a_y & b_y & c_y \\ a_z & b_z & c_z \end{pmatrix} \begin{pmatrix} s_a \\ s_b \\ s_c \end{pmatrix}. \tag{3.16}$$

上式可简写为：

$$\begin{pmatrix} x \\ y \\ z \end{pmatrix} = H \begin{pmatrix} s_a \\ s_b \\ s_c \end{pmatrix}. \tag{3.17}$$

将矩阵 G 作用在上述等式两边可得：

$$\begin{pmatrix} s_a \\ s_b \\ s_c \end{pmatrix} = G \begin{pmatrix} x \\ y \\ z \end{pmatrix}. \tag{3.18}$$

也就是说，盒子矩阵的逆矩阵 G 可将一个盒子内的坐标变换为相对于盒子的分数坐标。所有的分数坐标形成一个边长为 1 的立方体。

结合上一章关于正交盒子的最小镜像约定，我们可以得到如下关于三斜盒子的最小镜像约定算法：

① 对粒子 i 和 j 的相对坐标：

$$r_{ij} = (x_{ij}, y_{ij}, z_{ij}), \tag{3.19}$$

首先用盒子逆矩阵 G 将其变换为分数相对坐标：

$$s_{ij} = (\xi_{ij}, \eta_{ij}, \zeta_{ij}). \tag{3.20}$$

变换关系为：

$$\begin{pmatrix} \xi_{ij} \\ \eta_{ij} \\ \zeta_{ij} \end{pmatrix} = G \begin{pmatrix} x_{ij} \\ y_{ij} \\ z_{ij} \end{pmatrix}. \tag{3.21}$$

② 对分数相对坐标实施最小镜像约定操作。例如，当 $\xi_{ij} < -1/2$ 时，将其换为 $\xi_{ij} + 1$；当 $\xi_{ij} > 1/2$ 时，将其换为 $\xi_{ij} - 1$。

③ 将实施了最小镜像约定操作的分数相对坐标变换到普通相对坐标：

$$\begin{pmatrix} x_{ij} \\ y_{ij} \\ z_{ij} \end{pmatrix} = H \begin{pmatrix} \xi_{ij} \\ \eta_{ij} \\ \zeta_{ij} \end{pmatrix}. \tag{3.22}$$

3.2 近邻列表

3.2.1 为什么要用近邻列表？

根据第 2 章的程序，我们知道，如果用一个自变量为原子数 N 的函数表示程序的计算量 y，那么该函数一定是：

$$y = c_0 + c_1 N + c_2 N^2. \tag{3.23}$$

其中，$c_2 N^2$ 是求能量和力的部分的，$c_1 N$ 主要对应运动方程积分的部分，而 c_0 对应其他与 N 无关的部分。当 N 很大时，$c_2 N^2$ 占主导，我们说该程序的计算复杂度（computational complexity）是 $\mathcal{O}(N^2)$，具有平方标度。对这样的算法，粒子数很大时计算量会变得很大。

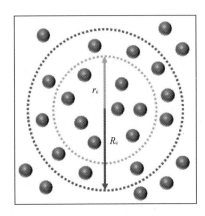

图 3.2 某个原子的近邻原子示意图

我们注意到，在第 2 章的 findForce() 函数中，即使两个原子离得很远，也要对它们的距离进行判断，决定是否考虑它们之间的相互作用力。如果我们事先将在某一距离范围内的原子对记录下来，并在 findForce() 函数中查看记录，就可以在 findForce() 函数中仅考虑在某一距离范围内的原子对。这个"记录"就是近邻列表（neighbor list）。这个距离叫作近邻列表的截断半径，它一般比势函数的截断半径大一些。记势函数的截断半径为 r_c，近邻列表的截断半径为 R_c，参见图 3.2。

该图所示中心原子在势函数截断半径内有 8 个近邻，但在近邻列表截断半径内有 18 个近邻。

一般来说，一个构建好的近邻列表在若干步内都是安全的，不需要每一步都更新。定义

$$\delta = R_{\mathrm{c}} - r_{\mathrm{c}} \tag{3.24}$$

为两个截断半径之差，称为缓冲半径。对于较小的 δ，每次构建近邻列表所需时间较小，但更新近邻列表的频率较高；反之，每次构建近邻列表所需时间较大，但更新近邻列表的频率较低。使用过大的 δ 还有个坏处，即需要使用更多内存。一般来说，$\delta=1\text{Å}$ 是不错的选择。

如果用3.2.3节将要介绍的平方标度算法，整个程序的计算复杂度依然是 $O(N^2)$，但平方项的系数 c_2 将变小，从而有效地提升效率。而若用 3.2.4 节将要介绍的线性标度算法，整个程序的计算复杂度将变为 $O(N)$，对原子数很多的情形将具有很大的优势。我们稍后将给出具体的测试结果。

3.2.2　自动判断何时更新近邻列表

近邻列表更新的时机，既可按照某种固定频率决定，也可根据体系原子坐标的变化自动判断。如下的算法可实现近邻列表更新时机的自动判断：

① 在程序的开头定义一套额外的坐标 $\{r_i^0\}$，每个原子的三个坐标分量都初始化为 0。

② 在积分过程的每一步，对每个原子 i 计算距离：

$$d_i = \left| r_i - r_i^0 \right|, \tag{3.25}$$

其中 r_i 为原子 i 的当前坐标。然后，计算这些距离中的最大值 $d_{\max}$。

③ 若 $2d_{\max} > \delta$，则更新近邻列表，同时更新 $\{r_i^0\}$：

$$r_i^0 = r_i. \tag{3.26}$$

3.2.3　构建近邻列表的平方标度算法

我们先讨论一个简单的平方标度算法。首先，我们定义近邻列表。一个近邻列表指定了研究体系中每个原子的近邻个数，即与所考虑原子距离小于 R_{c} 的原子个数。我们记原子 i 的近邻个数为 N_i。除此以外，确定一个近邻列表还需要知道原子 i 的所有这 N_i 个近邻的指标。我们记原子 i 的第 k 个邻居的指标为 L_{ik}。因为我们在求力的时候将利用牛顿第三定律，所以在构建近邻列表时也要求一个原子的近邻指标大于原子本身的指标，即 $i<L_{ik}$。这样的近邻列表称为半

近邻列表。若不要求 $i<L_{ik}$，将得到全近邻列表。此类近邻列表最早由 Verlet 提出[1]，所以称为 Verlet 近邻列表。一个很自然的构建近邻列表的算法是检验所有的粒子对的距离。这显然是一个 $O(N^2)$ 复杂度的算法。

3.2.4 构建近邻列表的线性标度算法

上述简单的近邻列表算法已经能加速程序了，但它还是一个 $O(N^2)$ 复杂度的算法。本节介绍一个 $O(N)$ 复杂度的算法，即所谓的线性标度算法。在分子动力学模拟中最早提出此类方法的可能是 Quentrec 和 Brot[7]。该算法的主要思想有以下两点：

① 整个模拟盒子被划分为一系列小盒子，每个小盒子的任何厚度不小于近邻列表的截断半径 R_c。图 3.3 展示的是二维空间的情形，且每个小盒子的边长刚好等于 R_c。

② 对任何原子，只需在 27 个小盒子（一个是原子所在的小盒子，另外 26 个是与该小盒子紧挨着的）中寻找近邻原子。图 3.3 展示的是二维空间的情形，只需在 1+8=9 个小盒子寻找近邻原子。

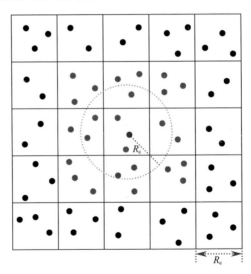

图 3.3 线性标度近邻列算法示意图

先看第一点。首先，我们需要确定将整个体系划分为多少个小盒子。我们针对一般的三斜盒子来讨论。对于三斜盒子，我们需要计算三个厚度。在垂直于平面 $b \times c$ 的方向，盒子厚度为：

$$L_a = V / A_{bc}. \tag{3.27}$$

其中，A_{bc} 代表盒子矢量 b 和 c 所在面的面积：

$$A_{bc} = \| \boldsymbol{b} \times \boldsymbol{c} \|. \tag{3.28}$$

类似可定义其他两个厚度：

$$L_b = V / A_{ca}, \tag{3.29}$$

$$L_c = V / A_{ab}. \tag{3.30}$$

将厚度除以近邻的截断半径并向下取整，就得到每个盒子矢量方向的小盒子个数：

$$N_a = \lfloor L_a / R_c \rfloor, \tag{3.31}$$

$$N_b = \lfloor L_b / R_c \rfloor, \tag{3.32}$$

$$N_c = \lfloor L_c / R_c \rfloor. \tag{3.33}$$

总的小盒子个数为：

$$N_{\text{cell}} = N_a N_b N_c. \tag{3.34}$$

3.3　C++编程范例：使用近邻列表的分子动力学模拟程序

本章程序 linearMD 是在第 2 章的 simpleMD 程序的基础上扩展而成，共有 700 多行代码，写在源文件 linearMD.cpp 中。我们仅介绍相对前一章程序所增加的内容，即与三斜盒子和近邻列表有关的部分。

3.3.1　处理三斜盒子的基本函数

三斜盒子的 9 个自由度构成一个 3×3 的矩阵 H，其矩阵元对应于数组 box[18] 的前 9 个元素。代码 3.1 所示 getDet() 函数的功能是根据式（3.10）计算矩阵 H 的行列式。

代码 3.1　计算行列式的函数

```
1  double getDet(const double* box)
2  {
3    return box[0] * (box[4] * box[8] - box[5] * box[7]) +
4           box[1] * (box[5] * box[6] - box[3] * box[8]) +
5           box[2] * (box[3] * box[7] - box[4] * box[6]);
6  }
```

分子动力学模拟

在计算三斜盒子矩阵的行列式之后，可进一步求盒子的逆矩阵 G，见代码 3.2 所示 getInverseBox() 函数。逆矩阵的矩阵元对应于数组 box[18] 的后 9 个元素。

代码 3.2　求逆矩阵的函数

```
1    void getInverseBox(double* box)
2    {
3      box[9] = box[4] * box[8] - box[5] * box[7];
4      box[10] = box[2] *box[7] - box[1] *box[8];
5      box[11] = box[1] *box[5] - box[2] *box[4];
6      box[12] = box[5] *box[6] - box[3] *box[8];
7      box[13] = box[0] *box[8] - box[2] *box[6];
8      box[14] = box[2] *box[3] - box[0] *box[5];
9      box[15] = box[3] *box[7] - box[4] *box[6];
10     box[16] = box[1] *box[6] - box[0] *box[7];
11     box[17] = box[0] *box[4] - box[1] *box[3];
12     double det = getDet(box);
13     for (int n = 9; n < 18; ++n) {
14       box[n] /= det;
15     }
16   }
```

代码 3.3 中的 applyMic() 函数实现了三斜盒子的最小镜像约定。第 12～14 行根据式（3.21）将原始相对坐标变换为分数相对坐标。第 15～17 行调用 applyMicOne() 函数对相对分数坐标实施最小镜像约定。第 18～20 行根据式（3.22）将分数相对坐标变换为原始相对坐标。

代码 3.3　对三斜盒子体系实施最小镜像约定的函数

```
1    void applyMicOne(double& x12)
2    {
3      if (x12 < -0.5) {
4        x12 += 1.0;
5      } else if (x12 > +0.5) {
6        x12 -= 1.0;
7      }
```

```
8      }
9
10     void applyMic(const double* box, double& x12, double& y12, double& z12)
11     {
12       double sx12 = box[9] * x12 + box[10] * y12 + box[11] * z12;
13       double sy12 = box[12] * x12 + box[13] * y12 + box[14] * z12;
14       double sz12 = box[15] * x12 + box[16] * y12 + box[17] * z12;
15       applyMicOne(sx12);
16       applyMicOne(sy12);
17       applyMicOne(sz12);
18       x12 = box[0] * sx12 + box[1] * sy12 + box[2] * sz12;
19       y12 = box[3] * sx12 + box[4] * sy12 + box[5] * sz12;
20       z12 = box[6] * sx12 + box[7] * sy12 + box[8] * sz12;
21     }
```

代码 3.4 中的 applyPbc() 函数实现了三斜盒子的周期边界条件。第 13～18 行将原始坐标变换为分数坐标。第 19～21 行调用 applyPbcOne() 函数对分数坐标实施周期边界条件，即将原子从盒子外拉回盒子内（此时的盒子为边长为 1 的立方盒子）。第 22～24 行将分数坐标变换为原始坐标。

代码 3.4　对三斜盒子体系实施周期边界条件的函数

```
1      void applyPbcOne(double& sx)
2      {
3        if (sx < 0.0) {
4          sx += 1.0;
5        } else if (sx > 1.0) {
6          sx -= 1.0;
7        }
8      }
9
10     void applyPbc(Atom& atom)
11     {
12       for (int n = 0; n < atom.number; ++n) {
```

```
13      double sx = atom.box[9] * atom.x[n] + atom.box[10] * atom.y[n] +
14              atom.box[11] * atom.z[n];
15      double sy = atom.box[12] * atom.x[n] + atom.box[13] * atom.y[n] +
16              atom.box[14] * atom.z[n];
17      double sz = atom.box[15] * atom.x[n] + atom.box[16] * atom.y[n] +
18              atom.box[17] * atom.z[n];
19      applyPbcOne(sx);
20      applyPbcOne(sy);
21      applyPbcOne(sz);
22      atom.x[n] = atom.box[0] * sx + atom.box[1] * sy + atom.box[2] * sz;
23      atom.y[n] = atom.box[3] * sx + atom.box[4] * sy + atom.box[5] * sz;
24      atom.z[n] = atom.box[6] * sx + atom.box[7] * sy + atom.box[8] * sz;
25    }
26  }
```

3.3.2 近邻列表平方标度算法的 C++实现

我们的 C++实现如代码 3.5 所示。第 4 行调用 C++标准库的 std::fill()函数将每个原子的近邻个数置零，为后面的累加做准备。第 17 行的语句

```
atom.NL[i*atom.MN+atom.NN[i]++]=j;
```

等价于如下两句：

```
atom.NL[i*atom.MN+atom.NN[i]]=j;
atom.NN[i]++;
```

第 18～22 行对近邻列表的存储空间进行判断：如果任何原子的近邻个数超出了设定的最大值 atom.MN，就报告一个错误消息并退出程序。该最大值在程序中设置为 1000，但读者可适当地改动。这个数值若设置得过大，则会浪费内存，若设置得过小，则容易引发错误。

代码 3.5　近邻列表平方标度算法的 C++实现

```
1   void findNeighborON2(Atom& atom)
2   {
3     const double cutoffSquare = atom.cutoffNeighbor * atom.cutoffNeighbor;
```

```
4      std::fill(atom.NN.begin(), atom.NN.end(), 0);

5

6      for (int i = 0; i < atom.number - 1; ++i) {
7        const double x1 = atom.x[i];
8        const double y1 = atom.y[i];
9        const double z1 = atom.z[i];
10       for (int j = i + 1; j < atom.number; ++j) {
11         double xij = atom.x[j] - x1;
12         double yij = atom.y[j] - y1;
13         double zij = atom.z[j] - z1;
14         applyMic(atom.box, xij, yij, zij);
15         const double distanceSquare = xij * xij + yij * yij + zij * zij;
16         if (distanceSquare < cutoffSquare) {
17           atom.NL[i * atom.MN + atom.NN[i]++] = j;
18           if (atom.NN[i] > atom.MN) {
19             std::cout << "Error: number of neighbors for atom " << i
20                       << " exceeds " << atom.MN << std::endl;
21             exit(1);
22           }
23         }
24       }
25     }
26   }
```

3.3.3　近邻列表线性标度算法的 C++实现

实现该部分的 C++函数如代码 3.6 所示。第 6 行调用函数 getThickness()计算三个盒子厚度。第 9～12 行计算每个盒子矢量方向的小盒子个数 N_a、N_b、N_c以及总的小盒子数 $N_{cell}=N_aN_bN_c$。第 16 行定义一个数组，代表每个小盒子中的原子个数 C_n（$0 \leqslant n \leqslant N_{cell}-1$），其计算过程在第 21～27 行。第 17 行定义一个数组 S_n（$0 \leqslant n \leqslant N_{cell}-1$），其元素定义为：

$$S_0 = 0; \tag{3.35}$$

$$S_n = \sum_{m=0}^{n-1} C_m \quad (1 \leqslant n \leqslant N_{\text{cell}} - 1). \tag{3.36}$$

用计算机术语来说，数组 S_n 是数组 C_n 的前缀和，其计算过程在第 25～27 行。第 29 行将数组 C_n 的元素置零，因为后面又要对它进行累加。第 33～38 行计算根据小盒子指标排列的原子指标，保存为一个长度为原子数 N 的数组 I。其中，从 I_{S_n} 到 $I_{S_n + C_n - 1}$ 的元素就是处于小盒子 n 的原子指标。第 42～84 行根据以上几个辅助数组的信息构建 Verlet 近邻列表，其算法和前面的 $O(N^2)$ 算法差不多，只不过我们只需要考虑 27 个小盒子，而不是整个大盒子。

代码 3.6　近邻列表线性标度算法的 C++实现

```
1   void findNeighborON1(Atom& atom)
2   {
3     const double cutoffInverse = 1.0 / atom.cutoffNeighbor;
4     double cutoffSquare = atom.cutoffNeighbor * atom.cutoffNeighbor;
5     double thickness[3];
6     getThickness(atom, thickness);
7
8     int numCells[4];
9     for (int d = 0; d < 3; ++d) {
10      numCells[d] = floor(thickness[d] * cutoffInverse);
11    }
12    numCells[3] = numCells[0] * numCells[1] * numCells[2];
13
14    int cell[4];
15
16    std::vector<int> cellCount(numCells[3], 0);
17    std::vector<int> cellCountSum(numCells[3], 0);
18
19    for (int n = 0; n < atom.number; ++n) {
20      const double r[3] = {atom.x[n], atom.y[n], atom.z[n]};
21      findCell(atom.box, thickness, r, cutoffInverse, numCells, cell);
22      ++cellCount[cell[3]];
23    }
```

```
24
25    for (int i = 1; i < numCells[3]; ++i) {
26      cellCountSum[i] = cellCountSum[i - 1] + cellCount[i - 1];
27    }
28
29    std::fill(cellCount.begin(), cellCount.end(), 0);
30
31    std::vector<int> cellContents(atom.number, 0);
32
33    for (int n = 0; n < atom.number; ++n) {
34      const double r[3] = {atom.x[n], atom.y[n], atom.z[n]};
35      findCell(atom.box, thickness, r, cutoffInverse, numCells, cell);
36      cellContents[cellCountSum[cell[3]] + cellCount[cell[3]]] = n;
37      ++cellCount[cell[3]];
38    }
39
40    std::fill(atom.NN.begin(), atom.NN.end(), 0);
41
42    for (int n1 = 0; n1 < atom.number; ++n1) {
43      const double r1[3] = {atom.x[n1], atom.y[n1], atom.z[n1]};
44      findCell(atom.box, thickness, r1, cutoffInverse, numCells, cell);
45      for (int k = -1; k <= 1; ++k) {
46        for (int j = -1; j <= 1; ++j) {
47          for (int i = -1; i <= 1; ++i) {
48            int neighborCell = cell[3] + (k * numCells[1] + j) * numCells[0] + i;
49            if (cell[0] + i < 0)
50              neighborCell += numCells[0];
51            if (cell[0] + i >= numCells[0])
52              neighborCell -= numCells[0];
53            if (cell[1] + j < 0)
54              neighborCell += numCells[1] * numCells[0];
```

```
55        if (cell[1] + j >= numCells[1])
56          neighborCell -= numCells[1] * numCells[0];
57        if (cell[2] + k < 0)
58          neighborCell += numCells[3];
59        if (cell[2] + k >= numCells[2])
60          neighborCell -= numCells[3];
61
62        for (int m = 0; m < cellCount[neighborCell]; ++m) {
63          const int n2 = cellContents[cellCountSum[neighborCell] + m];
64          if (n1 < n2) {
65            double x12 = atom.x[n2] - r1[0];
66            double y12 = atom.y[n2] - r1[1];
67            double z12 = atom.z[n2] - r1[2];
68            applyMic(atom.box, x12, y12, z12);
69            const double d2 = x12 * x12 + y12 * y12 + z12 * z12;
70            if (d2 < cutoffSquare) {
71              atom.NL[n1 * atom.MN + atom.NN[n1]++] = n2;
72              if (atom.NN[n1] > atom.MN) {
73                std::cout << "Error: number of neighbors "
74                             "for atom "
75                          << n1 << " exceeds " << atom.MN << std::endl;
76                exit(1);
77              }
78            }
79          }
80        }
81      }
82    }
83   }
84  }
85 }
```

代码 3.7 给出了求三斜盒子厚度的函数 getThickness()。在该函数中，首先根据盒子行列式计算盒子体积。需要注意的是，行列式可正可负，故体积应该是行列式的绝对值。然后，用体积除以面积得到厚度。面积的计算调用了代码 3.7 中的函数 getArea()。

代码 3.7　求三斜盒子厚度的函数

```
1   float getArea(const double* a, const double* b)
2   {
3     const double s1 = a[1] * b[2] - a[2] * b[1];
4     const double s2 = a[2] * b[0] - a[0] * b[2];
5     const double s3 = a[0] * b[1] - a[1] * b[0];
6     return sqrt(s1 * s1 + s2 * s2 + s3 * s3);
7   }
8
9   void getThickness(const Atom& atom, double* thickness)
10  {
11    double volume = abs(getDet(atom.box));
12    const double a[3] = {atom.box[0], atom.box[3], atom.box[6]};
13    const double b[3] = {atom.box[1], atom.box[4], atom.box[7]};
14    const double c[3] = {atom.box[2], atom.box[5], atom.box[8]};
15    thickness[0] = volume / getArea(b, c);
16    thickness[1] = volume / getArea(c, a);
17    thickness[2] = volume / getArea(a, b);
18  }
```

在确定小盒子的个数之后，我们就可以确定每个原子处于哪个小盒子了。对应的 C++函数如代码 3.8 所示。第 9～12 行计算与原子坐标 r 对应的分数坐标 s。第 14 行计算原子在某个盒子矢量方向的小盒子指标。第 15～18 行保证计算的小盒子指标不超出界限。最后，第 20 行根据三维的小盒子指标计算一个一维指标。

代码3.8　计算某个原子所属小盒子的函数

```
1   void findCell(
2     const double* box,
```

```
3      const double* thickness,
4      const double* r,
5      double cutoffInverse,
6      const int* numCells,
7      int* cell)
8    {
9      double s[3];
10     s[0] = box[9] * r[0] + box[10] * r[1] + box[11] * r[2];
11     s[1] = box[12] * r[0] + box[13] * r[1] + box[14] * r[2];
12     s[2] = box[15] * r[0] + box[16] * r[1] + box[17] * r[2];
13     for (int d = 0; d < 3; ++d) {
14       cell[d] = floor(s[d] * thickness[d] * cutoffInverse);
15       if (cell[d] < 0)
16         cell[d] += numCells[d];
17       if (cell[d] >= numCells[d])
18         cell[d] -= numCells[d];
19     }
20     cell[3] = cell[0] + numCells[0] * (cell[1] + numCells[1] * cell[2]);
21   }
```

3.3.4　程序速度测试

用本章的程序 linearMD 进行测试, 得到如图 3.4 的结果。此图对比了三种近邻列表方案下程序跑 1000 步所花时间和体系原子数的关系。这里的三种近邻列表方案分别是不使用近邻列表（类似于上一章的程序, 但注意本章程序使用了三斜盒子）、使用 $O(N^2)$ 计算复杂度的近邻列表构建方法, 以及使用 $O(N)$ 计算复杂度的近邻列表构建方法。该图的结果是符合预期的。不使用近邻列表时, 程序的计算量正比于原子数的平方, 拥有典型的 $O(N^2)$ 计算复杂度。使用 $O(N^2)$ 计算复杂度的近邻列表构建方法时, 程序的计算量在小体系的极限下正比于原子数, 但在大体系的极限下正比于原子数平方。使用 $O(N)$ 计算复杂度的近邻列表构建方法时, 程序的计算量始终正比于原子数, 具有 $O(N)$ 复杂度。所以, 在研究较大体系时, 一定要采用 $O(N)$ 计算复杂度的近邻列表构建方法。

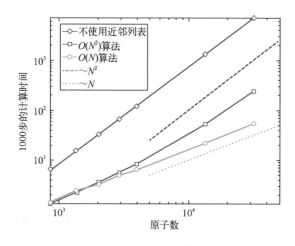

图 3.4　近邻列表速度测试结果

3.4　GPUMD 程序简介

本章介绍的近邻列表技术只是提高分子动力学程序效率的一个方面。在实际的分子动力学程序中，往往还需要使用并行编程的技术进一步提高效率。并行编程是和计算机硬件紧密相关的。对 CPU 计算来说，MPI 是最常用的选择，它可在一个节点内并行，也可在不同节点之间并行。另一个并行技术 OpenMP，就只能在节点内并行。当前，图形处理器（GPU）相对于 CPU 有很大的性能优势。Nvidia 的 GPU 可使用 CUDA 编程[8]，而 AMD 的 GPU 可使用 HIP 编程。

当前学术界使用最为广泛的两个分子动力学程序是 LAMMPS 和 Gromacs，它们都使用了 MPI、OpenMP 和 CUDA 等并行技术加速。笔者主导开发了另一个分子动力学程序 GPUMD（扫描前言中的二维码，即可获取相关链接）[9]，大量使用了 CUDA 编程，获得了很高的计算性能。本书除使用自编 C++ 和 Python 程序外，还会大量使用 GPUMD。GPUMD 软件包的标识如图 3.5 所示。

GPUMD 是开源程序，在 Github 托管。从 Github 下载程序包之后，解压缩，从终端进入 src 文件夹，输入 make 即可完成程序的编译。这要求读者的计算机有 CUDA 编程环境和 Nvidia 的 GPU。编译好之后，会在 src 文件夹内产生 gpumd 和 nep 两个可执行文件。其中，gpumd 可执行文件就类似于我们目前使用过的自编分子动力学程序，需要 model.xyz 和 run.in 两个输入文件，而 nep 可执行文件是用来

图 3.5　GPUMD 软件包的标识

训练机器学习势函数的（将在第 5 章介绍）。本章介绍 GPUMD 的初步使用，后续章节将通过更多的例子深入介绍 GPUMD 程序的使用。

3.4.1 模型文件

前文提及的 simpleMD 和 linearMD 都需要一个 xyz.in 模型文件。类似地，GPUMD 程序也需要一个模型文件作为输入，只不过文件名设定为 model.xyz。该文件采用所谓的扩展的 XYZ 文件格式，其规定如下：

① 第一行是一个整数，代表模型的原子数。

② 第二行是若干由空格分开的形如 keyword=value 的条目。value 可以是一个数字，也可以是由双引号包含的一串数字。几乎所有的关键字都是被允许的，但 GPUMD 目前仅读入如下关键字：

（a）pbc="pbc_a pbc_b pbc_c"，其中 pbc_a、pbc_b 和 pbc_c 皆可取 T 或 F，分别代表 a、b、c 方向的周期或非周期边界条件。该关键字是可选的，默认值是 T T T，即各个方向皆为周期的。

（b）lattice="ax ay az bx by bz cx cy cz"，其中的 9 个参数是由式（3.1）～式（3.3）定义的三个盒子矢量的分量，单位为 Å。该关键字是必须有的。

（c）properties=property_name_1:data_type_1:number_of_columns_1…。该关键字是必须有的。GPUMD 仅读入如下条目：

i. species:S:1，代表原子的元素符号（必须有）。

ii. pos:R:3，代表原子坐标矢量，单位为 Å（必须有）。

iii. mass:R:1，代表原子质量（可选；缺省时程序会使用标准原子质量）单位为 Da。

iv. vel:R:3，代表原子速度矢量（可选：存在时会使用该文件的速度作为模拟的初始速度），单位为 Å/fs。

v. group:I:number_of_grouping_methods，代表一个或多个分组方式（可选）。

③ 从第三行开始，每一行对应一个原子，具有相同的由第二行的关键字 properties=决定的列数。

作为例子，代码 3.9 给出了 864 个氩原子体系的模型文件的前 6 行。这种扩展的 XYZ 文件可由 OVITO 程序可视化。

代码 3.9　864 个氩原子体系的模型文件的前 6 行

```
1  864
2  Lattice="32.31 0 0 0 32.31 0 0 0 32.31" Properties=species:S:1:pos:R:3
3  Ar 0 0 0
```

```
4    Ar 0 2.6925 2.6925

5    Ar 2.6925 0 2.6925

6    Ar 2.6925 2.6925 0
```

3.4.2 控制文件

就像 simpleMD 和 linearMD 还需要一个 run.in 文件来控制程序的运行，GPUMD 也需要这样一个同名文件。该文件可以说定义了一个分子动力学模拟的流程。GPUMD 会按照次序执行文件中的指令。若遇到非法指令，会报错并退出。该文件采用比较自由的格式，允许有空行以及由#开头的注释行。

该文件的每一条指令写为如下形式：

```
keyword parameter_1 parameter_2...
```

该文件中的指令结构大致如下：

① 使用 potential 关键字指定一个势函数。

② 使用 velocity 关键字根据指定的初始温度将粒子的速度初始化。

③ 接下来，可以指定若干个阶段的模拟，每一个阶段的模拟都以关键字 ensemble 开头，并以关键字 run 结尾。在这两个关键字之间，可以写若干其他关键字，用来定义该阶段模拟的行为。

3.4.3 GPUMD 使用范例：LJ 势函数的使用

GPUMD 的使用与 simpleMD 和 linearMD 的使用一样简单。准备好 model.xyz 和 run.in 这两个输入文件之后，将它们放在一个文件夹（称为工作文件夹）。然后从终端进入该文件夹，执行

```
$ path/to/gpumd
```

即可。此处的 path/to/gpumd 是指包含路径的 gpumd 可执行文件。可使用相对路径，也可使用绝对路径。

我们可以轻松地用 GPUMD 实现 linearMD 所进行的 MD 模拟。代码 3.10 给出了 run.in 文件的内容。为方便理解，我们在每个语句后给出了适当的注释。

代码 3.10　用 GPUMD 模拟固态氩的 run.in 输入文件

```
1    potential  Ar.txt        # 指定势函数文件，里面包含 LJ 势的参数

2    velocity   60            # 初始速度对应 60 K 的温度

3
```

4	ensemble nve	# 开始运行一个 NVE 系综的模拟
5	time_step 5	# 积分步长为 5 fs
6	dump_thermo 100	# 每 100 步输出一次基本热力学量
7	run 10000	# 共运行 10000 步

　　势函数文件 Ar.txt 的内容如代码 3.11 所示。第一行的 lj 代表该势函数的名称，数字 1 代表该势函数仅适用于单组分（单元素）体系，后面的元素符号 Ar 表示该元素是氩。因为此处仅有一个元素，故后面只有一行参数。该行的三个参数分别对应 LJ 势函数的 ϵ（单位为 eV）、σ（单位为 Å）以及截断半径 r_c（单位为 Å）。

代码 3.11　描述氩原子体系的 LJ 势函数文件

```
1   lj 1 Ar
2   1.032e-2 3.405 10.0
```

　　GPUMD 中默认使用 $\mathcal{O}(N)$ 算法更新近邻列表，而且取了 $\delta = 0$，从而每一步都更新。一般来说，每一步都更新近邻列表并不是最高效的，但这样做的好处是近邻列表的截断半径最小（就等于势函数的截断半径），从而需要最少的内存。对 LJ 势这样简单的势函数来说，用 $\delta = 0$ 可能损失了不少计算性能，但对我们以后将要介绍的机器学习势来说，用 $\delta = 0$ 导致的计算性能的损失就忽略不计了，而在一定程度上节约了内存使用，使得在一定的内存（GPU 显存）限制条件下可模拟更大的体系。在这一点上，可以说 GPUMD 程序的做法是用时间换取了空间。

第 **4** 章

经验势函数

势函数是分子动力学模拟中最重要的输入之一。第 2 章和第 3 章的讨论都基于简单的 LJ 势函数。本章将讨论经验势函数的一般性质，并重点讨论两个典型的多体经验势函数，包括嵌入原子方法势和 Tersoff 势。我们将给出 Tersoff 多体势的 C++编程实现，并展示两种验证结果正确性的方法。

4.1 经典势函数的一般性质

4.1.1 经典势函数概览

势函数的输入是体系所有原子的坐标以及元素等信息，输出是体系的势能。一个体系的势能可由量子力学方法计算，如常用的量子密度泛函理论（density-functional theory）方法。有一种经验性更强的量子力学方法，称为紧束缚（tight-binding）模型方法。紧束缚模型中包含若干经验性的参数，但能量和力的计算过程依然涉及量子力学问题的求解。因此，这种方法也称为半经验方法，即部分经验、部分量子的方法。

经典势函数，简称经典势（classical potentials），是相对上述基于量子力学的势函数来说的。一个经典多粒子系统的势能可写为各个粒子坐标的解析函数，不再涉及量子力学问题的求解。相对于量子力学的计算，经典势要高效得多。大多数量子力学方法的计算复杂度都不低于 $O(N^3)$，而大部分经典势的计算复杂度都是线性标度的，即 $O(N)$。这里的 N 是体系的原子数。正是计算的高效性让经典势成为分子动力学模拟中重要的研究对象，本书后续仅针对经典势函数展开讨论。

从某种程度上说，经典势可分为经验势（empirical potentials）和机器学习势（machine-learned potentials）两大类。其中，经验势一般是用具有物理或化学意义的数学函数表达的，而机器学习势则涉及某种机器学习模型（如线性回归和人工神经网络等）。无论是经验势，还是机器学习势，都有明确的解析表达式且含有一些待定参数。经验势中的参数一般较少（几个到几十个不等），且一般通过拟合实验结果来确定。机器学习势中的参数一般较多（几百个到上百万个不等），且一般通过拟合量子力学计算结果来确定。

在有机物模拟领域，有一类势函数不明确地考虑化学键的断裂与形成。这种体系的势函数往往是多种经验势的组合，包括键长项、键角项、二面角项、范德瓦尔斯作用项、静电作用项等。这里的键长、键角和二面角相互作用都是针对固定的化学键定义的（由所谓的"拓扑"结构定义）。例如，某三个原子之间的键角相互作用总是存在，而不管它们的位置如何。通常将这样的组合势函数连同一整套势参数称为一个力场（force field）。最简单的力场是所谓的第一类力场，常用的有 AMBER（Assisted Model Building with Energy Refinement）、CHARMM（Chemistry at HARvard Macromolecular Mechanics）、GROMOS（GROningen MOlecular Simulation）、OPLS-AA（All-Atom Optimized Potential for Liquid Simulations）和 TraPPE（Transferable Potentials for Phase Equilibria）等。这些力场的势函数形式大同小异，其中 OPLS-AA 力场采用如下势函数形式：

$$
\begin{aligned}
U = & \sum_b K_b \left(b - b_0 \right)^2 \\
& + \sum_\theta K_\theta \left(\theta - \theta_0 \right)^2 \\
& + \sum_\phi \sum_{n=1}^4 \frac{V_{\phi,n}}{2} \left[1 + (-1)^{n+1} \cos\left(n\phi - \phi_n \right) \right] \\
& + \frac{1}{2} \sum_i \sum_{j \neq i} 4\epsilon_{ij} \left(\frac{\sigma_{ij}^{12}}{r_{ij}^{12}} - \frac{\sigma_{ij}^6}{r_{ij}^6} \right) \\
& + \frac{1}{2} \sum_i \sum_{j \neq i} \frac{q_i q_j}{4\pi \epsilon_0 r_{ij}^2}.
\end{aligned}
\tag{4.1}
$$

下面对该组合势函数中的各项逐一解释。第一行是键作用项，对所有的键 b 求和。b_0 是与键 b 对应的平衡键长，参数 K_b 的量纲为能量除以长度的平方。该项的存在使得成键的原子对无法分开，因为当成键的两原子距离很大时，该项的值很大。第二行是键角作用项，对所有的键角 θ 求和。θ_0 是与 θ 对应的平衡键角，参数 K_θ 的量纲为能量。第三行是二面角作用项，对所有的二面角 ϕ 求和。ϕ_n 是与二面角 ϕ 对应的参数，参数 $V_{\phi,n}$ 的量纲为能量。以上三项合称为成键相互作用，一般作用在分子内部的原子之间。这些化学键都是固定的，不随时间改变的，即非反应的。第四行是 LJ 势，其中原子 i 和 j 之间的能量参数 ϵ_{ij} 一般采用几何平均规则确定：$\epsilon_{ij} = \sqrt{\epsilon_{ii}\epsilon_{jj}}$。对长度参数 σ_{ij}，有的力场采用几何平均规则确定：$\sigma_{ij} = \sqrt{\sigma_{ii}\sigma_{jj}}$，有的力场则采用算术平均规则确定：$\sigma_{ij} = (\sigma_{ii} + \sigma_{jj})/2$。第五行是静电作用项，其中 q_i 代表原子 i 的固定电荷参数，ϵ_0 是真空介电常数。LJ 作用与静电作用合称为非键相互作用，一般仅作用于分子之间的或分子内部相隔较远的原子之间。具体地说，分子内非键相互作用仅考虑相隔三个键（即所谓的 1-4 原子对）或以上的原子对，且对 1-4 原子对来说一般会乘以一个不大于 1 的因子。

在材料模拟领域，常用的经验势函数有 EAM（Embedded-Atom Method）势、MEAM（Modified EAM）势、Tersoff 势、REBO（Reactive Empirical Bond Order）势、COMB（Charge-Optimized Many Body）势和 ReaxFF（Reactive Force Field）力场等。本书不打算对经验势作全面的讨论，一方面是因为笔者研究经验有限，另一方面是因为近年来机器学习势的迅猛发展使得经验势的重要性大为降低。若想进一步了解各类经验势函数和力场，可参考一篇最近的综述[10]。本章后续内容仅对 EAM 势和 Tersoff 势展开较为详细的讨论，这两种势函数都是所谓的多体势。

4.1.2　两体势与多体势的定义

经验势中最简单的情形是两体势（two-body potentials）。如果可将体系的势能写成：

$$U = \frac{1}{2}\sum_i \sum_{j \neq i} U_{ij}(r_{ij}), \tag{4.2}$$

其中，

$$U_{ij}(r_{ij}) = U_{ji}(r_{ji}), \tag{4.3}$$

那么我们称该系统的相互作用势能为两体势。其中，$U_{ij}(r_{ij})$ 代表粒子 i 和 j 之间的相互作用势能，仅依赖于两粒子的相对距离 r_{ij}。第 2 章和第 3 章讨论的 LJ 势就是一个典型的两体势。两体势系统的势能也可写成如下等价的形式：

$$U = \sum_i \sum_{j > i} U_{ij}(r_{ij}). \tag{4.4}$$

如果一个体系的势能无法写成以上形式，那么我们称该势能为多体势（many-body potentials）。相对而言，多体势比两体势更接近量子力学计算的结果，故在各种材料体系中应用得较为成功。

4.1.3 多体势中力的表达式

为推导多体势的一系列表达式，我们假设一个多体势系统的总能量可写为各个粒子能量之和：

$$U = \sum_i U_i. \qquad (4.5)$$

其中，U_i 称为粒子 i 的能量，它依赖于各个从 i 指向其他粒子的位置差：

$$U_i = U_i(\{r_{ij}\}). \qquad (4.6)$$

其中，

$$r_{ij} \equiv r_j - r_i. \qquad (4.7)$$

式中的 $\{r_{ij}\}$ 是一个集合，暗含了所有可能的粒子 j，但一般来说只需考虑粒子 i 的某个截断半径之内的近邻。

以上定义的多体势函数显然满足空间平移不变性。空间平移指的是将所有坐标都加上一个常数 r^0：

$$r_i \to r_i + r^0. \qquad (4.8)$$

在此变换下，粒子 i 的势能是不变的：

$$U_i(\{r_{ij}\}) \to U_i(\{(r_j - r^0) - (r_i - r^0)\}) = U_i(\{r_{ij}\}). \qquad (4.9)$$

势函数还需满足空间转动不变性，这对我们讨论的所有势函数都是成立的。

从以上假设出发，可推导出如下力的表达式[11]：

$$F_i = \sum_{j \neq i} F_{ij}, \qquad (4.10)$$

$$F_{ij} = -F_{ji} = \frac{\partial U_i}{\partial r_{ij}} - \frac{\partial U_j}{\partial r_{ji}}. \qquad (4.11)$$

这里，

$$\frac{\partial U_i}{\partial r_{ij}} = \frac{\partial U_i}{\partial x_{ij}} e_x + \frac{\partial U_i}{\partial y_{ij}} e_y + \frac{\partial U_i}{\partial z_{ij}} e_z. \qquad (4.12)$$

式（4.12）非常重要，我们称其为"部分力"。

我们将从保守力的定义出发证明以上结果。粒子 i 的力等于体系总势能对粒子 i 坐标的梯度的相反数：

$$F_i = -\frac{\partial U}{\partial r_i}. \qquad (4.13)$$

代入总能量表达式，得：

$$F_i = -\frac{\partial \sum_j U_j}{\partial r_i} = -\sum_j \frac{\partial U_j}{\partial r_i}. \tag{4.14}$$

注意，为避免混淆指标，上式中的求和不能写成原先的 $\sum_i U_i$，这是在推导公式时要特别注意的。接下来的任务就是推导上式中的偏导数了。为此，我们注意到 U_j 是集合 $\{r_{jk}\}$（j 固定，k 可取 j 的所有近邻）的函数，于是有：

$$\frac{\partial U_j}{\partial r_i} = \sum_k \frac{\partial U_j}{\partial r_{jk}} \frac{\partial r_{jk}}{\partial r_i}. \tag{4.15}$$

因为：

$$\frac{\partial r_{jk}}{\partial r_i} = \frac{\partial (r_k - r_j)}{\partial r_i} = \frac{\partial r_k}{\partial r_i} - \frac{\partial r_j}{\partial r_i} = \delta_{ki} - \delta_{ji}, \tag{4.16}$$

所以有：

$$\frac{\partial U_j}{\partial r_i} = \sum_k \frac{\partial U_j}{\partial r_{jk}} \delta_{ki} - \sum_k \frac{\partial U_j}{\partial r_{jk}} \delta_{ji} = \frac{\partial U_j}{\partial r_{ji}} - \sum_k \frac{\partial U_j}{\partial r_{jk}} \delta_{ji}. \tag{4.17}$$

于是，

$$F_i = -\sum_j \left(\frac{\partial U_j}{\partial r_{ji}} - \sum_k \frac{\partial U_j}{\partial r_{jk}} \delta_{ji} \right) = \sum_k \frac{\partial U_i}{\partial r_{ik}} - \sum_j \frac{\partial U_j}{\partial r_{ji}}. \tag{4.18}$$

将上式第二个等号右边第一项中的哑指标 k 换成 j 可得：

$$F_i = \sum_j \left(\frac{\partial U_i}{\partial r_{ij}} - \frac{\partial U_j}{\partial r_{ji}} \right). \tag{4.19}$$

定义

$$F_{ij} = -F_{ji} = \frac{\partial U_i}{\partial r_{ij}} - \frac{\partial U_j}{\partial r_{ji}}, \tag{4.20}$$

则有：

$$F_i = \sum_{j \neq i} F_{ij}. \tag{4.21}$$

根据以上公式，我们可以说多体势的力满足牛顿第三定律的弱形式，但不一定满足牛顿第三定律的强形式。也就是说，我们可以定义两个粒子之间的力 F_{ij} 和 F_{ji}，它们大小相等、方向相反，但不一定作用在两个粒子所在直线上。

4.2 两个典型的经验多体势

迄今已有众多的经验多体势，其中在材料模拟领域最为广泛使用的当数 EAM 势和 Tersoff 势。本节对这两种重要的经验势进行比较细致的讨论。

4.2.1 EAM 势

EAM 势由若干人几乎同时提出，包括 Daw 和 Baskes[12]以及 Finnis 和 Sinclair[13]。由 Finnis 和 Sinclair 提出的版本也常称为 Finnis-Sinclair 势。

在 EAM 势中，原子 i 的势能为：

$$U_i = \frac{1}{2} \sum_{j \neq i} \phi(r_{ij}) + F(\rho_i).\qquad(4.22)$$

这里，含有 $\phi(r_{ij})$ 的部分是两体势，$F(\rho_i)$ 即为嵌入势。嵌入势是原子 i 所在位置电子密度 ρ_i 的函数。原子 i 所在位置的电子密度是由它的邻居贡献的：

$$\rho_i = \sum_{j \neq i} f(r_{ij}).\qquad(4.23)$$

原子 i 的嵌入势 $F(\rho_i)$ 表达了原子 i 镶嵌在（由其他原子提供的）电子气体（electron gas）中所感受到的能量。

对单元素体系来说，一个 EAM 势完全由如下三个函数确定：$\phi(r_{ij})$、$F(\rho_i)$ 和 $f(r_{ij})$。它们都是一元函数，可用解析函数表达。为提高计算速度和通用性，也常用样条插值表示这些函数，正如 LAMMPS 的做法。在 GPUMD 中，仅实现了由周晓望等人开发的解析版本[14]和另一个扩展的 Finnis-Sinclair 势的解析版本[15]。对多元素体系，还有额外的函数，但本书不会涉及多元素体系的 EAM 势。

对 EAM 势来说，其部分力［式（4.12）］可表达为如下形式：

$$\frac{\partial U_i}{\partial \boldsymbol{r}_{ij}} = \frac{1}{2} \frac{\partial \phi(r_{ij})}{\partial r_{ij}} \frac{\boldsymbol{r}_{ij}}{r_{ij}} + \frac{\partial F(\rho_i)}{\partial \rho_i} \frac{\partial f(r_{ij})}{\partial r_{ij}} \frac{\boldsymbol{r}_{ij}}{r_{ij}}.\qquad(4.24)$$

有了上述表达式，EAM 势的编程实现就很直接了。原子 i 受到的来自原子 j 的力为：

$$\boldsymbol{F}_{ij} = \frac{\partial U_i}{\partial \boldsymbol{r}_{ij}} - \frac{\partial U_j}{\partial \boldsymbol{r}_{ji}} = \frac{\partial \phi(r_{ij})}{\partial r_{ij}} \frac{\boldsymbol{r}_{ij}}{r_{ij}} + \left(\frac{\partial F(\rho_i)}{\partial \rho_i} + \frac{\partial F(\rho_j)}{\partial \rho_j} \right) \frac{\partial f(r_{ij})}{\partial r_{ij}} \frac{\boldsymbol{r}_{ij}}{r_{ij}}.\qquad(4.25)$$

为节约计算，显然应该将所有原子的 $F(\rho_i)$ 和 $\partial F(\rho_i)/\partial \rho_i$ 都提前计算并保存。

4.2.2　Tersoff 势

Tersoff 势有几个稍有不同的变体。我们仅介绍 Tersoff 于 1989 年发表的一篇文章中使用的形式[16]。为简单起见，我们考虑单种元素的势函数。本书不会涉及多元素体系的 Tersoff 势。

在 Tersoff 势中，粒子 i 的势能可写为：

$$U_i = \frac{1}{2}\sum_{j\neq i}f_{\mathrm{C}}(r_{ij})\Big[f_{\mathrm{R}}(r_{ij})-b_{ij}f_{\mathrm{A}}(r_{ij})\Big]. \tag{4.26}$$

其中，f_{C}（下标 C 代表 Cutoff）是一个截断函数（也称光滑函数），有如下形式：

$$f_{\mathrm{C}}(r_{ij}) = \begin{cases} 1 & r_{ij}<R, \\ \dfrac{1}{2}\left[1+\cos\left(\pi\dfrac{r_{ij}-R}{S-R}\right)\right] & R<r_{ij}<S, \\ 0 & r_{ij}>S. \end{cases} \tag{4.27}$$

该截断函数通常称为 Tersoff 截断函数。上式中的 R 和 S 常称为内截断半径和外截断半径，且满足 $S>R$。虽然 Tersoff 势是多体势，但可将它写为形式上的"两体"势：

$$U_i = \frac{1}{2}\sum_{j\neq i}U_{ij}, \tag{4.28}$$

$$U_{ij} = f_{\mathrm{C}}(r_{ij})[f_{\mathrm{R}}(r_{ij})-b_{ij}f_{\mathrm{A}}(r_{ij})]. \tag{4.29}$$

这里的 U_{ij} 并不仅依赖于 r_{ij}，因为其中的 b_{ij} 并不仅依赖于 r_{ij}。排斥函数 f_{R}（下标 R 代表 Repulsive）和吸引函数 f_{A}（下标 A 代表 Attractive）表达为指数函数：

$$f_{\mathrm{R}}(r_{ij}) = A\mathrm{e}^{-\lambda r_{ij}}, \tag{4.30}$$

$$f_{\mathrm{A}}(r_{ij}) = B\mathrm{e}^{-\mu r_{ij}}. \tag{4.31}$$

其中，参数 A 和 B 具有能量的量纲，参数 λ 和 μ 具有长度倒数的量纲。

Tersoff 势的多体性质包含在因子 b_{ij} 中。该因子称为键序（bond order，即化学键的某种定量描述），它可表达为如下形式：

$$b_{ij} = (1+\beta^n\zeta_{ij}^n)^{-\frac{1}{2n}}. \tag{4.32}$$

其中，

$$\zeta_{ij} = \sum_{k\neq i,j}f_{\mathrm{C}}(r_{ik})g_{ijk}, \tag{4.33}$$

$$g_{ijk} = 1 + \frac{c^2}{d^2} - \frac{c^2}{d^2 + (h - \cos\theta_{ijk})^2}. \tag{4.34}$$

其中的参数 β、n、c、d、h 都是无量纲的。式（4.34）中有一个角度变量 θ_{ijk}，它代表由键 ij 和 ik 形成的键角，参见图 4.1。该键角的余弦为：

$$\cos\theta_{ijk} = \frac{\boldsymbol{r}_{ij} \cdot \boldsymbol{r}_{ik}}{r_{ij} r_{ik}}. \tag{4.35}$$

参数 h 可理解为一个平衡键角，因为当 $\cos\theta_{ijk} = h$ 时：

$$\frac{\partial g_{ijk}}{\partial \cos\theta_{ijk}} \propto (\cos\theta_{ijk} - h) = 0. \tag{4.36}$$

容易看出，两个原子之间的键序 b_{ij} 随它们近邻的增多而减小。键序变小时原子之间的吸引力变小，表现为化学键变弱。所以，键序 b_{ij} 反映了化学键的强弱。

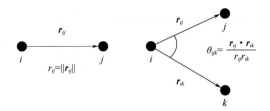

图 4.1　键长和键角示意图

Tersoff 势的部分力表达式相比 EAM 势的更为复杂，可表达如下[11]：

$$
\begin{aligned}
\frac{\partial U_i}{\partial \boldsymbol{r}_{ij}} &= \frac{1}{2} \frac{\partial f_{\mathrm{C}}(r_{ij})}{\partial r_{ij}} \Big[f_{\mathrm{R}}(r_{ij}) - b_{ij} f_{\mathrm{A}}(r_{ij}) \Big] \frac{\partial r_{ij}}{\partial \boldsymbol{r}_{ij}} \\
&\quad + \frac{1}{2} f_{\mathrm{C}}(r_{ij}) \left[\frac{\partial f_{\mathrm{R}}(r_{ij})}{\partial r_{ij}} - b_{ij} \frac{\partial f_{\mathrm{A}}(r_{ij})}{\partial r_{ij}} \right] \frac{\partial r_{ij}}{\partial \boldsymbol{r}_{ij}} \\
&\quad - \frac{1}{2} \frac{\partial f_{\mathrm{C}}(r_{ij})}{\partial r_{ij}} \sum_{k \neq i, j} f_{\mathrm{C}}(r_{ik}) f_{\mathrm{A}}(r_{ik}) \frac{\partial b_{ik}}{\partial \zeta_{ik}} g_{ijk} \frac{\partial r_{ij}}{\partial \boldsymbol{r}_{ij}} \\
&\quad - \frac{1}{2} f_{\mathrm{C}}(r_{ij}) f_{\mathrm{A}}(r_{ij}) \frac{\partial b_{ij}}{\partial \zeta_{ij}} \sum_{k \neq i, j} f_{\mathrm{C}}(r_{ik}) \frac{\partial g_{ijk}}{\partial \cos\theta_{ijk}} \frac{\partial \cos\theta_{ijk}}{\partial \boldsymbol{r}_{ij}} \\
&\quad - \frac{1}{2} f_{\mathrm{C}}(r_{ij}) \sum_{k \neq i, j} f_{\mathrm{C}}(r_{ik}) f_{\mathrm{A}}(r_{ik}) \frac{\partial b_{ik}}{\partial \zeta_{ik}} \frac{\partial g_{ijk}}{\partial \cos\theta_{ijk}} \frac{\partial \cos\theta_{ijk}}{\partial \boldsymbol{r}_{ij}}.
\end{aligned} \tag{4.37}
$$

其中，

$$\frac{\partial \cos\theta_{ijk}}{\partial \boldsymbol{r}_{ij}} = \frac{1}{r_{ij}}\left(\frac{\boldsymbol{r}_{ik}}{r_{ik}} - \frac{\boldsymbol{r}_{ij}}{r_{ij}}\cos\theta_{ijk}\right). \tag{4.38}$$

有了部分力的表达式，Tersoff 势的编程实现就比较简单了。目前，LAMMPS 和 GPUMD 程序都实现了多种 Tersoff 势的变体。

对于二聚体（两个原子组成的体系）的情形，有 $b_{ij}=1$，此时 Tersoff 势约化为两体势，原子 i 和 j 之间的势能为：

$$U_{ij}(r_{ij}) = f_{\mathrm{C}}(r_{ij})\left[A\mathrm{e}^{-\lambda r_{ij}} - B\mathrm{e}^{-\mu r_{ij}}\right]. \tag{4.39}$$

图 4.2 给出了二聚体中两个原子之间的势能和相互作用力。该图的数据采用了 4.3 节的参数。因为此时的 Tersoff 势是两体势，故势能和力的特征与 LJ 势的类似，只不过此处的 Tersoff 势多了一个截断函数的贡献。Tersoff 势的截断半径一般都是很短的，R 和 S 的值一般取为所描述材料的最近邻距离和次近邻距离之间。对于晶体硅来说，最近邻距离约为 2.36Å，次近邻距离约为 3.84Å。对我们所采用的 Tersoff 势来说，R=2.7Å，而 S=3.0Å。之所以这样取，是为了尽量让截断区间（$R \leqslant r_{ij} \leqslant S$）的势函数不影响体系的性质。在截断区间，Tersoff 势有一个非常大的非物理的吸引力。当体系的原子都处于平衡位置附近时，任何原子对之间都感受不到这种非物理的力。然而，当体系的原子远离平衡位置（如被拉伸至断裂的过程）时，这种非物理的力的影响就会显现。这是 Tersoff 势和类似的短程势函数的重大缺陷之一。尽管如此，Tersoff 势依然是最为成功和广泛使用的经验势函数之一。

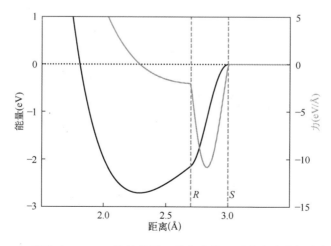

图 4.2　二聚体中 Tersoff 势的能量（蓝色的线，对应左边的纵坐标）和
力（橙色的线，对应右边的纵坐标）的示意图

4.3　C++编程范例：Tersoff 势的编程实现

4.3.1　Tersoff 势的 C++编程实现

我们用 C++编写了一个独立的程序 tersoff.cpp，该程序仅用来展示 Tersoff 势的编程实现细节，以及如何验证所计算的力的正确性。为简单起见，该程序使用一个晶体硅的 Tersoff 势，其中各个参数的值如下[16]：A=1830.8eV、B=471.18eV、λ=2.4799Å^{-1}、μ=1.7322Å^{-1}、β=1.1000×10^{-6}、n=0.78734、c=1.0039×10^{5}、d=16.217、h=-0.59825、R=2.7Å、S=3.0Å。

由式（4.37）可知，Tersoff 势的编程实现将大量地涉及键序 b_{ij} 和它对 ζ_{ij} 的导数 $\partial b_{ij} / \partial \zeta_{ij}$。所以，明智的做法是先针对所有截断半径之内的原子对计算 b_{ij} 和 $\partial b_{ij} / \partial \zeta_{ij}$ 并保存在内存，在求能量和力的时候再从内存取出来使用。

代码 4.1 给出了计算 b_{ij} 和 $\partial b_{ij} / \partial \zeta_{ij}$ 的函数。该函数使用了全近邻列表，其计算在第 3 章已详细讨论。第 17~34 行的循环计算 ζ_{ij}。第 35~37 行计算并保存 b_{ij}。第 38 行计算并保存 $\partial b_{ij} / \partial \zeta_{ij}$。

代码 4.1　计算 Tersoff 势的键序及其偏导数

```
1    void find_b_and_bp(Atom& atom)
2    {
3      const double beta = 1.1000e-6;
4      const double n = 0.78734;
5      const double minus_half_over_n = -0.5 / n;
6      for (int n1 = 0; n1 < atom.number; ++n1) {
7        for (int i1 = 0; i1 < atom.NN[n1]; ++i1) {
8          int n2 = atom.NL[n1 * atom.MN + i1];
9          double x12, y12, z12;
10         x12 = atom.x[n2] - atom.x[n1];
11         y12 = atom.y[n2] - atom.y[n1];
12         z12 = atom.z[n2] - atom.z[n1];
13         applyMic(atom.box, x12, y12, z12);
14         double d12 = sqrt(x12 * x12 + y12 * y12 + z12 * z12);
15
16         double zeta = 0.0;
```

```
17        for (int i2 = 0; i2 < atom.NN[n1]; ++i2) {
18          int n3 = atom.NL[n1 * atom.MN + i2];
19          if (n3 == n2) {
20            continue;
21          }
22          double x13, y13, z13;
23          x13 = atom.x[n3] - atom.x[n1];
24          y13 = atom.y[n3] - atom.y[n1];
25          z13 = atom.z[n3] - atom.z[n1];
26          applyMic(atom.box, x13, y13, z13);
27
28          double d13 = sqrt(x13 * x13 + y13 * y13 + z13 * z13);
29          double cos = (x12 * x13 + y12 * y13 + z12 * z13) / (d12 * d13);
30          double fc13, g123;
31          find_fc(d13, fc13);
32          find_g(cos, g123);
33          zeta += fc13 * g123;
34        }
35        double bzn = pow(beta * zeta, n);
36        double b12 = pow(1.0 + bzn, minus_half_over_n);
37        atom.b[n1 * atom.MN + i1] = b12;
38        atom.bp[n1 * atom.MN + i1] = -b12 * bzn * 0.5 / ((1.0 + bzn) * zeta);
39      }
40    }
41  }
```

代码 4.2 给出了计算 Tersoff 势的能量和力的函数。第 3～6 行将能量和力初始化为零。第 21～26 行计算 $f_C(r_{ij})$、$\partial f_C(r_{ij})/\partial r_{ij}$、$f_A(r_{ij})$、$\partial f_A(r_{ij})/\partial r_{ij}$、$f_R(r_{ij})$ 和 $\partial f_R(r_{ij})/\partial r_{ij}$。第 28～29 行将前面计算好的 b_{ij} 和 $\partial b_{ij}/\partial \zeta_{ij}$ 从内存取出。第 31～67 行的循环根据式（4.37）计算部分力 $\partial U_i/\partial r_{ij}$。第 69 行根据式（4.28）累加原子 i 的势能 U_i。第 70～72 行将部分力 $\partial U_i/\partial r_{ij}$ 累加到原子 i 所受的力 $\boldsymbol{F}_i$。第 73～75 行利用指标对称性将部分力的相反数 $-\partial U_i/\partial r_{ij}$ 累加到原子 j 所受的力 $\boldsymbol{F}_j$。

代码 4.2　计算 Tersoff 势的能量和力

```
1   void find_force_tersoff(Atom& atom)
2   {
3     atom.pe = 0.0;
4     for (int n = 0; n < atom.number; ++n) {
5       atom.fx[n] = atom.fy[n] = atom.fz[n] = 0.0;
6     }
7
8     for (int n1 = 0; n1 < atom.number; ++n1) {
9       for (int i1 = 0; i1 < atom.NN[n1]; ++i1) {
10        int n2 = atom.NL[n1 * atom.MN + i1];
11        double x12, y12, z12;
12        x12 = atom.x[n2] - atom.x[n1];
13        y12 = atom.y[n2] - atom.y[n1];
14        z12 = atom.z[n2] - atom.z[n1];
15        applyMic(atom.box, x12, y12, z12);
16
17        double d12 = sqrt(x12 * x12 + y12 * y12 + z12 * z12);
18        double d12inv = 1.0 / d12;
19        double d12inv_square = d12inv * d12inv;
20
21        double fc12, fcp12;
22        double fa12, fap12;
23        double fr12, frp12;
24        find_fc_and_fcp(d12, fc12, fcp12);
25        find_fa_and_fap(d12, fa12, fap12);
26        find_fr_and_frp(d12, fr12, frp12);
27
28        double b12 = atom.b[n1 * atom.MN + i1];
29        double bp12 = atom.bp[n1 * atom.MN + i1];
30
31        double f12[3] = {0.0, 0.0, 0.0};
```

```
32      double factor1 = -b12 * fa12 + fr12;

33      double factor2 = -b12 * fap12 + frp12;

34      double factor3 = (fcp12 * factor1 + fc12 * factor2) / d12;

35      f12[0] += x12 * factor3 * 0.5;

36      f12[1] += y12 * factor3 * 0.5;

37      f12[2] += z12 * factor3 * 0.5;

38

39      for (int i2 = 0; i2 < atom.NN[n1]; ++i2) {

40        int n3 = atom.NL[n1 * atom.MN + i2];

41        if (n3 == n2) {

42          continue;

43        }

44        double x13 = atom.x[n3] - atom.x[n1];

45        double y13 = atom.y[n3] - atom.y[n1];

46        double z13 = atom.z[n3] - atom.z[n1];

47        applyMic(atom.box, x13, y13, z13);

48

49        double d13 = sqrt(x13 * x13 + y13 * y13 + z13 * z13);

50        double fc13, fa13;

51        find_fc(d13, fc13);

52        find_fa(d13, fa13);

53        double bp13 = atom.bp[n1 * atom.MN + i2];

54

55        double cos123 = (x12 * x13 + y12 * y13 + z12 * z13) / (d12 * d13);

56        double g123, gp123;

57        find_g_and_gp(cos123, g123, gp123);

58        double cos_x = x13 / (d12 * d13) - x12 * cos123 / (d12 * d12);

59        double cos_y = y13 / (d12 * d13) - y12 * cos123 / (d12 * d12);

60        double cos_z = z13 / (d12 * d13) - z12 * cos123 / (d12 * d12);

61        double factor123a =

62          (-bp12 * fc12 * fa12 * fc13 - bp13 * fc13 * fa13 * fc12) * gp123;

63        double factor123b = -bp13 * fc13 * fa13 * fcp12 * g123 * d12inv;
```

```
64          f12[0] += (x12 * factor123b + factor123a * cos_x) * 0.5;
65          f12[1] += (y12 * factor123b + factor123a * cos_y) * 0.5;
66          f12[2] += (z12 * factor123b + factor123a * cos_z) * 0.5;
67        }
68
69      atom.pe += factor1 * fc12 * 0.5;
70      atom.fx[n1] += f12[0];
71      atom.fy[n1] += f12[1];
72      atom.fz[n1] += f12[2];
73      atom.fx[n2] -= f12[0];
74      atom.fy[n2] -= f12[1];
75      atom.fz[n2] -= f12[2];
76      }
77    }
78  }
```

4.3.2 验证力的正确性的方法

对于 Tersoff 势这种比较复杂的势函数（相对于 LJ 势来说），往往需要用某种方式检验编程实现的正确性。例如，可通过与已有程序对比结果来检验。如果一个势函数没有其他公开的程序实现，那又该如何验证呢？此时，一个可行的方法是根据理论体系的自洽性对程序进行检验。这里，我们通过能量与力的自洽性进行检验。

作用于原子 i 的力既可用解析表达式计算，也可用有限差分法计算。采用最低阶的中心差分法，我们有

$$F_i^\alpha \approx \frac{U(\cdots, r_i^\alpha - \Delta, \cdots) - U(\cdots, r_i^\alpha + \Delta, \cdots)}{2\Delta}. \tag{4.40}$$

式中 $U(\cdots, r_i^\alpha - \Delta, \cdots)$ 表示仅将原子 i 在 α 方向的坐标减去 Δ 后体系的势能。参数 Δ 代表一个微小的位移。图 4.3 展示了有限差分法与解析法所计算的力的差值，仅有 $10^{-8} \mathrm{eV/Å}$ 的量级。这就验证了我们程序的正确性。此处考虑的是一个 64 原子的晶体硅模型，每个原子的坐标相对于其平衡位置在三个方向都随机移动了一个距离，该随机位移均匀分布在 -0.25Å 与 0.25Å 之间。这样的随机构型可保证体系的原子受力不为零。在该例中，我们将 Δ 取为一个适当的值 2×10^{-5}Å。

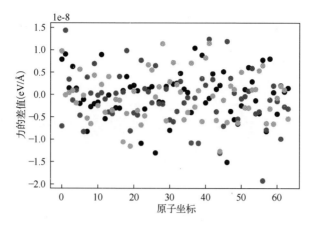

图 4.3　有限差分法与解析法所计算的力的差值

（不同颜色代表不同方向的力的分量）

4.4　GPUMD 使用范例：Tersoff 势的使用

GPUMD 中实现了多种 Tersoff 势，故也可用 GPUMD 对上述晶体硅模型进行计算，并对比结果。代码 4.3 给出了用 GPUMD 计算一个坐标模型的力的 run.in 文件，其中用到的势函数文件如代码 4.4 所示。值得注意的是，该 run.in 文件中的积分步长是零，目的是保证不改变输入模型中的原子坐标。由图 4.4 可见，我们的 C++版本的程序 tersoff.cpp 和 GPUMD 程序所给结果的符合程度达到了双精度浮点数的精度水平。类似的对比在开发程序的过程中是很有益的。

代码 4.3　用 GPUMD 模拟晶体硅的 run.in 输入文件

```
1   potential    Si_Tersoff_1989.txt
2   velocity     100
3   ensemble     nve
4   time_step    0
5   dump_force   1
6   run          1
```

代码 4.4　描述硅体系的 Tersoff 势函数文件

```
1   tersoff_1989 1 Si
2   1.8308e3 471.18 2.4799 1.7322 1.1000e-6 0.78734 1.0039e5 16.217 -0.59825 2.7 3.0
```

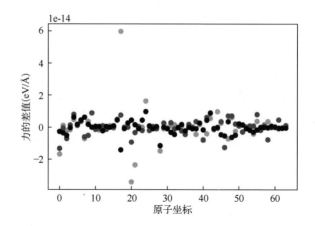

图 4.4　GPUMD 和本章程序 tersoff.cpp 所计算的力的差值

（不同颜色代表不同方向的力的分量）

第 **5** 章

机器学习势

第 4 章讨论了一般的经典多体势，本章则讨论一种特殊的经典多体势，即机器学习势。当前主流的机器学习势框架由 Behler 和 Parrinello 在他们的研究中提出[17]。该机器学习势采用人工神经网络作为机器学习模型，而人工神经网络也是当前主流的机器学习模型之一。在这个框架中，体系的总势能依然表达为各个原子势能的和，每个原子的势能表达为神经网络模型的输出。神经网络模型的输入，采用若干所谓的对称函数，也称为描述符函数。所有的描述符函数组成一个矢量，称为描述符矢量。该矢量不是三维空间的，而是一个抽象空间的。描述符矢量中的每个分量都是原子坐标和类型的函数，且满足空间平移和转动不变性，也满足同类原子置换不变性。描述符反映了原子的局部化学环境，而人工神经网络模型则实现了从化学环境到原子势能的映射。

当前存在许多机器学习势方法，它们在一些细节上可能存在差异，但整体上非常相似。本章将以笔者近年来主导开发的 NEP（neuroevolution potential）[18~21]方法为例，系统性地介绍机器学习势。

5.1 NEP 机器学习势

5.1.1 NEP 机器学习势的人工神经网络模型

人工神经网络（artificial neural networks）是一种相对比较简单但应用广泛的机器学习模型。从数学函数的角度来看，机器学习势的神经网络模型可视为一个多元函数，用于表达每个原子的能量。与第 4 章讨论的经验多体势类似，由 NEP 势描述的体系的总能量为各个粒子能量之和：

$$U = \sum_i U_i. \qquad (5.1)$$

其中，粒子 i 的能量 U_i 表达为一个高维空间矢量 $\{q_\nu^i\}$ 的函数：

$$U_i = U_i(\{q_\nu^i\}). \qquad (5.2)$$

自变量 $\{q_\nu^i\}$ 称为描述符（descriptor），是神经网络的输入层（input layer），而 U_i 就是神经网络的输出层（output layer）。从输入层到输出层的映射一般来说是一个非线性函数，其具体形式取决于神经网络中隐藏层（hidden layer）的个数。NEP 仅用一个隐藏层。用更多的隐藏层有可能提高势函数的精度，但也会增加计算量。

在仅有一个隐藏层的情况下，NEP 势函数的神经网络模型可表达为如下复合函数：

$$U_i = \sum_{\mu=1}^{N_{\text{neu}}} w_\mu^{(1)} x_\mu - b^{(1)}, \qquad (5.3)$$

$$x_\mu = \tanh\left(\sum_{\nu=1}^{N_{\text{des}}} w_{\mu\nu}^{(0)} q_\nu^i - b_\mu^{(0)}\right). \qquad (5.4)$$

这里的 N_{des} 是输入层的维度，也就是描述符的维度，而 N_{neu} 是隐藏层的维度，即隐藏层的神经元个数。该复合函数可形象地由图 5.1 表示。

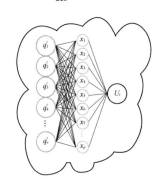

从以上表达式可以看出，从输入层到隐藏层，首先经过了一个线性变换：

$$y_\mu = \sum_{\nu=1}^{N_{\text{des}}} w_{\mu\nu}^{(0)} q_\nu^i - b_\mu^{(0)}, \qquad (5.5)$$

然后经过了一个非线性变换：

$$x_\mu = \tanh(y_\mu). \qquad (5.6)$$

图 5.1　NEP 的神经网络模型[20]

这里的非线性变换函数 tanh 是神经网络中的激活函数（activation function）。从隐藏层到输出层，仅有一个线性变换。以上公式中，$w^{(0)}$ 是连接输入层和隐藏层的权重参数（weight parameters），$w^{(1)}$ 是连接隐藏层和输出层的权重参数，$b^{(0)}$ 是隐藏层的偏置参数（bias parameters），$b^{(1)}$ 是输出层的偏置参数。这些参数都是需要通过训练来确定的，称为可训练参数（trainable parameters）。代码 5.1 给出了计算 U_i 和 $\{\partial U_i/\partial q_\nu^i\}$ 的 C++函数。可见，神经网络模型的编程实现并不复杂。能量对描述符分量的导数 $\{\partial U_i/\partial q_\nu^i\}$ 将在求力时用到。

代码 5.1　计算神经网络势函数及其对描述符分量的导数

```
1   void apply_ann_one_layer(
2     const int N_des,
3     const int N_neu,
4     const float* w0,
5     const float* b0,
6     const float* w1,
7     const float* b1,
8     float* q,
9     float& energy,
10    float* energy_derivative)
11  {
12    for (int n = 0; n < N_neu; ++n) {
13      float w0_times_q = 0.0f;
14      for (int d = 0; d < N_des; ++d) {
15        w0_times_q += w0[n * N_des + d] * q[d];
16      }
17      float x1 = tanh(w0_times_q - b0[n]);
18      float tanh_der = 1.0f - x1 * x1;
19      energy += w1[n] * x1;
20      for (int d = 0; d < N_des; ++d) {
21        float y1 = tanh_der * w0[n * N_des + d];
22        energy_derivative[d] += w1[n] * y1;
23      }
24    }
25    energy -= b1[0];
26  }
```

5.1.2　NEP 机器学习势的描述符

机器学习势中的描述符用来描述原子环境，即近邻原子的分布情况。有一种描述符只依赖于近邻原子与所考虑的中心原子的距离，称为径向描述符

（radial descriptor）。另外一种描述符与近邻原子相对于中心原子的方向也有关，称为角度描述符（angular descriptor）下面我们逐一介绍。

对于某个中心原子 i，NEP 中的径向描述符分量定义为：

$$q_n^i = \sum_{j \neq i} g_n(r_{ij}). \tag{5.7}$$

也就是说，我们有若干（由下标 n 标记）径向描述符分量，每个径向描述符分量是某个径向函数 $g_n(r_{ij})$ 对近邻的求和。对比第 4 章的 EAM 势，会发现一个径向描述符分量就类似于 EAM 势中的电子密度。之所以需要用若干径向描述符分量，是为了对近邻原子相对于中心原子的距离进行细致的刻画。

那么径向函数 $g_n(r_{ij})$ 应该有怎样的形式呢？在 Behler 和 Parrinello[17] 提出的方案中，径向函数是一系列正态分布函数，它们具有不同的分布中心和宽度。在最新版本的 NEP 中，径向函数是另一套（$N_{bas}^R + 1$ 个）径向基函数的线性叠加：

$$g_n(r_{ij}) = \sum_{k=0}^{N_{bas}^R} c_{nk}^{IJ} f_k(r_{ij}), \tag{5.8}$$

其中展开系数 c_{nk}^{IJ} 中的 I 和 J 表示原子 i 和 j 的类型。径向基函数通过切比雪夫（Chebyshev）多项式定义：

$$f_k(r_{ij}) = \frac{1}{2} \left[T_k \left(2 \left(r_{ij} / r_c^R - 1 \right)^2 - 1 \right) + 1 \right] f_c(r_{ij}), \tag{5.9}$$

这里的 $T_k(x)$ 是 k – 阶第一类切比雪夫多项式。上式中的 $f_c(r_{ij})$ 是一个光滑截断函数，类似于 Tersoff 势的截断函数：

$$f_c(r_{ij}) = \begin{cases} \dfrac{1}{2} \left[1 + \cos\left(\pi \dfrac{r_{ij}}{r_c^R} \right) \right] & r_{ij} \leqslant r_c^R \\ 0 & r_{ij} > r_c^R. \end{cases} \tag{5.10}$$

图 5.2 展示了最低阶的 5 个径向基函数，其中的 $f_0(r_{ij})$ 实际上就是截断函数，因为 $T_0(x) = 1$。图中的横坐标是约化距离 r_{ij} / r_c^R，其中 r_c^R 是径向描述符的截断半径。

NEP 中的角度描述符分量包含所谓的三体、四体和五体部分[20]。角度描述符分量需要有键角的信息，所以表达式中一定有三个原子之间的键角。类似于径向描述符分量，我们可以构造出如下三体角度描述符分量：

$$q_{nl}^i = \frac{2l+1}{4\pi} \sum_{j \neq i} \sum_{k \neq i} g_n(r_{ij}) g_n(r_{ik}) P_l(\cos\theta_{ijk}). \tag{5.11}$$

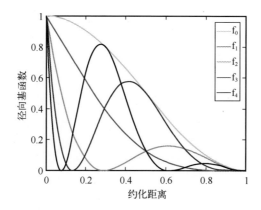

图 5.2　NEP 中的径向基函数

可以看到，三体角度描述符分量相比两体的径向描述符分量多了一个下标 l。这个下标是勒让德多项式 $P_l(x)$ 的阶数，其中 $x = \cos\theta_{ijk}$。键角 θ_{ijk} 是以原子 i 为中心，以键 ij 和 ik 为两边的夹角，其余弦由式（4.35）给出。式（5.11）中的函数 $g_n(r_{ij})$ 和径向描述符分量中的对应函数一致，只不过可能有不同的截断半径 r_c^{A} 和不同的径向基函数的阶数 $N_{\mathrm{bas}}^{\mathrm{A}}$。

上述表达式中的双重求和导致计算量正比于近邻个数的平方。可在不改变结果的前提下降低计算复杂度，那就是利用球谐函数的加法定理（addition theorem of spherical harmonics）：

$$P_l(\cos\theta_{ijk}) = \frac{4\pi}{2l+1}\sum_{m=-l}^{l}(-1)^m Y_{lm}(\theta_{ij},\phi_{ij})Y_{l(-m)}(\theta_{ik},\phi_{ik}).\tag{5.12}$$

其中，$Y_{lm}(\theta_{ij},\phi_{ij})$ 是球谐函数，θ_{ij} 是极角，ϕ_{ij} 是方位角。利用该定理可得：

$$q_{nl}^i = \sum_{j\neq i}\sum_{k\neq i}g_n(r_{ij})g_n(r_{ik})\sum_{m=-l}^{l}(-1)^m Y_{lm}(\theta_{ij},\phi_{ij})Y_{l(-m)}(\theta_{ik},\phi_{ik}).\tag{5.13}$$

交换求和次序可得：

$$q_{nl}^i = \sum_{m=-l}^{l}(-1)^m\sum_{j\neq i}g_n(r_{ij})Y_{lm}(\theta_{ij},\phi_{ij})\sum_{k\neq i}g_n(r_{ik})Y_{l(-m)}(\theta_{ik},\phi_{ik}).\tag{5.14}$$

于是，可以将三体角度描述符分量写成如下等价的形式：

$$q_{nl}^i = \sum_{m=-l}^{l}(-1)^m A_{nlm}^i A_{nl(-m)}^i;\tag{5.15}$$

$$A_{nlm}^i = \sum_{j\neq i}g_n(r_{ij})Y_{lm}(\theta_{ij},\phi_{ij}).\tag{5.16}$$

球谐函数一般来说是复数，具有如下性质：

$$Y_{l(-m)}(\theta_{ij}, \phi_{ij}) = (-1)^m Y_{lm}^*(\theta_{ij}, \phi_{ij}). \tag{5.17}$$

由此可得：

$$A_{nl(-m)}^i = (-1)^m (A_{nlm}^i)^*. \tag{5.18}$$

于是可将角度描述符分量表达为明确的实函数：

$$q_{nl}^i = \sum_{m=0}^{l} (2 - \delta_{0m}) \left| A_{nlm}^i \right|^2. \tag{5.19}$$

其中，$\delta_{\alpha\beta}$ 是克罗内克（Kronecker）符号（当 $\alpha = \beta$ 时取 1，否则取 0）。于是，我们消除了对近邻的双重求和，使得势函数的计算量仅正比于近邻个数，而不是正比于近邻个数的平方。相比之下，Behler 和 Parrinello 的三体描述符的计算涉及对近邻的双重求和，且一般来说无法转换为单次求和的形式，故在截断半径较大时计算量较大。

球谐函数可通过递推公式计算，但在实际的情形，我们并不需要计算到非常大的 l。对一般的问题，考虑到 $l_{\max}^{3body} = 4$ 就可以获得很高的拟合精度了。接下来，我们取 $l_{\max}^{3body} = 4$，将角度描述符分量进一步推导至适合编程实现的形式。为此，我们列出所涉及的球谐函数表达式：

$$Y_{10}(\theta, \phi) = \frac{1}{2}\sqrt{\frac{3}{\pi}}\cos\theta = \frac{1}{2}\sqrt{\frac{3}{\pi}}\frac{z}{r}, \tag{5.20}$$

$$Y_{11}(\theta, \phi) = -\frac{1}{2}\sqrt{\frac{3}{2\pi}}e^{i\phi}\sin\theta = -\frac{1}{2}\sqrt{\frac{3}{2\pi}}\frac{(x+iy)}{r}, \tag{5.21}$$

$$Y_{20}(\theta, \phi) = \frac{1}{4}\sqrt{\frac{5}{\pi}}(3\cos^2\theta - 1) = \frac{1}{4}\sqrt{\frac{5}{\pi}}\frac{(3z^2 - r^2)}{r^2}, \tag{5.22}$$

$$Y_{21}(\theta, \phi) = -\frac{1}{2}\sqrt{\frac{15}{2\pi}}e^{i\phi}\sin\theta\cos\theta = -\frac{1}{2}\sqrt{\frac{15}{2\pi}}\frac{(x+iy)z}{r^2}, \tag{5.23}$$

$$Y_{22}(\theta, \phi) = \frac{1}{4}\sqrt{\frac{15}{2\pi}}e^{2i\phi}\sin^2\theta = \frac{1}{4}\sqrt{\frac{15}{2\pi}}\frac{(x+iy)^2}{r^2}, \tag{5.24}$$

$$Y_{30}(\theta, \phi) = \frac{1}{4}\sqrt{\frac{7}{\pi}}(5\cos^3\theta - 3\cos\theta) = \frac{1}{4}\sqrt{\frac{7}{\pi}}\frac{(5z^3 - 3zr^2)}{r^3}, \tag{5.25}$$

$$Y_{31}(\theta, \phi) = -\frac{1}{8}\sqrt{\frac{21}{\pi}}e^{i\phi}\sin\theta(5\cos^2\theta - 1) = \frac{-1}{8}\sqrt{\frac{21}{\pi}}\frac{(x+iy)(5z^2 - r^2)}{r^3}, \tag{5.26}$$

$$Y_{32}(\theta, \phi) = \frac{1}{4}\sqrt{\frac{105}{2\pi}}e^{2i\phi}\sin^2\theta\cos\theta = \frac{1}{4}\sqrt{\frac{105}{2\pi}}\frac{(x+iy)^2 z}{r^3}, \tag{5.27}$$

$$Y_{33}(\theta,\phi) = -\frac{1}{8}\sqrt{\frac{35}{\pi}}e^{3i\phi}\sin^3\theta = \frac{-1}{8}\sqrt{\frac{35}{\pi}}\frac{(x+iy)^3}{r^3}, \tag{5.28}$$

$$Y_{40}(\theta,\phi) = \frac{3}{16}\sqrt{\frac{1}{\pi}}(35\cos^4\theta - 30\cos^2\theta + 3) = \frac{3}{16}\sqrt{\frac{1}{\pi}}\frac{(35z^4 - 30z^2r^2 + 3r^4)}{r^4}, \tag{5.29}$$

$$Y_{41}(\theta,\phi) = \frac{-3}{8}\sqrt{\frac{5}{\pi}}e^{i\phi}\sin\theta(7\cos^3\theta - 3\cos\theta) = \frac{-3}{8}\sqrt{\frac{5}{\pi}}\frac{(x+iy)(7z^3 - 3zr^2)}{r^4}, \tag{5.30}$$

$$Y_{42}(\theta,\phi) = \frac{3}{8}\sqrt{\frac{5}{2\pi}}e^{2i\phi}\sin^2\theta\left(7\cos^2\theta - 1\right) = \frac{3}{8}\sqrt{\frac{5}{2\pi}}\frac{(x+iy)^2\left(7z^2 - r^2\right)}{r^4}, \tag{5.31}$$

$$Y_{43}(\theta,\phi) = \frac{-3}{8}\sqrt{\frac{35}{\pi}}e^{3i\phi}\sin^3\theta\cos\theta = \frac{-3}{8}\sqrt{\frac{35}{\pi}}\frac{(x+iy)^3 z}{r^4}, \tag{5.32}$$

$$Y_{44}(\theta,\phi) = \frac{3}{16}\sqrt{\frac{35}{2\pi}}e^{4i\phi}\sin^4\theta = \frac{3}{16}\sqrt{\frac{35}{2\pi}}\frac{(x+iy)^4}{r^4}. \tag{5.33}$$

从球谐函数表达式可得：

$$q_{nl}^i = \sum_{m=0}^{2l} C_{lm}(S_{nlm}^i)^2, \tag{5.34}$$

其中，

$$S_{nlm}^i = \sum_{j \neq i} \frac{g_n(r_{ij})}{r_{ij}^l} b_{lm}(x_{ij}, y_{ij}, z_{ij}). \tag{5.35}$$

上式中 $\{b_{lm}(x_{ij}, y_{ij}, z_{ij})\}$ 的表达式如下：

$$b_{10} = z_{ij}, \tag{5.36}$$

$$b_{11} = x_{ij}, \tag{5.37}$$

$$b_{12} = y_{ij}, \tag{5.38}$$

$$b_{20} = 3z_{ij}^2 - r_{ij}^2, \tag{5.39}$$

$$b_{21} = x_{ij}z_{ij}, \tag{5.40}$$

$$b_{22} = y_{ij}z_{ij}, \tag{5.41}$$

$$b_{23} = x_{ij}^2 - y_{ij}^2, \tag{5.42}$$

$$b_{24} = 2x_{ij}y_{ij}, \tag{5.43}$$

$$b_{30} = (5z_{ij}^2 - 3r_{ij}^2)z_{ij}, \tag{5.44}$$

$$b_{31} = (5z_{ij}^2 - r_{ij}^2)x_{ij}, \tag{5.45}$$

$$b_{32} = (5z_{ij}^2 - r_{ij}^2)y_{ij}, \tag{5.46}$$

$$b_{33} = (x_{ij}^2 - y_{ij}^2)z_{ij}, \tag{5.47}$$

$$b_{34} = 2x_{ij}y_{ij}z_{ij}, \tag{5.48}$$

$$b_{35} = (x_{ij}^2 - 3y_{ij}^2)x_{ij}, \tag{5.49}$$

$$b_{36} = (3x_{ij}^2 - y_{ij}^2)y_{ij}, \tag{5.50}$$

$$b_{40} = (35z_{ij}^2 - 30r_{ij}^2)z_{ij}^2 + 3r_{ij}^4, \tag{5.51}$$

$$b_{41} = (7z_{ij}^2 - 3r_{ij}^2)x_{ij}z_{ij}, \tag{5.52}$$

$$b_{42} = (7z_{ij}^2 - 3r_{ij}^2)y_{ij}z_{ij}, \tag{5.53}$$

$$b_{43} = (7z_{ij}^2 - r_{ij}^2)(x_{ij}^2 - y_{ij}^2), \tag{5.54}$$

$$b_{44} = (7z_{ij}^2 - r_{ij}^2)2x_{ij}y_{ij}, \tag{5.55}$$

$$b_{45} = (x_{ij}^2 - 3y_{ij}^2)x_{ij}z_{ij}, \tag{5.56}$$

$$b_{46} = (3x_{ij}^2 - y_{ij}^2)y_{ij}z_{ij}, \tag{5.57}$$

$$b_{47} = (x_{ij}^2 - y_{ij}^2)^2 - 4x_{ij}^2y_{ij}^2, \tag{5.58}$$

$$b_{48} = 4(x_{ij}^2 - y_{ij}^2)x_{ij}y_{ij}. \tag{5.59}$$

常数系数 $\{C_{lm}\}$ 可确定如下：

$$C_{10} = \frac{1}{4}\frac{3}{\pi}, \tag{5.60}$$

$$C_{11} = C_{12} = 2\frac{1}{4}\frac{3}{2\pi}, \tag{5.61}$$

$$C_{20} = \frac{1}{16}\frac{5}{\pi}, \tag{5.62}$$

$$C_{21} = C_{22} = 2\frac{1}{4}\frac{15}{2\pi}, \tag{5.63}$$

$$C_{23} = C_{24} = 2\frac{1}{16}\frac{15}{2\pi}, \tag{5.64}$$

$$C_{30} = \frac{1}{16}\frac{7}{\pi}, \tag{5.65}$$

$$C_{31} = C_{32} = 2\frac{1}{64}\frac{21}{\pi}, \tag{5.66}$$

$$C_{33} = C_{34} = 2\frac{1}{16}\frac{105}{2\pi}, \tag{5.67}$$

$$C_{35} = C_{36} = 2\frac{1}{64}\frac{35}{\pi}, \tag{5.68}$$

$$C_{40} = \frac{9}{256}\frac{1}{\pi}, \tag{5.69}$$

$$C_{41} = C_{42} = 2\frac{9}{64}\frac{5}{\pi}, \tag{5.70}$$

$$C_{43} = C_{44} = 2\frac{9}{64}\frac{5}{2\pi}, \tag{5.71}$$

$$C_{45} = C_{46} = 2\frac{9}{64}\frac{35}{\pi}, \tag{5.72}$$

$$C_{47} = C_{48} = 2\frac{9}{256}\frac{35}{2\pi}. \tag{5.73}$$

可类似地构造四体和五体角度描述符分量。在 NEP 中，我们考虑如下四体描述符分量 ($1 \leqslant l_1 \leqslant l_2 \leqslant l_3 \leqslant l_{\max}^{4body}$)：

$$q_{nl_1l_2l_3}^i = \sum_{m_1=-l_1}^{l_1} \sum_{m_2=-l_2}^{l_2} \sum_{m_3=-l_3}^{l_3} \begin{pmatrix} l_1 & l_2 & l_3 \\ m_1 & m_2 & m_3 \end{pmatrix} A_{nl_1m_1}^i A_{nl_2m_2}^i A_{nl_3m_3}^i, \tag{5.74}$$

以及如下五体角度描述符分量 ($1 \leqslant l_1 \leqslant l_2 \leqslant l_3 \leqslant l_4 \leqslant l_{\max}^{5body}$)：

$$q_{nl_1l_2l_3l_4}^i = \sum_{m_1=-l_1}^{l_1} \sum_{m_2=-l_2}^{l_2} \sum_{m_3=-l_3}^{l_3} \sum_{m_4=-l_4}^{l_4} \begin{bmatrix} l_1 & l_2 & l_3 & l_4 \\ m_1 & m_2 & m_3 & m_4 \end{bmatrix} A_{nl_1m_1}^i A_{nl_2m_2}^i A_{nl_3m_3}^i A_{nl_4m_4}^i. \tag{5.75}$$

其中，

$$\begin{pmatrix} l_1 & l_2 & l_3 \\ m_1 & m_2 & m_3 \end{pmatrix} \tag{5.76}$$

是维格纳（Wigner）$3j$ 符号，而

$$\begin{bmatrix} l_1 & l_2 & l_3 & l_4 \\ m_1 & m_2 & m_3 & m_4 \end{bmatrix} = \sum_{L=\max\{|l_1-l_2|,|l_3-l_4|\}}^{\min\{|l_1+l_2|,|l_3+l_4|\}} \sum_{M=-L}^{L} (-1)^M \begin{pmatrix} L & l_1 & l_2 \\ -M & m_1 & m_2 \end{pmatrix} \begin{pmatrix} L & l_3 & l_4 \\ M & m_3 & m_4 \end{pmatrix}. \tag{5.77}$$

对四体角度描述符分量来说，我们仅考虑 $l_1 = l_2 = l_3$ 且仅到 $l_{\max}^{4body} = 2$。实际上，$q_{n111}^i = q_{n333}^i = 0$。所以，$l_{\max}^{4body} = 2$ 和 $l_{\max}^{4body} = 3$ 没区别。于是我们考虑的四体角度描述符分量仅有 q_{n222}^i。通过计算维格纳 $3j$ 符号可得：

$$q_{n222}^i = -\sqrt{\frac{2}{35}}\left(\frac{1}{4}\sqrt{\frac{5}{\pi}}\right)^3 (S_{n20}^i)^3$$

$$-6\sqrt{\frac{1}{70}}\left(\frac{1}{4}\sqrt{\frac{5}{\pi}}\right)\left(\frac{1}{2}\sqrt{\frac{15}{2\pi}}\right)^2 S_{n20}\left[(S_{n21}^i)^2 + (S_{n22}^i)^2\right]$$

$$+6\sqrt{\frac{2}{35}}\left(\frac{1}{4}\sqrt{\frac{5}{\pi}}\right)\left(\frac{1}{4}\sqrt{\frac{15}{2\pi}}\right)^2 S_{n20}\left[(S_{n23}^i)^2 + (S_{n24}^i)^2\right]$$

$$+6\sqrt{\frac{3}{35}}\left(\frac{1}{2}\sqrt{\frac{15}{2\pi}}\right)^2\left(\frac{1}{4}\sqrt{\frac{15}{2\pi}}\right)^2 S_{n23}^i\left[(S_{n22}^i)^2 - (S_{n21}^i)^2\right]$$

$$-12\sqrt{\frac{3}{35}}\left(\frac{1}{2}\sqrt{\frac{15}{2\pi}}\right)^2\left(\frac{1}{4}\sqrt{\frac{15}{2\pi}}\right)^2 S_{n21}^i S_{n22}^i S_{n24}^i. \tag{5.78}$$

对五体角度描述符分量来说，我们仅考虑 $l_1 = l_2 = l_3 = l_4$ 且仅到 $l_{max}^{5body} = 1$，即 q_{n1111}^i。通过计算维格纳 $3j$ 符号可得：

$$q_{n1111}^i = \frac{21}{80\pi^2}(S_{n10}^i)^4 + \frac{21}{40\pi^2}(S_{n10}^i)^2((S_{n11}^i)^2 + (S_{n12}^i)^2) + \frac{21}{80\pi^2}((S_{n11}^i)^2 + (S_{n12}^i)^2)^2. \tag{5.79}$$

最后，我们考察 NEP 描述符所满足的对称性，如图 5.3 所示。因为描述符仅涉及相对坐标，不涉及绝对坐标，所以满足空间平移不变性。图 5.3（a）展示，整个体系向右平移 Δx 不会改变原子 i 的描述符。因为描述仅涉及键长和键角，故满足空间转动不变性。图 5.3（b）展示，绕原子 i 顺时针转动 β 角度不会改变原子 i 的描述符。在 NEP 的描述符中，与元素相关的信息完全包含

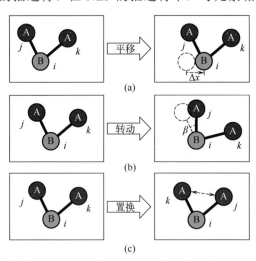

图 5.3　NEP 描述符满足的空间平移、空间转动和同类原子置换的不变性

在式（5.8）的展开系数 c_{nk}^{IJ} 中。因为径向和角度描述符分量都涉及对近邻原子的求和，故当交换两个同类近邻原子时，显然不会改变描述符。所以，NEP 的描述符具有同类原子置换不变性。图 5.3（c）展示，交换同种类的原子 j 和 k（类型都是 A）不会改变原子 i（此处类型为 B）的描述符。因为势能是描述符的函数，所以 NEP 模型所表达的势函数继承了描述符的对称性，即空间平移不变性、空间转动不变性以及同类原子置换不变性。

NEP 机器学习势在形式上满足第 4 章介绍的经典多体势的一般形式。关于经典多体势的一般性结果都可以应用到 NEP 机器学习势，包括力的表达式。所以，对 NEP 机器学习势来说，需要认真推导的依然是部分力的表达式。根据求导的链式法则，我们有如下部分力的表达式：

$$\frac{\partial U_i}{\partial \boldsymbol{r}_{ij}} = \sum_{\nu} \frac{\partial U_i}{\partial q_{\nu}^i} \frac{\partial q_{\nu}^i}{\partial \boldsymbol{r}_{ij}}. \qquad (5.80)$$

其中，$\partial U_i / \partial q_{\nu}^i$ 的计算由代码 5.1 给出。根据描述符分量的表达式，不难推导它们对相对坐标 $\boldsymbol{r}_{ij}$ 的导数。

很多其他的机器学习势都满足第 4 章介绍的经典多体势的一般形式，如 Behler 和 Parrinello 的神经网络势[17]、GAP（Gaussian approximation potential）[22]、SNAP（spectral neighbor analysis potential）[23]、MTP（moment tensor potential）[24]、DP（deep potential）[25]、ACE（atomic cluster expansion）[26]等。所以，我们关于力的表达式也适用于所有这些机器学习势。

5.1.3　NEP 机器学习势的训练

机器学习势的训练也称为拟合，目的是根据一些物理量的参考值优化机器学习势中的可训练参数。对 NEP 机器学习势来说，可训练参数包括人工神经网络中的权重和偏置参数以及描述符径向函数所涉及的一些线性叠加参数。为明确起见，我们讨论当前最新版本的 NEP，即 NEP4[21]。为简单起见，本书后面都简称 NEP4 为 NEP。

每个元素的人工神经网络中有 $(N_{des}+2)N_{neu}$ 个参数，其中 N_{des} 是描述符维度，N_{neu} 是隐藏层的神经元个数。N_{typ} 种元素共有 $N_{typ}(N_{des}+2)N_{neu}+1$ 个参数，其中最后所加的 1 对应整个模型的一个平移参数。描述符维度取决于若干参数。径向描述符分量个数为 n_{max}^R+1。三体角度描述符分量个数为 $l_{max}^{3body}(n_{max}^A+1)$。四体和五体角度描述符分量个数皆为：$n_{max}^A+1$。所以，若仅使用径向和三体角度描述符分量，则有：

$$N_{des} = n_{max}^R + 1 + l_{max}^{3body}(n_{max}^A + 1). \qquad (5.81)$$

若在此基础上还使用四体角度描述符分量，则有：

$$N_{des} = n_{max}^R + 1 + (l_{max}^{3body} + 1)(n_{max}^A + 1). \tag{5.82}$$

若在此基础上还使用五体角度描述符分量，则有：

$$N_{des} = n_{max}^R + 1 + (l_{max}^{3body} + 2)(n_{max}^A + 1). \tag{5.83}$$

任意对元素（包括同类元素）之间有 $(n_{max}^R + 1)(N_{bas}^R + 1) + (n_{max}^A + 1)(N_{bas}^A + 1)$ 个和径向函数有关的参数。N_{typ} 种元素的体系则有 N_{typ}^2 倍这样的参数。所以，一个 NEP 模型总的参数个数为：

$$N_{par} = N_{typ}(N_{des} + 2)N_{neu} + 1 + N_{typ}^2 \left[(n_{max}^R + 1)(N_{bas}^R + 1) + (n_{max}^A + 1)(N_{bas}^A + 1) \right]. \tag{5.84}$$

为了优化模型中的参数，我们需要定义一个损失函数（loss function），其优化目标是使损失函数值尽可能小。也就是说，较大的损失函数值对应精度较差的模型，而较小的损失函数值对应精度较高的模型。因此，损失函数通常被定义为由 NEP 计算的某些物理量相对参考值的误差，通常选用方均根（也常称为均方根）误差（root-mean-square error）。

那么，我们要考虑哪些物理量呢？我们知道，通过势函数，我们可以计算每个原子的能量、力和位力（将在第 7 章讨论）。在 NEP 中我们就是使用这三个物理量进行训练。一般来说，参考值是通过量子力学密度泛函理论方法计算的，其中能量和位力一般来说只是针对整个构型的，而不是针对单个原子的。那么，我们需要针对 NEP 计算出整个构型的能量和位力，再和参考值对比。相反，力的对比可针对单个原子实现，因为密度泛函理论方法可计算单个原子的受力。

根据以上考虑，我们在 NEP 中提出了如下损失函数：

$$L(z) = L_e(z) + L_f(z) + L_v(z) + L_1(z) + L_2(z), \tag{5.85}$$

$$L_e(z) = \lambda_e \left(\frac{1}{N_{str}} \sum_{n=1}^{N_{str}} (U^{NEP}(n,z) - U^{ref}(n))^2 \right)^{1/2}, \tag{5.86}$$

$$L_f(z) = \lambda_f \left(\frac{1}{3N} \sum_{i=1}^{N} (F_i^{NEP}(z) - F_i^{ref})^2 \right)^{1/2}, \tag{5.87}$$

$$L_v(z) = \lambda_v \left(\frac{1}{6N_{str}} \sum_{n=1}^{N_{str}} \sum_{\mu\nu} (W_{\mu\nu}^{NEP}(n,z) - W_{\mu\nu}^{ref}(n))^2 \right)^{1/2}, \tag{5.88}$$

$$L_1(z) = \lambda_1 \frac{1}{N_{par}} \sum_{n=1}^{N_{par}} |z_n|, \tag{5.89}$$

$$L_2(z) = \lambda_2 \left(\frac{1}{N_{\text{par}}} \sum_{n=1}^{N_{\text{par}}} z_n^2 \right)^{1/2}. \qquad (5.90)$$

在以上公式中，z 是 N_{par} 个可训练参数组成的抽象矢量，N_{str} 是训练集中结构的数目，N 是训练集中原子的数目，$U^{\text{NEP}}(n,z)$ 和 $W_{\mu\nu}^{\text{NEP}}(n,z)$ 是 NEP 计算的结构 n 的能量和位力张量，$U^{\text{ref}}(n)$ 和 $W_{\mu\nu}^{\text{ref}}(n)$ 是对应的参考值，$F_i^{\text{NEP}}(z)$ 是 NEP 计算的原子 i 的力矢量，F_i^{ref} 是对应的参考值，$L_1(z)$ 和 $L_2(z)$ 代表 $\mathcal{L}_1$ 和 $\mathcal{L}_2$ 正则化项。适当的正则化可有效地控制可训练参数的值，防止它们在训练过程中无限制地增长，从而增强 NEP 模型的内插和外推能力。

NEP 机器学习势得名于将演化算法用于训练神经网络势函数。我们所用的演化算法称为可分离自然演化策略（separable natural evolution strategy，SNES），由 Schaul 等人[27]提出。这是一种不需要使用任何解析梯度的优化算法，编程实现非常简单。在 GPUMD 中实现的 NEP 势函数没有使用任何第三方机器学习程序包，就是得益于该演化算法的简单性。下面列出使用可分离自然演化策略训练 NEP 势函数的算法流程：

①初始化。产生解空间（即待定参数空间）的一个初始搜索分布，即一套初始的平均值 m 和方差 s。它们都是具有 N_{par} 个分量的矢量。平均值矢量 m 的各个分量可在-1 到 1 之间均匀地取随机值，而方差矢量 s 的每一个分量都取常数值（一般介于 0.01 与 0.1 之间）即可。

② 进行 N_{gen} 次迭代：

（a）根据当前参数平均值 m 和方差 s 产生 N_{pop} 个随机解 $z_k(1 \leqslant k \leqslant N_{\text{pop}})$：

$$z_k \leftarrow m + s \odot r_k. \qquad (5.91)$$

其中 N_{pop} 称为种群规模，r_k 是一套均值为 0、方差为 1 的正态分布随机数。符号 $\odot$ 代表将两边矢量的分量一一对应地相乘。

（b）对种群的各个解 z_k 计算损失函数 $L(z_k)$，然后将它们按照损失函数值由小到大排列。

（c）更新如下两个称为自然梯度的量：

$$\nabla_m J \leftarrow \sum_{k=1}^{N_{\text{pop}}} u_k r_k, \qquad (5.92)$$

$$\nabla_s J \leftarrow \sum_{k=1}^{N_{\text{pop}}} u_k \left(r_k \odot r_k - 1 \right). \qquad (5.93)$$

其中 u_k 是一套随 k 的增加而单调减小的值，定义如下：

$$u_k = \frac{u'_k}{\sum_k^{N_{\text{pop}}} u'_k} - \frac{1}{N_{\text{pop}}}, \tag{5.94}$$

$$u'_k = \max(0, \ln(N_{\text{pop}} / 2 + 1) - \ln(k+1)). \tag{5.95}$$

（d）用上述计算的自然梯度更新搜索分布的均值和方差：

$$\boldsymbol{m} \leftarrow \boldsymbol{m} + \eta_m \left(\boldsymbol{s} \odot \nabla_{\boldsymbol{m}} J \right), \tag{5.96}$$

$$\boldsymbol{s} \leftarrow \boldsymbol{s} \odot \exp\left(\frac{\eta_s}{2} \nabla_{\boldsymbol{s}} J \right), \tag{5.97}$$

其中参数 η_m 和 η_s 可被理解为均值和方差的学习率，它们的较优值为：

$$\eta_m = 1, \tag{5.98}$$

$$\eta_s = \frac{(3 + \ln N_{\text{par}})}{5\sqrt{N_{\text{par}}}}. \tag{5.99}$$

5.2　NEP 与经验势的结合

虽然 NEP 机器学习势可以比较准确地描述截断半径范围内的原子间相互作用，但适当地和一些具有明确物理意义的经验势相结合还是有益的。下面介绍 NEP 与两种经验势的结合。

5.2.1　NEP 与 ZBL 排斥势的结合

当原子距离非常近时，它们之间会有很强的排斥力，这种排斥力可由 Ziegler-Biersack-Littmark（ZBL）势[28]较好地描述。ZBL 势是一种两体经验势，反映了原子核之间受屏蔽的库仑势。柳佳晖等人[29]将 NEP 势与 ZBL 势结合，定义了如下原子 i 的势能：

$$U_i = U_i^{\text{NEP}}(\{q_\nu^i\}) + \frac{1}{2} \sum_{j \neq i} U_{ij}^{\text{ZBL}}(r_{ij}). \tag{5.100}$$

其中，ZBL 势的表达式为：

$$U_{ij}^{\text{ZBL}}(r_{ij}) = \frac{1}{4\pi\epsilon_0} \frac{Z_i Z_j e^2}{r_{ij}} \phi(r_{ij} / a) f_c(r_{ij}), \tag{5.101}$$

$$\phi(x) = \sum_{k=1}^4 c_k \exp(-d_k x), \tag{5.102}$$

$$a = \frac{0.46848}{Z_i^{0.23} + Z_j^{0.23}}. \tag{5.103}$$

在以上表达式中，Z_i 是原子 i 的质子数，e 是元电荷（一个质子的电量），ϵ_0 是真空介电常数，$f_c(r_{ij})$ 是一个光滑截断函数，取为 Tersoff 截断函数的形式：

$$f_c(r_{ij}) = \begin{cases} 1 & r_{ij} < r_c^{\text{ZBL}}/2 \\ \dfrac{1}{2}\left[1 + \cos\left(\pi\dfrac{r_{ij} - r_c^{\text{ZBL}}/2}{r_c^{\text{ZBL}}/2}\right)\right] & r_c^{\text{ZBL}}/2 \leqslant r_{ij} \leqslant r_c^{\text{ZBL}} \\ 0 & r_{ij} > r_c^{\text{ZBL}} \end{cases}. \tag{5.104}$$

式中的 r_c^{ZBL} 是一个可调参数，表示 ZBL 势的截断半径。对所谓的通用型 ZBL 势来说，式（5.102）中的参数如下：$c_1 = 0.18175$、$c_2 = 0.50986$、$c_3 = 0.28022$、$c_4 = 0.02817$、$d_1 = 3.1998$、$d_2 = 0.94229$、$d_3 = 0.4029$、$d_4 = 0.20162$。使用这套参数的 ZBL 势在一般情况下都足够精确，但也可针对具体的材料优化这些参数。

5.2.2　NEP 与 D3 色散修正的结合

D3 色散修正[30,31]是一个相对简单但被广泛使用的色散修正势函数。我们这里介绍 Becke-Johnson 衰减形式的 D3 修正[31]。该势函数的总能量可写为如下形式：

$$U^{\text{D3}} = \sum_i U_i^{\text{D3}}, \tag{5.105}$$

$$U_i^{\text{D3}} = -\frac{1}{2}\sum_{j \neq i}\frac{s_6 C_{6ij}}{r_{ij}^6 + (a_1 R_0 + a_2)^6} - \frac{1}{2}\sum_{j \neq i}\frac{s_8 C_{8ij}}{r_{ij}^8 + (a_1 R_0 + a_2)^8}, \tag{5.106}$$

其中，s_6、s_8、a_1 和 a_2 是依赖于 DFT 中交换关联泛函的参数。C_{6ij} 和 C_{8ij} 是原子对 (i, j) 之间的色散系数，R_0 代表某种平均的原子半径。上述求和针对 i 原子的所有截断半径 R_{pot} 以内的邻居。上述两个色散系数由下式相联系：

$$C_{8ij} = C_{6ij}R_0^2. \tag{5.107}$$

在 D3 中，C_{6ij} 是两个原子的配位数 n_i 和 n_j 的函数：

$$C_{6ij}(n_i, n_j) = \frac{\sum_a\sum_b C_{6ijab}^{\text{ref}}e^{-4[(n_i - n_{ia}^{\text{ref}})^2 + (n_j - n_{jb}^{\text{ref}})^2]}}{\sum_a\sum_b e^{-4[(n_i - n_{ia}^{\text{ref}})^2 + (n_j - n_{jb}^{\text{ref}})^2]}}, \tag{5.108}$$

这里，n_{ia}^{ref} 是原子 i 的第 a 个参考的配位数，n_{jb}^{ref} 是原子 j 的第 b 个参考的配位数。C_{6ijab}^{ref} 是原子对 (i, j) 的一个参考色散系数。原子 i 的配位数定义为：

$$n_i = \sum_{j \neq i}\frac{1}{1 + e^{-16((R_i^{\text{cov}} + R_j^{\text{cov}})/r_{ij} - 1)}}, \tag{5.109}$$

其中 R_i^{cov} 是原子 i 的有效半径。上述求和中，j 原子是 i 原子的截断半径 R_{cn} 内的邻居。一般来说，R_{cn} 和 R_{pot} 可以不同。正因为 i 原子的配位数依赖于它的邻居，我们看到 D3 色散修正势并不是简单的两体势，而是一个多体势。而且，它的高效编程并不简单。应鹏华与笔者[32]于 2023 年完成了 D3 在 GPUMD 中的高效编程实现。

5.3 GPUMD 中 NEP 机器学习势的使用

5.3.1 NEP 机器学习势使用概览

NEP 机器学习势已在 GPUMD 程序包中实现。目前可用该程序包的 nep 可执行文件训练 NEP 模型，并用该程序包的 gpumd 可执行文件进行分子动力学模拟，如图 5.4 所示。

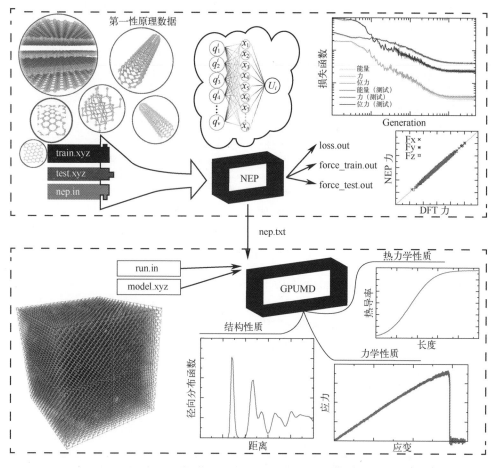

图 5.4　GPUMD 程序中 nep 和 gpumd 可执行文件的功能与交互示意图[20]

NEP 机器学习势目前也有一个独立的 C++编程实现，见 NEP_CPU 程序包（扫描前言中的二维码，即可获取相关链接）。该程序包给出了一个名为 NEP3 的 C++类，见程序包中 src 文件夹内的 nep.cpp 和 nep.h 两个文件。

使用 nep 可执行文件训练一个 NEP 势函数时需要准备一个名为 nep.in 的输入文件。该输入文件中包含各种与 NEP 势函数训练相关的超参数（hyperparameters）。几乎所有超参数都有合理的默认值，具体如下：

① $r_c^R = 8$Å（径向描述符的截断半径为 8Å）。

② $r_c^A = 4$Å（角度描述符的截断半径为 4Å）。

③ $n_{max}^R = 4$（径向描述符中有 4+1=5 个径向函数）。

④ $n_{max}^A = 4$（角度描述符中有 4+1=5 个径向函数）。

⑤ $N_{bas}^R = 12$（径向描述符中有 12+1=13 个径向基函数）。

⑥ $N_{bas}^A = 12$（角度描述符中有 12+1=13 个径向基函数）。

⑦ $l_{max}^{3body} = 4$（使用三体角度描述符）。

⑧ $l_{max}^{4body} = 2$（使用四体角度描述符）。

⑨ $l_{max}^{5body} = 0$（不使用五体角度描述符）。

⑩ $N_{neu} = 30$（在隐藏层使用 30 个神经元）。

⑪ $\lambda_e = 1$（能量权重为 1）。

⑫ $\lambda_f = 1$（力的权重为 1）。

⑬ $\lambda_v = 0.1$（位力权重为 0.1）。

⑭ $N_{bat} = 1000$（训练的每一步使用 1000 个结构）。

⑮ $N_{pop} = 50$（种群大小为 50）。

⑯ $N_{gen} = 100000$（训练十万步）。

图 5.5 展示了在采用默认超参数的情况下可训练参数个数 N_{par} 与元素个数

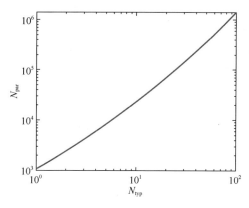

图 5.5　NEP 势函数模型的可训练参数与元素个数的关系

N_{typ} 的关系。对于单质的情形，仅有 1091 个可训练参数；对于 100 个元素的情形，有多达 1396001 个可训练参数。已有众多训练好的 NEP 势函数模型，其中部分收录于 Gitlab 仓库（扫描前言中的二维码，即可获取相关链接）。

5.3.2 NEP 机器学习势训练范例：晶体硅

本小节以晶体硅为例展示 NEP 模型训练与测试过程。本节的结果主要来自董海宽等人的综述[33]。

首先需要准备一个初始的训练集。一个训练集由若干结构（structures）组成，其中每个结构有一个定义周期区域的盒子矩阵（三斜盒子）、每个原子的类型（即元素符号）、每个原子的坐标矢量、所有原子的总能量参考值、盒子中每个原子的力矢量参考值，以及所有原子的总位力张量参考值。训练结构原则上可用任何方式产生，而能量、力和位力的参考值一般来说都用量子力学方法（如常用的密度泛函理论）计算。若训练集共有 N_{str} 个结构、总原子数为 N，那么该训练集有 N_{str} 个能量数据、$6N_{str}$ 个位力分量数据以及 $3N$ 个力分量数据。

一般来说，训练集的制作依赖于研究目标。本小节的目标是开发一个适用于模拟无缺陷、无表面（即三维周期结构）、压强在零附近、温度不高于 1000K 的晶体硅的 NEP 势函数模型。我们将在第 9 章用它研究晶体硅的热输运性质。为了实现上述模拟，训练集的结构需要反映适当的温度和压强区间。虽然可以用密度泛函理论方法驱动分子动力学模拟（这样的分子动力学模拟一般称为 AIMD，即 ab initio molecular dynamics），在一系列温度与压强状态下抽样结构，但一般来说这是非常耗时的。所以，一般不建议仅用 AIMD 制作训练集。一种行之有效的训练集制作方法是结合 AIMD 与手工方式，其中仅用 AIMD 获得部分结构。

在 AIMD 方面，我们使用 VASP 程序实施一个目标温度为 1000K，时长为 10ps 的 AIMD 模拟。模拟盒子对应 64 原子的立方晶胞。在 AIMD 模拟过程中，我们以 0.1ps 为间隔对轨迹抽样，获得 100 个结构。之所以不用更小的时间间隔抽样，是因为相隔较短时间的两个结构具有很大的关联性，对增加训练集多样性无益，而徒增训练集大小。

在手工制作方面，我们从 8 原子的立方晶胞出发，施加 –3% 到 +3% 的随机形变，同时给每个原子 0.1Å 的随机位移，用这样的方式获得 50 个结构。读者可以注意到，这里使用了更小的晶胞，仅有 8 个原子。一般来说，手工制作的结构主要用来增加训练集中盒子形变的丰富性，使得训练出来的 NEP 势函数能够较好地应对局部原子密度的涨落。使用较小的晶胞既不妨碍实现各种形变，又有效地控制了训练集中总的原子数目，是行之有效的。

结合以上两种方式，我们共获得 $N_{str} = 100 + 50 = 150$ 结构，总原子数为 $N = 100 \times$

$64+50\times8=6800$。这是一个相对较小的训练集，但大致涵盖了我们将要使用的场景。

在获得一套较为完整的结构后，通常需要用统一的方式计算各种物理量的参考值。由于篇幅限制，本书无法深入讨论量子力学密度泛函理论及相关程序，但我们在与本书配套的 Github 页面中公开了相关计算的输入。计算好能量、力和位力的参考值后，与其他信息一起保存在 train.xyz 文件即可。该文件的格式与 GPUMD 所用模型文件 model.xyz 的格式一致，唯一的区别在于需要提供能量、力和位力的参考值。

获得一个 train.xyz 文件后，还需再准备一个 nep.in 文件。我们尽量多地使用默认超参数，仅设置元素符号与截断半径，如代码 5.2 所示。在该 nep.in 文件中，第一行表示所训练的体系仅有一种元素，为硅（符号为 Si）。第二行指定了径向和角度描述符的截断半径，$r_c^R=r_c^A=5\text{Å}$。对于硅这种共价键主导的体系，一般需要较大的角度描述符截断半径，且不需要过大的径向描述符截断半径。所以，默认的截断半径（$r_c^R=8\text{Å}$ 和 $r_c^A=4\text{Å}$）不大适合硅。默认的截断半径组合比较适合离子晶体体系。

代码 5.2　训练晶体硅 NEP 势的超参数

```
1  type      1 Si
2  cutoff    5 5
```

训练结果如图 5.6 所示。图 5.6（a）给出能量、力和位力的方均根误差随训练步数的演化。可以看到，这三个物理量的方均根误差都收敛了。图 5.6（b）～（d）分别展示了训练十万步后能量、力和位力预测值与参考值的对比。它们的方均根误差分别为 1.0meV/atom、54.6meV/Å 和 21.8meV/atom。

对机器学习势函数精度的可靠评估通常需要使用一个独立的测试集。鉴于此，我们用刚刚训练好的 NEP 模型做一系列 10ps 时长的分子动力学模拟，其中的目标温度从 100K 开始，以 100K 的间隔变化到 1000K。在每一个温度的分子动力学模拟中，我们等时间间隔抽样 10 个结构。因为有 10 个温度，故一共抽样了 100 个结构，共 6400 原子。在获得这些结构后，我们用量子力学密度泛函理论方法计算能量、力和位力的参考值，并保存于一个新的 train.xyz 文件（虽然该文件中保存的结构不是用于训练，而是用于测试，但是 nep 程序在预测模式下要求使用文件名 train.xyz，而不是文件名 test.xyz）。我们用刚刚训练好的 NEP 模型对该数据集进行预测，所用 nep.in 输入文件的内容如代码 5.3 所示。

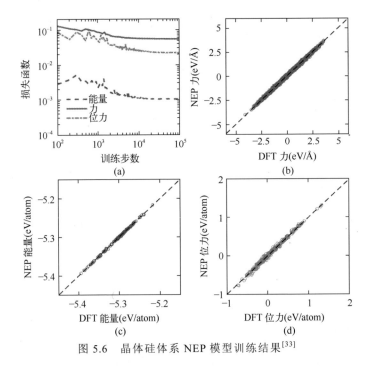

图 5.6　晶体硅体系 NEP 模型训练结果[33]

代码 5.3　测试晶体硅 NEP 势的 nep.in 文件内容

```
1  type        1 Si
2  cutoff      5 5
3  prediction 1
```

　　输入文件中的 prediction 1 表示此时程序采用预测模式，而非训练模式。在采用预测模式时，当前文件夹还需要有势函数文件 nep.txt。对刚刚制作的测试集，能量、力和位力的方均根误差分别为 $1.2\text{meV}/\text{atom}$、$41.6\text{meV}/\text{Å}$ 和 $8.5\text{meV}/\text{atom}$。可见，测试集的误差并不比训练集的高，这说明我们的 NEP 模型已经可以作出较为可靠的预测。然而，为了更放心，我们还是再做一轮新的迭代。我们将测试集的 100 个结构与原来训练集的 150 个结构合并为一个新的 250 结构的训练集，用同样的方式训练一个新的 NEP 模型。接着，我们用新的 NEP 模型做与之前类似的一系列温度下的模拟，但模拟时长从 10ps 增加到 10ns。我们依然等时间间隔共抽样 100 个结构（6400 原子），做成新的测试集，并用新的 NEP 模型测试。这次，能量、力和位力的测试误差分别为 $0.5\text{meV}/\text{atom}$、$33.5\text{meV}/\text{Å}$ 和 $8.9\text{meV}/\text{atom}$。可以看出，即使新的测试集是在 10ns 的长时间模拟中抽样得来的，但其测试误差依然比之前的测试误差要小。这清楚地表明，新的 NEP 模型相对原来的 NEP 模型具有更高的精度。在实践中，这样的迭代训练还可以继续下去，但我们就此结束。

第6章

控温算法

第2章讨论的分子动力学模拟是针对微正则系综的，所考虑的对象具有恒定的粒子数 N、体积 V 和能量（内能）E，所以这样的系综也称为 NVE 系综。然而，在实际情况中，模拟对象往往与外界发生相互作用，不是孤立系统，因此 NVE 系综不再适用。为了实现更为实用的分子动力学模拟，需要研究并实现其他系综的算法。本章将探讨正则系综。在正则系综中，体系的粒子数 N、体积 V 和温度 T 保持恒定，故正则系综也称为 NVT 系综。实现该系综的关键在于控温，而控温算法也被称为热浴（thermostat）。本章将介绍几种常用的控温算法，包括 Berendsen、Bussi-Donadio-Parrinello、Nose-Hoover、Nose-Hoover 链以及朗之万（Langevin）算法。

6.1 Berendsen 控温算法

Berendsen 控温算法[34]是最简单的控温算法之一。该算法通过对速度进行标定，使得体系的温度变化率正比于目标温度 T_0 与实际温度 T 的差值：

$$\frac{dT}{dt} = \frac{1}{\tau_T}(T_0 - T). \tag{6.1}$$

据此，当体系的实际温度小于目标温度时，dT/dt 为正，体系温度有增加的趋势；当体系的实际温度大于目标温度时，dT/dt 为负，体系温度有减小的趋势。参数 τ_T 具有时间的量纲，它反映了温度变化的快慢，可被称为控温算法的弛豫时间。

如果每一步都对速度做一次标度变换的话，那么每一步改变的温度为：

$$\Delta T = \frac{\Delta t}{\tau_T}(T_0 - T). \tag{6.2}$$

这相当于对每个原子的速度做如下标度变换：

$$v_i^{\text{scaled}} = v_i \sqrt{1 + \frac{\Delta t}{\tau_T}\left(\frac{T_0}{T} - 1\right)}. \quad (6.3)$$

如果 $\tau_T = \Delta t$，那么上述公式变为简单的速度重标（velocity rescaling）：

$$v_i^{\text{scaled}} = v_i \sqrt{\frac{T_0}{T}}. \quad (6.4)$$

此时，体系的温度始终维持在目标温度，这显然不符合 NVT 系综中有限体系的温度涨落规律，故不对应 NVT 系综。如果 τ_T 取无穷大，Berendsen 控温算法将给出 NVE 系综。

综上，Berendsen 算法在两个相反的极限情况下都不给出 NVT 系综。在一般情况下，Berendsen 算法也不给出真正的 NVT 系综，但它是一种比较稳定的控温算法，常用于从远离平衡态过渡到平衡态的模拟。正因如此，Berendsen 算法在 LAMMPS、GROMACS 和 GPUMD 中都有对应的实现。

6.2 BDP 控温算法

上面讨论的 Berendsen 控温算法的主要缺点是不对应正则系综。后来 Bussi、Donadio 和 Parrinello[35] 在 Berendsen 控温算法的基础上提出了一个改进的算法，可实现正则系综，且保留了 Berendsen 算法的简单和稳定性。该算法使用了随机性的速度标定，所以常被称为随机速度重标（stochastic velocity rescaling）法，但也常根据开发者姓氏命名为 BDP 控温算法。在该算法中，原子速度依然在每一步被标定一次，但标定系数具有随机性，具体形式如下：

$$v_i^{\text{scaled}} = \alpha v_i, \quad (6.5)$$

$$\alpha^2 = e^{-\frac{\Delta t}{\tau_T}} + \frac{T_0}{TN_f}\left(1 - e^{-\frac{\Delta t}{\tau_T}}\right)\left(R_1^2 + \sum_{j=2}^{N_f} R_j^2\right) + 2e^{-\frac{\Delta t}{2\tau_T}} R_1 \sqrt{\frac{T_0}{TN_f}\left(1 - e^{-\frac{\Delta t}{\tau_T}}\right)}. \quad (6.6)$$

其中，τ_T 是弛豫时间，N_f 是被控温体系的自由度个数，$\{R_j\}_{j=1}^{N_f}$ 是 N_f 个均值为 0、方差为 1 的正态分布随机数。

6.3 Nose-Hoover 控温算法

6.3.1 NH 控温算法的理论推导

我们的出发点是一个有 N 个粒子的哈密顿体系，其哈密顿量为：

$$H(\{\boldsymbol{r}_i\}, \{\boldsymbol{p}_i\}) = \sum_{i=1}^{N} \frac{\boldsymbol{p}_i^2}{2m_i} + U(\{\boldsymbol{r}_i\}), \tag{6.7}$$

其中，$\boldsymbol{r}_i$，$\boldsymbol{p}_i$ 和 m_i 是粒子 i 的坐标、动量和质量，U 是体系的势能。Nose[36]在哈密顿体系引入一个无量纲变量 s 来检查体系的动能是高于还是低于目标动能（温度）并对体系的速度做相应的标定。记与变量 s 共轭的动量为 p_s（量纲为角动量），可将 Nose 的扩展哈密顿量写为：

$$H^{\text{Nose}} = \sum_{i=1}^{N} \frac{\boldsymbol{p}_i^2}{2m_i s^2} + U(\{\boldsymbol{r}_i\}) + \frac{p_s^2}{2Q} + g k_{\text{B}} T_0 \ln s. \tag{6.8}$$

参数 Q 的量纲是时间的平方乘以能量，g 是某种待定的自由度个数。Nose 哈密顿量是 $6N+2$ 维相空间的，其微正则系综配分函数为：

$$\Omega \propto \int \mathrm{d}\boldsymbol{r} \int \mathrm{d}\boldsymbol{p} \int \mathrm{d}s \int \mathrm{d}p_s \delta(H^{\text{Nose}} - E), \tag{6.9}$$

其中 E 是微正则系综的总能量。可证明，若 $g = 3N+1$，则对 s 和 p_s 积分可将上式化为：

$$\Omega \propto \int \mathrm{d}\boldsymbol{r} \int \mathrm{d}\boldsymbol{p} \exp\left[-\frac{H(\{\boldsymbol{r}_i\}, \{\boldsymbol{p}_i\})}{k_{\text{B}} T_0}\right]. \tag{6.10}$$

该式表明，$6N+2$ 维相空间的 Nose 哈密顿量可在 $6N$ 维的物理相空间产生正则系综分布。

根据 Nose 哈密顿量可推导一系列运动方程，但不方便实施数值积分。Hoover[37]改进了 Nose 的哈密顿量并将运动方程变换为如下形式：

$$\frac{\mathrm{d}}{\mathrm{d}t} \boldsymbol{r}_i = \frac{\boldsymbol{p}_i}{m_i}, \tag{6.11}$$

$$\frac{\mathrm{d}}{\mathrm{d}t} \boldsymbol{p}_i = \boldsymbol{F}_i - \frac{\pi}{Q} \boldsymbol{p}_i, \tag{6.12}$$

$$\frac{\mathrm{d}}{\mathrm{d}t} \eta = \frac{\pi}{Q}, \tag{6.13}$$

$$\frac{\mathrm{d}}{\mathrm{d}t} \pi = \sum_i \frac{\boldsymbol{p}_i^2}{m_i} - 3N k_{\text{B}} T_0 = 3N k_{\text{B}}(T - T_0). \tag{6.14}$$

以上式子中的 π 是与变量 η 对应的动量。参数 Q 可理解为变量 η 的"质量"，一般写为：

$$Q = 3N k_{\text{B}} T_0 \tau_T^2. \tag{6.15}$$

此处引入了一个弛豫时间 τ_T。以上运动方程称为 Nose-Hoover（NH）运动方程。

由此发展的控温算法称为 NH 控温算法。

NH 运动方程的时间积分可由刘维尔算符推导而得。根据第 1 章的定义，我们可计算出如下与 NH 运动方程对应的刘维尔算符：

$$iL = iL_1 + iL_2 + iL_T, \tag{6.16}$$

$$iL_1 = \sum_{i=1}^{N} \frac{\boldsymbol{p}_i}{m_i} \cdot \frac{\partial}{\partial \boldsymbol{r}_i}, \tag{6.17}$$

$$iL_2 = \sum_{i=1}^{N} \boldsymbol{F}_i \cdot \frac{\partial}{\partial \boldsymbol{p}_i}, \tag{6.18}$$

$$iL_T = \frac{\pi}{Q} \frac{\partial}{\partial \eta} - \frac{\pi}{Q} \sum_{i=1}^{N} \boldsymbol{p}_i \cdot \frac{\partial}{\partial \boldsymbol{p}_i} + 3Nk_{\mathrm{B}}(T - T_0) \frac{\partial}{\partial \pi}. \tag{6.19}$$

也就是说，和 NVE 系综相比，NVT 系综的刘维尔算符多了和热浴变量有关的一项 iL_T。

根据 Trotter 定理[3]，一个积分步长 Δt 的总时间演化算符 $e^{iL\Delta t}$ 可分解为如下五部分：

$$e^{iL} \approx e^{iL_T\Delta t/2} e^{iL_2\Delta t/2} e^{iL_1\Delta t} e^{iL_2\Delta t/2} e^{iL_T\Delta t/2}. \tag{6.20}$$

其中，中间的三个时间演化算符就对应 NVE 系综的速度-Verlet 积分算法，而第一个和最后一个时间演化算符是一样的。由此可知，NH 控温算法的流程如下：

① 实施控温相关的时间演化算符 $e^{iL_T\Delta t/2}$，其求解算法将在后文详述。

② 实施与速度-Verlet 积分算法对应的时间演化算符 $e^{iL_2\Delta t/2} e^{iL_1\Delta t} e^{iL_2\Delta t/2}$，其求解算法已在第 1 章详述。

③ 再次实施控温相关的时间演化算符 $e^{iL_T\Delta t/2}$。

接下来，我们讨论时间演化算符 $e^{iL_T\Delta t/2}$ 的进一步求解，基本思路是将其进一步分解。为此，我们先将刘维尔算符 iL_T 分解如下：

$$iL_T = iL_{T1} + iL_{T2} + iL_{T3}, \tag{6.21}$$

$$iL_{T1} = \frac{\pi}{Q} \frac{\partial}{\partial \eta}, \tag{6.22}$$

$$iL_{T2} = 3Nk_{\mathrm{B}}(T - T_0) \frac{\partial}{\partial \pi}, \tag{6.23}$$

$$iL_{T3} = -\frac{\pi}{Q} \sum_{i=1}^{N} \boldsymbol{p}_i \cdot \frac{\partial}{\partial \boldsymbol{p}_i}. \tag{6.24}$$

据此可将演化算符 $e^{iL_T\Delta t/2}$ 分解如下：

$$e^{iL_T\Delta t/2} \approx e^{iL_{T2}\Delta t/4} e^{iL_{T3}\Delta t/2} e^{iL_{T1}\Delta t/2} e^{iL_{T2}\Delta t/4}. \qquad (6.25)$$

根据该分解,演化算符 $e^{iL_T\Delta t/2}$ 的求解就等价于将上式的各个因子按从右到左的次序实施。由等式

$$e^{c\frac{\partial}{\partial x}} x = \left(1 + c\frac{\partial}{\partial x} + \frac{1}{2}c^2\frac{\partial^2}{\partial x^2} + \cdots\right) x = x + c \qquad (6.26)$$

可知,演化算符 $e^{iL_{T1}\Delta t/2}$ 的作用为:

$$\eta \leftarrow \eta + \frac{\pi}{Q}\Delta t / 2, \qquad (6.27)$$

演化算符 $e^{iL_{T2}\Delta t/4}$ 的作用为:

$$\pi \leftarrow \pi + 3Nk_B(T - T_0)\Delta t / 4. \qquad (6.28)$$

根据等式:

$$e^{cx\frac{\partial}{\partial x}} x = \left(1 + cx\frac{\partial}{\partial x} + \frac{1}{2}c^2 x\frac{\partial}{\partial x} x\frac{\partial}{\partial x} + \cdots\right) x = x + cx + \frac{1}{2}c^2 x + \cdots = e^c x, \qquad (6.29)$$

演化算符 $e^{iL_{T3}\Delta t/2}$ 的作用是将每个粒子的动量乘以一个因子:

$$p_i \leftarrow e^{-(\pi/Q)\Delta t/2} p_i. \qquad (6.30)$$

6.3.2 Python 编程范例:用简谐振子展示 NH 控温算法的效果

代码 6.1 以一维简谐振子为例展示了 NH 控温算法的 Python 编程实现。第 53~55 行实施了式(6.20)中右边的演化算符 $e^{iL_T\Delta t/2}$。第 57~60 行实施了式(6.20)中的速度-Verlet 算法部分 $e^{iL_2\Delta t/2} e^{iL_1\Delta t} e^{iL_2\Delta t/2}$。第 69~71 行实施了式(6.20)中左边的演化算符 $e^{iL_T\Delta t/2}$。

代码 6.1 NH 控温算法的 Python 编程实现

```
1   # %%
2   import math
3   from tqdm import tqdm
4   import numpy as np
5   import matplotlib.pyplot as plt
6
7   NUMBER_OF_STEPS = 1000000
8   SAMPLE_INTERVAL = 1
```

```
 9
10   length = int(NUMBER_OF_STEPS / SAMPLE_INTERVAL)
11   x_list = np.zeros(length, dtype=float)
12   v_list = np.zeros(length, dtype=float)
13   inv_list = np.zeros(length, dtype=float)
14   vel_eta_list = np.zeros(length, dtype=float)
15
16   def nh(pos_eta, vel_eta, mas_eta, Ek2, kT, dN, dt2):
17       dt4 = dt2 * 0.5
18
19       G = Ek2 - dN * kT
20       vel_eta[0] = vel_eta[0] + dt4 * G
21
22       pos_eta[0] += dt2 * vel_eta[0] / mas_eta
23
24       # Compute the scale factor
25       factor = math.exp(-dt2 * vel_eta[0] / mas_eta)
26
27       # Update thermostat velocities from 0 to M - 2:
28       G = Ek2 * factor * factor - dN * kT
29       vel_eta[0] = vel_eta[0] + dt4 * G
30
31       return factor
32
33   # Main simulation loop
34   dN = 1.0
35   dt = 0.01
36   dt2 = dt * 0.5
37   kT = 1
38   x = 0
39   v = 1
40   mass = 1.0
41   k_spring = 1
42   f = -k_spring * x
```

```
43    pos_eta = [0.0]
44    vel_eta = [1]
45    mas_eta = 1
46
47    Ek2 = 0.0
48    factor = 0.0
49
50    for step in tqdm(range(NUMBER_OF_STEPS)):
51        inv = mass * v * v * 0.5 + k_spring * x * x * 0.5
52        inv += kT * dN * pos_eta[0]
53        Ek2 = v * v * mass
54        factor = nh(pos_eta, vel_eta, mas_eta, Ek2, kT, dN, dt2)
55        v *= factor
56
57        v += dt2 * (f / mass)
58        x += dt * v
59        f = -k_spring * x
60        v += dt2 * (f / mass)
61
62        if step % SAMPLE_INTERVAL == 0:
63            nn = int(step / SAMPLE_INTERVAL)
64            x_list[nn] = x
65            v_list[nn] = v
66            inv_list[nn] = inv
67            vel_eta_list[nn] = vel_eta[0]
68
69        Ek2 = v * v * mass
70        factor = nh(pos_eta, vel_eta, mas_eta, Ek2, kT, dN, dt2)
71        v *= factor
72
73    # %%
74    fig, axs = plt.subplots(2, 2)
75    axs[0, 0].scatter(x_list, v_list, s=1)
```

```
76    axs[0, 0].set_xlim(-4, 4)
77    axs[0, 0].set_ylim(-4, 4)
78    axs[0, 0].set_aspect(1)
79
80    choose = (vel_eta_list >= -0.01) & (vel_eta_list <= 0.01)
81    axs[0, 1].scatter(x_list[choose], v_list[choose], s=1)
82    axs[0, 1].set_xlim(-4, 4)
83    axs[0, 1].set_ylim(-4, 4)
84    axs[0, 1].set_aspect(1)
85
86    axs[1, 0].hist(v_list, density=True, bins=100)
87    axs[1, 0].set_xlim(-4, 4)
88    axs[1, 0].set_ylim(0, 0.5)
89    axs[1, 0].set_box_aspect(1)
90
91    axs[1, 1].hist(x_list, density=True, bins=100)
92    axs[1, 1].set_xlim(-4, 4)
93    axs[1, 1].set_ylim(0, 0.5)
94    axs[1, 1].set_box_aspect(1)
95    fig.set_size_inches(6, 6)
96
97    # %%
98    fig, axs = plt.subplots(1, 3)
99    axs[0].hist2d(
100       x_list, v_list, bins=51, range=[[-4, 4], [-4, 4]], cmap="Blues",
      density=True
101   )
102   axs[0].set_xlim(-4, 4)
103   axs[0].set_ylim(-4, 4)
104   axs[0].set_xlabel("x")
105   axs[0].set_ylabel("p")
106   axs[0].set_xticks([-4, -2, 0, 2, 4])
107   axs[0].set_yticks([-4, -2, 0, 2, 4])
108   axs[0].set_aspect(1)
```

```
109
110   position = np.linspace(-4, 4, 500)
111   boltz_factor = np.exp(-0.5 / kT * k_spring * position**2)
112   Z = np.trapz(boltz_factor, position)
113   boltz_factor /= Z
114   axs[1].plot(position, boltz_factor, color="k", linestyle="--")
115   axs[2].plot(position, boltz_factor, color="k", linestyle="--")
116
117   axs[1].hist(x_list, density=True, bins=21, alpha=0.8)
118   axs[1].set_xlim(-4, 4)
119   axs[1].set_ylim(0, 0.5)
120   axs[1].set_box_aspect(1)
121   axs[1].set_xlabel("x")
122   axs[1].set_ylabel("probability")
123   axs[1].set_xticks([-4, -2, 0, 2, 4])
124
125   axs[2].hist(v_list, density=True, bins=21, alpha=0.8)
126   axs[2].set_xlim(-4, 4)
127   axs[2].set_ylim(0, 0.5)
128   axs[2].set_box_aspect(1)
129   axs[2].set_xlabel("p")
130   axs[2].set_ylabel("probability")
131   axs[2].set_xticks([-4, -2, 0, 2, 4])
132
133   fig.set_size_inches(11, 3)
134   plt.savefig("md_ho_nh.pdf", bbox_inches="tight")
135   plt.show()
```

图 6.1 给出了 NH 控温算法在一维简谐振子问题中的测试结果，包括相空间的统计分布函数（左）、坐标 x 的概率分布（中）和动量 p 的概率分布（右）。可以看到，这已经与 *NVE* 系综的结果（第 1 章）显著不同，但这些分布函数依然不完全满足正则系综的分布规律（由图中虚线所示）。这突显了 NH 控温算法的一些缺陷。对于像简谐振子这样简单的系统，其强简谐性（或者说弱非简谐性）导致各态历经性较差，因此 NH 控温算法未能给出完美的正则分布。

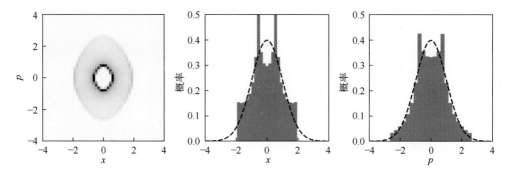

图 6.1　NH 控温算法在一维简谐振子问题中的测试结果

6.4　NHC 控温算法

6.4.1　NHC 控温算法的理论推导

为了克服 NH 控温算法的不足，Martyna、Klein 和 Tuckerman[38]将 NH 算法中的一个控温变量扩展为一组控温变量，称为一条控温链（chain）。所以，这种控温算法常称为 Nose-Hoover chain（NHC）控温算法。在该算法中，第 0 个控温变量相当于 NH 控温算法中的那个控温变量，而第 $m(m \geqslant 1)$ 个控温变量的作用是控制第 $m-1$ 个控温变量的温度。假如有 M 个控温变量（从 0 到 $M-1$），则物理系统与控温变量构成的扩展系统的运动方程为：

$$\frac{\mathrm{d}}{\mathrm{d}t}\boldsymbol{r}_i = \frac{\boldsymbol{p}_i}{m_i},\tag{6.31}$$

$$\frac{\mathrm{d}}{\mathrm{d}t}\boldsymbol{p}_i = \boldsymbol{F}_i - \frac{\pi_0}{Q_0}\boldsymbol{p}_i,\tag{6.32}$$

$$\frac{\mathrm{d}}{\mathrm{d}t}\eta_k = \frac{\pi_k}{Q_k}(k=0,1,\cdots,M-1),\tag{6.33}$$

$$\frac{\mathrm{d}}{\mathrm{d}t}\pi_0 = 2\left(\sum_i \frac{\boldsymbol{p}_i^2}{2m_i} - 3N\frac{k_{\mathrm{B}}T}{2}\right) - \frac{\pi_1}{Q_1}\pi_0,\tag{6.34}$$

$$\frac{\mathrm{d}}{\mathrm{d}t}\pi_k = 2\left(\frac{\pi_{k-1}^2}{2Q_{k-1}} - \frac{k_{\mathrm{B}}T}{2}\right) - \frac{\pi_{k+1}}{Q_{k+1}}\pi_k(k=1,2,\cdots,M-2),\tag{6.35}$$

$$\frac{\mathrm{d}}{\mathrm{d}t}\pi_{M-1} = 2\left(\frac{\pi_{M-2}^2}{2Q_{M-2}} - \frac{k_{\mathrm{B}}T}{2}\right).\tag{6.36}$$

其中，

$$Q_0 = 3Nk_BT\tau_T^2 \tag{6.37}$$

就是 NH 控温算法中的 Q。对其他控温变量，Martyna 等人[38]认为如下选择最优：

$$Q_k = k_BT\tau_T^2 (k = 1, 2, \cdots, M-1). \tag{6.38}$$

对于 NHC 控温算法的扩展系统，其刘维尔算符和 NH 算法的类似。根据第 1 章的定义，我们可计算出如下与 NHC 运动方程对应的刘维尔算符：

$$iL = iL_1 + iL_2 + iL_T, \tag{6.39}$$

$$iL_1 = \sum_{i=1}^{N} \frac{\boldsymbol{p}_i}{m_i} \cdot \frac{\partial}{\partial \boldsymbol{r}_i}, \tag{6.40}$$

$$iL_2 = \sum_{i=1}^{N} \boldsymbol{F}_i \cdot \frac{\partial}{\partial \boldsymbol{p}_i}, \tag{6.41}$$

$$iL_T = \sum_{k=0}^{M-1} \frac{\pi_k}{Q_k} \frac{\partial}{\partial \eta_k} + \sum_{k=0}^{M-2} \left(G_k - \frac{\pi_{k+1}}{Q_{k+1}} \pi_k \right) \frac{\partial}{\partial \pi_k} + G_{M-1} \frac{\partial}{\partial \pi_{M-1}} - \sum_{i=1}^{N} \frac{\pi_0}{Q_0} \boldsymbol{p}_i \cdot \frac{\partial}{\partial \boldsymbol{p}_i}. \tag{6.42}$$

根据 Trotter 定理[3]，一个积分步长 Δt 的总时间演化算符 $e^{iL\Delta t}$ 可分解为如下五部分：

$$e^{iL} \approx e^{iL_T\Delta t/2} e^{iL_2\Delta t/2} e^{iL_1\Delta t} e^{iL_2\Delta t/2} e^{iL_T\Delta t/2}. \tag{6.43}$$

其中，中间的三个时间演化算符就对应 NVE 系综的速度-Verlet 积分算法，而第一个和最后一个时间演化算符是一样的。由此可知，NHC 控温算法的流程如下：

① 实施控温相关的时间演化算符 $e^{iL_T\Delta t/2}$，其求解算法将在后文详述。

② 实施与速度-Verlet 积分算法对应的时间演化算符 $e^{iL_2\Delta t/2} e^{iL_1\Delta t} e^{iL_2\Delta t/2}$，其求解算法已在第 1 章详述。

③ 再次实施控温相关的时间演化算符 $e^{iL_T\Delta t/2}$。

可将刘维尔算符 iL_T 做如下分解：

$$iL_T = iL_{T1} + iL_{T2} + iL_{T3}, \tag{6.44}$$

$$iL_{T1} = \sum_{k=0}^{M-1} \frac{\pi_k}{Q_k} \frac{\partial}{\partial \eta_k}, \tag{6.45}$$

$$iL_{T2} = \sum_{k=0}^{M-2} \left(G_k - \frac{\pi_{k+1}}{Q_{k+1}} \pi_k \right) \frac{\partial}{\partial \pi_k} + G_{M-1} \frac{\partial}{\partial \pi_{M-1}}, \tag{6.46}$$

$$iL_{T3} = -\sum_{i=1}^{N} \frac{\pi_0}{Q_0} \boldsymbol{p}_i \cdot \frac{\partial}{\partial \boldsymbol{p}_i}. \tag{6.47}$$

据此可将时间演化算符 $e^{iL_T \Delta t/2}$ 分解如下：

$$e^{iL_T \Delta t/2} \approx e^{iL_{T2} \Delta t/4} e^{iL_{T3} \Delta t/2} e^{iL_{T1} \Delta t/2} e^{iL_{T2} \Delta t/4}. \tag{6.48}$$

其中的演化算符 $e^{iL_{T2} \Delta t/4}$ 还需进一步分解。对于式（6.48）中右端的演化算符 $e^{iL_{T2} \Delta t/4}$，我们做如下分解：

$$e^{iL_{T2} \Delta t/4} \approx \prod_{k=0}^{M-2} \left(e^{-\frac{\Delta t}{8} \frac{\pi_{k+1}}{Q_{k+1}} \pi_k \frac{\partial}{\partial \pi_k}} e^{\frac{\Delta t}{4} G_k \frac{\partial}{\partial \pi_k}} e^{-\frac{\Delta t}{8} \frac{\pi_{k+1}}{Q_{k+1}} \pi_k \frac{\partial}{\partial \pi_k}} \right) e^{\frac{\Delta t}{4} G_{M-1} \frac{\partial}{\partial \pi_{M-1}}}. \tag{6.49}$$

对于式（6.48）中左端的演化算符 $e^{iL_{T2} \Delta t/4}$，我们做如下分解：

$$e^{iL_{T2} \Delta t/4} \approx e^{\frac{\Delta t}{4} G_{M-1} \frac{\partial}{\partial \pi_{M-1}}} \prod_{k=M-2}^{0} \left(e^{-\frac{\Delta t}{8} \frac{\pi_{k+1}}{Q_k} \pi_k \frac{\partial}{\partial \pi_k}} e^{\frac{\Delta t}{4} G_k \frac{\partial}{\partial \pi_k}} e^{-\frac{\Delta t}{8} \frac{\pi_{k+1}}{Q_{k+1}} \pi_k \frac{\partial}{\partial \pi_k}} \right). \tag{6.50}$$

NHC 控温算法是目前最为广泛使用的控温算法之一，在 GPUMD、GROMACS 和 LAMMPS 中都有对应的实现。GPUMD 默认使用长度为 $M = 4$ 的链长。

6.4.2　Python 编程范例：用简谐振子展示 NHC 控温的效果

代码 6.2 以一维简谐振子为例展示了 NHC 控温算法的 Python 编程实现。第 97~99 行实施了式（6.43）中右边的演化算符 $e^{iL_T \Delta t/2}$。第 101~104 行实施了式（6.43）中的速度-Verlet 算法部分 $e^{iL_2 \Delta t/2} e^{iL_1 \Delta t} e^{iL_2 \Delta t/2}$。第 106~108 行实施了式（6.43）中左边的演化算符 $e^{iL_T \Delta t/2}$。

代码 6.2　NHC 控温算法的编程实现

```
1    # %%
2    import math
3    from tqdm import tqdm
4    import numpy as np
5    import matplotlib.pyplot as plt
6
7    NUMBER_OF_STEPS = 5000000
8    SAMPLE_INTERVAL = 10
9
10   length = int(NUMBER_OF_STEPS / SAMPLE_INTERVAL)
11   x_list = np.zeros(length, dtype=float)
```

```
12   v_list = np.zeros(length, dtype=float)
13   inv_list = np.zeros(length, dtype=float)
14
15
16   def nhc(M, pos_eta, vel_eta, mas_eta, Ek2, kT, dN, dt2):
17       dt4 = dt2 * 0.5
18       dt8 = dt4 * 0.5
19
20       # Update velocity of the last (M - 1) thermostat:
21       G = vel_eta[M - 2] * vel_eta[M - 2] / mas_eta[M - 2] - kT
22       vel_eta[M - 1] += dt4 * G
23
24       # Update thermostat velocities from M - 2 to 0:
25       for m in range(M - 2, -1, -1):
26           tmp = math.exp(-dt8 * vel_eta[m + 1] / mas_eta[m + 1])
27           G = vel_eta[m - 1] * vel_eta[m - 1] / mas_eta[m - 1] - kT
28           if m == 0:
29               G = Ek2 - dN * kT
30           vel_eta[m] = tmp * (tmp * vel_eta[m] + dt4 * G)
31
32       # Update thermostat positions from M - 1 to 0:
33       for m in range(M - 1, -1, -1):
34           pos_eta[m] += dt2 * vel_eta[m] / mas_eta[m]
35
36       # Compute the scale factor
37       factor = math.exp(-dt2 * vel_eta[0] / mas_eta[0])
38
39       # Update thermostat velocities from 0 to M - 2:
40       for m in range(M - 1):
41           tmp = math.exp(-dt8 * vel_eta[m + 1] / mas_eta[m + 1])
42           G = vel_eta[m - 1] * vel_eta[m - 1] / mas_eta[m - 1] - kT
43           if m == 0:
44               G = Ek2 * factor * factor - dN * kT
45           vel_eta[m] = tmp * (tmp * vel_eta[m] + dt4 * G)
```

```
46
47          # Update velocity of the last (M - 1) thermostat:
48          G = vel_eta[M - 2] * vel_eta[M - 2] / mas_eta[M - 2] - kT
49          vel_eta[M - 1] += dt4 * G
50
51          return factor
52
53      # Main simulation loop
54      dN = 1.0
55      dt = 0.01
56      dt2 = dt * 0.5
57      kT = 1.0
58      x = 0
59      v = 1
60      mass = 1.0
61      k_spring = 1.0
62      f = -k_spring * x
63      M = 4
64      tau = dt * 100
65      pos_eta = [0.0] * M
66      vel_eta = [0.0] * M
67      mas_eta = [0.0] * M
68
69      vel_eta[0] = vel_eta[2] = +1.0
70      vel_eta[1] = vel_eta[3] = -1.0
71
72      for i in range(M):
73          pos_eta[i] = 0.0
74          mas_eta[i] = kT * tau * tau
75          if i == 0:
76              mas_eta[i] = dN * kT * tau * tau
77
78      Ek2 = 0.0
79      factor = 0.0
```

```
80
81    for step in tqdm(range(NUMBER_OF_STEPS)):
82        inv = mass * v * v * 0.5 + k_spring * x * x * 0.5
83        inv += kT * dN * pos_eta[0]
84
85        for m in range(1, M):
86            inv += kT * pos_eta[m]
87
88        for m in range(M):
89            inv += 0.5 * vel_eta[m] * vel_eta[m] / mas_eta[m]
90
91        if step % SAMPLE_INTERVAL == 0:
92            nn = int(step / SAMPLE_INTERVAL)
93            x_list[nn] = x
94            v_list[nn] = v
95            inv_list[nn] = inv
96
97        Ek2 = v * v * mass
98        factor = nhc(M, pos_eta, vel_eta, mas_eta, Ek2, kT, dN, dt2)
99        v *= factor
100
101        v += dt2 * (f / mass)
102        x += dt * v
103        f = -k_spring * x
104        v += dt2 * (f / mass)
105
106        Ek2 = v * v * mass
107        factor = nhc(M, pos_eta, vel_eta, mas_eta, Ek2, kT, dN, dt2)
108        v *= factor
109
110    # %%
111    fig, axs = plt.subplots(1, 3)
112    axs[0].hist2d(x_list, v_list, bins=21, range=[[-4, 4], [-4, 4]], cmap="Blues")
```

```
113   axs[0].set_xlim(-4, 4)
114   axs[0].set_ylim(-4, 4)
115   axs[0].set_xlabel("x")
116   axs[0].set_ylabel("p")
117   axs[0].set_xticks([-4, -2, 0, 2, 4])
118   axs[0].set_yticks([-4, -2, 0, 2, 4])
119   axs[0].set_aspect(1)
120
121   position = np.linspace(-4, 4, 500)
122   boltz_factor = np.exp(-0.5 / kT * k_spring * position**2)
123   Z = np.trapz(boltz_factor, position)
124   boltz_factor /= Z
125   axs[1].plot(position, boltz_factor, color="k", linestyle="--")
126   axs[2].plot(position, boltz_factor, color="k", linestyle="--")
127
128   axs[1].hist(x_list, density=True, bins=21, alpha=0.8)
129   axs[1].set_xlim(-4, 4)
130   axs[1].set_ylim(0, 0.5)
131   axs[1].set_box_aspect(1)
132   axs[1].set_xlabel("x")
133   axs[1].set_ylabel("probability")
134   axs[1].set_xticks([-4, -2, 0, 2, 4])
135
136   axs[2].hist(v_list, density=True, bins=21, alpha=0.8)
137   axs[2].set_xlim(-4, 4)
138   axs[2].set_ylim(0, 0.5)
139   axs[2].set_box_aspect(1)
140   axs[2].set_xlabel("p")
141   axs[2].set_ylabel("probability")
142   axs[2].set_xticks([-4, -2, 0, 2, 4])
143
144   fig.set_size_inches(11, 3)
145   plt.savefig("md_ho_nhc.pdf", bbox_inches="tight")
146   plt.show()
```

图 6.2 给出了 NHC 控温算法在一维简谐振子问题中的测试结果，包括相空间的统计分布函数（左）、坐标 x 的概率分布（中）和动量 p 的概率分布（右）。值得注意的是，其统计分布函数与正则系综的理论结果（虚线）高度吻合。这表明引入更多控温变量后得到的 NHC 控温算法确实能有效地解决 NH 控温算法存在的问题。

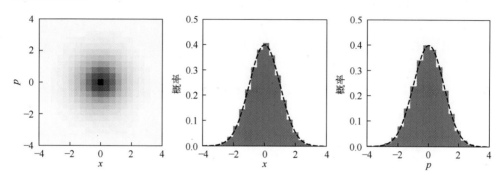

图 6.2　NHC 控温算法在一维简谐振子问题中的测试结果

6.5　朗之万控温算法

6.5.1　理论

本节介绍的朗之万控温算法基于朗之万动力学。朗之万动力学最初是用来研究介观系统的性质的，后来才被用来实现控温算法。

朗之万动力学方程如下：

$$\frac{\mathrm{d}}{\mathrm{d}t} \boldsymbol{r}_i = \frac{\boldsymbol{p}_i}{m_i}, \tag{6.51}$$

$$\mathrm{d}\boldsymbol{p}_i = \boldsymbol{F}_i \mathrm{d}t - \gamma \boldsymbol{p}_i \mathrm{d}t + \sqrt{2\gamma m_i k_{\mathrm{B}} T_0} \sqrt{\mathrm{d}t}\, \boldsymbol{R}_i. \tag{6.52}$$

其中，$\boldsymbol{R}_i$ 的每个分量都是独立的均值为 0、方差为 1 的正态分布随机数。式（6.52）等号右边第二项是耗散力，正比于动量，比例系数称为阻尼系数，其倒数：

$$\tau_T = 1/\gamma \tag{6.53}$$

是朗之万控温算法中的时间参数。式（6.52）等号右边第三项是随机力，与粒子系统的动力学变量无关。

可以证明，朗之万动力学方程可给出粒子体系的正则系综，其系综分布函数按照 Fokker-Planck 方程演化，对应的刘维尔算符除了 NVE 系综的 iL_1 和 iL_2，还有一个与耗散力和随机力有关的项，记为 iL_3。Bussi 和 Parrinello[39]采用如下算符分解：

$$\mathrm{e}^{iL\Delta t} = \mathrm{e}^{iL_3\Delta t/2}\mathrm{e}^{iL_2\Delta t/2}\mathrm{e}^{iL_1\Delta t}\mathrm{e}^{iL_2\Delta t/2}\mathrm{e}^{iL_3\Delta t/2}. \tag{6.54}$$

由此可得如下积分算法：

① 实施半步朗之万控温部分的时间演化 $\mathrm{e}^{iL_3\Delta t/2}$。

② 实施速度-Verlet 算法。

③ 再次实施半步朗之万控温部分的时间演化 $\mathrm{e}^{iL_3\Delta t/2}$。

朗之万控温部分的时间演化 $\mathrm{e}^{iL_3\Delta t/2}$ 对应如下操作：

$$p_i \leftarrow c_1 p_i + c_2 \boldsymbol{R}_i, \tag{6.55}$$

其中系数 c_1 和 c_2 为：

$$c_1 = \mathrm{e}^{-\gamma\frac{\Delta t}{2}}, \tag{6.56}$$

$$c_2 = \sqrt{(1-c_1^2)m_i k_B T_0}. \tag{6.57}$$

尽管文献中还有很多基于朗之万动力学的可行控温算法[40]，但由于篇幅限制，本书并不打算逐一讨论它们。

6.5.2 Python 编程范例：用简谐振子展示朗之万控温的效果

代码 6.3 以一维简谐振子为例展示了朗之万控温算法的 Python 编程实现。第 34 行实施了式（6.54）中右边的演化算符 $\mathrm{e}^{iL_3\Delta t/2}$。第 35～39 行实施了式（6.54）中的速度-Verlet 算法部分 $\mathrm{e}^{iL_2\Delta t/2}\mathrm{e}^{iL_1\Delta t}\mathrm{e}^{iL_2\Delta t/2}$。第 40 行实施了式（6.54）中左边的演化算符 $\mathrm{e}^{iL_3\Delta t/2}$。

代码 6.3　朗之万控温算法的编程实现

```
1   from tqdm import tqdm
2   import numpy as np
3   import matplotlib.pyplot as plt
4
5   class langevin:
6       def __init__(self) -> None:
7           self.dN = 1.0
8           self.dt = 0.01
9           self.dt2 = self.dt * 0.5
```

```
10              self.dt4 = self.dt2 * 0.5
11              self.kT = 1
12              self.x = 0
13              self.v = 1
14              self.mass = 1.0
15              self.k_spring = 1
16              self.f = -self.k_spring * self.x
17              self.Ek2 = 0.0
18
19              self.temperature_coupling = 100
20              self.c1 = np.exp(-0.5/self.temperature_coupling)
21              self.c2 = np.sqrt((1 - self.c1**2) * self.kT)
22              self.c2m = self.c2 * np.sqrt(1/self.mass)
23
24          def langevin(self):
25              self.v = self.c1*self.v + self.c2m*np.random.normal()
26
27          def run(self, nsteps, sample_intervals):
28              self.length = int(nsteps/sample_intervals)
29              self.x_list = np.zeros(self.length, dtype=float)
30              self.v_list = np.zeros(self.length, dtype=float)
31
32              for step in tqdm(range(nsteps)):
33                  # half step
34                  self.langevin()
35                  self.v += self.dt2 * (self.f / self.mass)
36                  self.x += self.dt * self.v
37                  # another half step
38                  self.f = -self.k_spring * self.x
39                  self.v += self.dt2 * (self.f / self.mass)
40                  self.langevin()
41
42                  if step % sample_intervals == 0:
43                      nn = int(step/sample_intervals)
```

```
44                     self.x_list[nn] = self.x
45                     self.v_list[nn] = self.v
46
47   lan = langevin()
48   lan.run(5000000, 10)
49
50   fig, axs = plt.subplots(1, 3)
51   axs[0].hist2d(lan.x_list, lan.v_list, bins=21, range=[[-4, 4],[-4, 4]],
                 cmap="Blues")
52
53   axs[0].set_xlim(-4, 4)
54   axs[0].set_ylim(-4, 4)
55   axs[0].set_xlabel("x")
56   axs[0].set_ylabel("p")
57   axs[0].set_xticks([-4, -2, 0, 2, 4])
58   axs[0].set_yticks([-4, -2, 0, 2, 4])
59   axs[0].set_aspect(1)
60
61   position = np.linspace(-4, 4, 500)
62   boltz_factor = np.exp(-0.5/lan.kT*lan.k_spring*position**2)
63   Z = np.trapz(boltz_factor, position)
64   boltz_factor /= Z
65   axs[1].plot(position, boltz_factor, color="k", linestyle="--")
66   axs[2].plot(position, boltz_factor, color="k", linestyle="--")
67
68   axs[1].hist(lan.x_list, density=True, bins=21, alpha=0.8)
69   axs[1].set_xlim(-4, 4)
70   axs[1].set_ylim(0, 0.5)
71   axs[1].set_box_aspect(1)
72   axs[1].set_xlabel("x")
73   axs[1].set_ylabel("probability")
74   axs[1].set_xticks([-4, -2, 0, 2, 4])
75
76   axs[2].hist(lan.v_list, density=True, bins=21, alpha=0.8)
```

```
77    axs[2].set_xlim(-4, 4)

78    axs[2].set_ylim(0, 0.5)

79    axs[2].set_box_aspect(1)

80    axs[2].set_xlabel("p")

81    axs[2].set_ylabel("probability")

82    axs[2].set_xticks([-4, -2, 0, 2, 4])

83

84    plt.show()
```

图 6.3 给出了朗之万控温算法在一维简谐振子问题中的测试结果，包括相空间的统计分布函数（左）、坐标 x 的概率分布（中）和动量 p 的概率分布（右）。可以看到，其统计分布函数符合正则系综的理论结果（虚线），与 NHC 控温算法的结果一致。这说明对该系统，朗之万控温算法也能给出符合正则系综的结果。

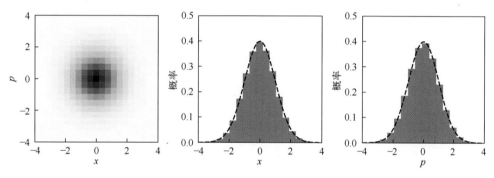

图 6.3　朗之万控温算法在一维简谐振子问题中的测试结果

6.6　GPUMD 使用范例：几个控温算法的对比

在 GPUMD 中可使用关键字 ensemble 指定系综，其后的第一个参数是算法名。与控温算法有关的可选算法名为 nvt_ber、nvt_bdp、nvt_nhc 和 nvt_lan，分别对应 Berendsen、BDP、NHC 和朗之万控温算法。对这样的算法，还需给定三个参数，依次对应初始目标温度 T_i，最终目标温度 T_f 以及热浴的时间参数 τ_T。温度以 K 为单位，τ_T 以积分步长为单位。一般情况下，$T_i = T_f$，而控温算法的效果就是让体系的温度逼近目标温度，并维持在其附近。之所以允许输入两个温度，是因为这可用来实现一些特殊功能，如淬火过程。设一段模拟的总时长为 t_{tot}，则任意时刻 t 的目标温度为 $T_f(t/t_{tot}) + T_i(1 - t/t_{tot})$。

131

本章介绍的控温算法的性质列在表 6.1 中。我们对比了不同算法的三个性质。

表 6.1　本章讨论的几个控温算法的对比

控温算法	Berendsen	BDP	NH	NHC	朗之万
是否产生正则系综	否	是	是（但有反例）	是	是
达到平衡态的速率	快	快	慢	慢	快
对动力学的影响	弱	弱	弱	弱	强

首先是关于正则系综的。Berendsen 控温算法在任何情况下都给不出正则系综；BDP、NHC 和朗之万控温算法则可以给出真正的正则系综；NH 控温算法在大部分情况下给出正则系综，但对各态历经性不好的体系给不出正则系综。

然后是关于获得平衡态的速率的。NH 和 NHC 对控温变量来说是二阶算法，故获得平衡态的速率较慢，其他的较快。关于这一点，我们通过例子来说明。考虑具有 8000 个原子的晶体硅超胞，采用 Tersoff 势函数[16]描述原子间相互作用。采用 GPUMD 程序，我们用如代码 6.4 所示的 run.in 脚本测试几个控温算法获得平衡的时间。

代码 6.4　对比几个控温算法的 run.in 输入脚本

```
1    potential   Si_Tersoff_1989.txt
2    velocity    100
3
4    ensemble    nvt_ber 1000 1000 100
5    #ensemble   nvt_bdp 1000 1000 100
6    #ensemble   nvt_nhc 1000 1000 100
7    #ensemble   nvt_lan 1000 1000 100
8    time_step   1
9    dump_thermo 1
10   run         10000
```

体系的初始温度设定为 100K，然后以 1000K 为目标温度进行控温，以 1fs 的积分步长运行 10000 步，共计 10ps 的时间。为了看到温度变化的细节，我们用 dump_thermo 命令每一步都输出基本热力学量。结果将保存在 thermo.out 文件，其中第一列是温度。

图 6.4 给出了温度随时间的变化关系。可以看到，朗之万控温算法获得平

衡态的速率最高，Berendsen 和 BDP 控温算法次之，NHC 控温算法最低。所以，在由非平衡态趋向平衡态的过程中，一般不建议使用 NHC 控温算法。Berendsen 和 BDP 控温算法的步调很一致，因为 BDP 算法是基于 Berendsen 算法修正而得。

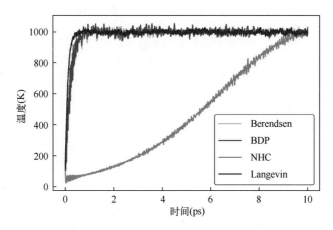

图 6.4　几个控温算法得到的温度

此外，我们还将在第 9 章看到，朗之万控温算法会影响体系的动力学，故不适合计算时间关联函数。其他的控温算法对动力学的影响较小。

第 **7** 章

控压算法

第 6 章讨论了控温算法，可实现 *NVT* 系综，其中温度 *T* 可以控制，但压强 *P* 不能。然而，很多实际的物理、化学过程是在控压条件下发生的，因此有必要研究控压算法。如果同时控温控压，那么将得到 *NPT* 系综，即等温等压系综；如果只控压而不控温，那么将得到 *NPH* 系综，即等焓系综，其中的 *H* 就代表体系的焓。要实现 *NPT* 或 *NPH* 系综，关键在于控压。实现控压的算法有多种，本章介绍几种常用的，包括 Berendsen 算法、SCR 算法和 MTTK 算法。

7.1 压强的微观计算与直观理解

正如控温算法的实现免不了要计算特定时刻体系的实际温度，控压算法的实现也免不了要计算特定时刻体系的实际压强。因此，为了研究控压算法，我们必须先弄清楚压强的微观计算。我们知道，压强 *P* 定义为单位面积 *A* 所受的垂直方向的力 *F*：

$$P = \frac{F}{A}. \tag{7.1}$$

一个体系的压强往往是由外部环境控制的，但我们在分子动力学模拟中往往不考虑外部环境，此时就需要根据体系内部的微观状态计算其压强。压强的微观计算涉及到一个称为位力的量，我们接下来讨论其定义与计算。

7.1.1 多体势中位力和压强的表达式

我们针对一般的多体势[1]进行讨论，出发点是位力（virial）的定义：

$$W = \sum_i r_i \otimes F_i. \tag{7.2}$$

也就是说，位力是体系中粒子位置与受力张量积的和。可见，将 virial 翻译为位力是音译与意译的完美结合。该定义式看起来很简单，但它并不适合编程实现，因为它依赖于原子的绝对坐标。我们需要由此出发推导一个仅依赖于原子相对坐标的表达式。我们在第 4 章推导了多体势体系力的表达式：

$$F_i = \sum_{j \neq i} F_{ij},$$ （7.3）

其中 F_{ij} 满足牛顿第三定律：

$$F_{ij} = -F_{ji}.$$ （7.4）

将力的表达式代入位力表达式可得：

$$W = \sum_i \sum_{j \neq i} r_i \otimes F_{ij}.$$ （7.5）

交换两个求和哑指标，可得：

$$W = \sum_i \sum_{j \neq i} r_j \otimes F_{ji}.$$ （7.6）

将以上两式相加再除以 2 可得（利用了牛顿第三定律）：

$$W = -\frac{1}{2} \sum_i \sum_{j \neq i} r_{ij} \otimes F_{ij}.$$ （7.7）

该式仅涉及相对坐标，已经可以很方便地编程实现了。但在第 9 章我们将看到，为了方便地从位力计算热流（与热输运研究有关），我们还需要推导出另一个等价的位力表达式。为此，我们将 F_{ij} 的具体表达式：

$$F_{ij} = \frac{\partial U_i}{\partial r_{ij}} - \frac{\partial U_j}{\partial r_{ji}}$$ （7.8）

代入上述位力表达式，得到：

$$W = -\frac{1}{2} \sum_i \sum_{j \neq i} r_{ij} \otimes \frac{\partial U_i}{\partial r_{ij}} + \frac{1}{2} \sum_i \sum_{j \neq i} r_{ij} \otimes \frac{\partial U_j}{\partial r_{ji}}.$$ （7.9）

交换上式等号右边第一项中的求和哑指标，可得：

$$W = \sum_i \sum_{j \neq i} r_{ij} \otimes \frac{\partial U_j}{\partial r_{ji}}.$$ （7.10）

这就是 GPUMD 中使用的位力表达式，它适用于一般的多体势。我们还可以定义如下单粒子位力：

$$W_i = \sum_{j \neq i} r_{ij} \otimes \frac{\partial U_j}{\partial r_{ji}}, \tag{7.11}$$

并将体系总的位力表达为单粒子位力之和：

$$W = \sum_i W_i. \tag{7.12}$$

位力表达了原子间相互作用力对压强的贡献，与温度无关。与温度有关的压强来自热运动，从而就是理想气体的压强。将以上两部分加起来，就得到压强的一般微观表达式。因为位力是二阶张量，所以压强也是，其 $\alpha\beta$ 分量为：

$$P_{\alpha\beta} = \frac{W_{\alpha\beta}}{V} + \frac{Nk_{\mathrm{B}}T}{V}\delta_{\alpha\beta}. \tag{7.13}$$

该式中，V 是系统的体积，T 是温度，N 是粒子数，$W_{\alpha\beta}$ 是位力的 $\alpha\beta$ 分量，$\delta_{\alpha\beta}$ 是克罗内克符号（当 $\alpha = \beta$ 时取 1，否则取 0）。

7.1.2 压强的直观理解

为了能直观地理解微观压强公式（7.13）和宏观压强公式（7.1）的联系，我们考虑一个两体势体系。此时，位力的表达式为：

$$W_{\alpha\beta} = -\frac{1}{2}\sum_i\sum_{j \neq i} r_{ij}^{\alpha} F_{ij}^{\beta}, \tag{7.14}$$

$$r_{ij}^{\alpha} = r_j^{\alpha} - r_i^{\alpha}. \tag{7.15}$$

其中，r_i^{α} 是粒子 i 的 α 方向的坐标，F_{ij}^{β} 是粒子 j 作用于粒子 i 的 β 方向的力。

我们考察一个一维周期体系，且不考虑温度效应（即忽略理想气体的压强）。假设体系的势函数是短程的，仅使得相邻的两个粒子之间有吸引或排斥力。当相邻粒子之间的相互作用力都是零时，各个粒子处于其平衡位置，排成一个整齐的晶格。此时，所有的 F_{ij}^{β} 都为零，故该体系的位力为零，压强也为零。

现假设将体系压缩，使得相邻原子之间的距离都缩小同一比例，那么此时相邻原子之间必定有大小相等的排斥力（设绝对值为 F）。设此时体系中 N 个粒子的坐标分别是 $x_i = ia(0 \leqslant i \leqslant N-1)$，则各粒子的位力为（注意周期边界条件和最小镜像约定）：

$$W_0 = -\frac{1}{2}[(x_1 - x_0)(-F) + (x_{N-1} - x_0)(F)] = -\frac{1}{2}[-aF - aF] = aF, \tag{7.16}$$

$$W_1 = -\frac{1}{2}[(x_2 - x_1)(-F) + (x_0 - x_1)(F)] = -\frac{1}{2}[-aF - aF] = aF, \tag{7.17}$$

$$W_{N-1} = -\frac{1}{2}[(x_0 - x_{N-1})(-F) + (x_{N-2} - x_{N-1})(F)] = -\frac{1}{2}[-aF - aF] = aF. \quad (7.18)$$

也就是说，每个粒子的位力都是 aF。设该一维体系的横截面积是 A，则体积为 $V = NaA$。于是，在不考虑温度的情况下，体系的压强为：

$$P = \frac{\sum_i W_i}{V} = \frac{NaF}{NaA} = \frac{F}{A}. \quad (7.19)$$

这与式（7.1）一致。因为我们假设了仅相邻的原子之间有相互作用力，所以此处的 F 就相当于横截面所受的外力。至此，我们从压强的微观表达式推导出了压强的宏观表达式。

以上推导中假设相邻原子之间是相互排斥的，对应的位力被规定为正。如果原子之间的距离相对平衡距离增加，那么它们之间的相互作用力就是吸引的，此时对应的位力被规定为负。这种正负的规定是人为的。本书用正的位力代表压缩的状态（原子间具有排斥力），而用负的位力代表拉伸的状态（原子间具有吸引力）。当然，在非零温条件下还需同时考虑理想气体压强的贡献，但对零温情况的讨论有助于加深对压强的直观理解。

有了上述对压强的理解，就不难理解各种控压算法。我们看到，温度是与粒子的速度相联系的，而控温算法最终归结为对粒子速度的操作。类似地，压强是与粒子的坐标以及模拟盒子相联系的，那么控压算法最终就会归结为对粒子坐标与模拟盒子的操作。如果当前压强低于目标压强，则说明当前的模拟盒子偏大，需要缩小盒子，让体系的压强往正的方向变化；如果当前压强高于目标压强，则说明当前的模拟盒子偏小，需要放大盒子，让体系的压强往负的方向变化。记住这一点将有助于理解本章余下内容。

7.2　Berendsen 控压算法

正如最简单的控温算法之一是 Berendsen 控温算法，Berendsen 控压算法同样是最简单的控压算法之一。Berendsen 控温和控压算法在同一文章中提出[34]。

我们首先考虑各向同性的情况。此时压强可由一个标量 P 表示。Berendsen 控压算法试图通过对盒子与原子坐标进行标定，使得体系的压强变化率正比于实际压强 P 与目标压强 P_0 的差值：

$$\frac{dP}{dt} = \frac{1}{\tau_P}(P_0 - P). \quad (7.20)$$

据此，当体系的实际压强小于目标压强时，dP / dt 为正，体系压强有增加的趋势；当体系的实际压强大于目标压强时，dP/dt 为负，体系压强有减小的趋势。参数 τ_P 具有时间的量纲，它反映了压强变化的快慢，可被称为控压算法的弛豫时间。

如果每一步都对盒子与原子坐标做一次标度变换，那么每一步改变的压强为：

$$\Delta P = \frac{\Delta t}{\tau_P}(P_0 - P). \tag{7.21}$$

根据等温压缩率 β（弹性模量的倒数）的定义：

$$\beta = -\frac{1}{V}\frac{\partial V}{\partial P} \tag{7.22}$$

可得：

$$\Delta P = -\frac{1}{\beta}\frac{\Delta V}{V}. \tag{7.23}$$

对比以上两个关于 ΔP 的表达式可得：

$$\frac{\Delta V}{V} = -\frac{\beta\Delta t}{\tau_P}(P_0 - P). \tag{7.24}$$

这相当于对体积做如下标度变换：

$$V \leftarrow V\left(1 - \frac{\beta\Delta t}{\tau_P}(P_0 - P)\right). \tag{7.25}$$

与此对应的原子坐标的标度变换为：

$$\boldsymbol{r}_i \leftarrow \boldsymbol{r}_i\left(1 - \frac{\beta\Delta t}{\tau_P}(P_0 - P)\right)^{1/3}. \tag{7.26}$$

一般来说，每一步的变化量不大，即满足条件：

$$\left|\frac{\beta\Delta t}{\tau_P}(P_0 - P)\right| \ll 1. \tag{7.27}$$

在该条件下，有如下近似的变换：

$$\boldsymbol{r}_i \leftarrow \boldsymbol{r}_i\left(1 - \frac{\beta\Delta t}{3\tau_P}(P_0 - P)\right). \tag{7.28}$$

如果此时的模拟盒子是立方体，那么每个盒子边长 L 的变换也与原子坐标的变换一致：

$$L \leftarrow L\left(1 - \frac{\beta\Delta t}{3\tau_P}(P_0 - P)\right). \tag{7.29}$$

下面将讨论推广到一般的模拟盒子的情形。在一般的情况下，体系的盒子矩阵 $h_{\alpha\beta}$ 和原子坐标 r_i 都按照一个形变矩阵 $\mu_{\alpha\beta}$ 变换：

$$h_{\alpha\beta} \leftarrow \sum_{\gamma} \mu_{\alpha\gamma} h_{\gamma\beta}, \tag{7.30}$$

$$r_{i\alpha} \leftarrow \sum_{\gamma} \mu_{\alpha\gamma} r_{i\gamma}. \tag{7.31}$$

在最一般的情况下，形变矩阵可写为：

$$\mu_{\alpha\beta} = \delta_{\alpha\beta} - \frac{\beta_{\alpha\beta}\Delta t}{3\tau_P}(P_{0\alpha\beta} - P_{\alpha\beta}). \tag{7.32}$$

其中，$\beta_{\alpha\beta}$ 是等温压缩率张量。这代表最一般的 6 自由度控压。回到各向同性的特殊情形。此时三个方向的盒子变化步调一致，非零形变矩阵元为：

$$\mu_{xx} = \mu_{yy} = \mu_{zz} = 1 - \frac{\beta\Delta t}{3\tau_P}(P_0 - P). \tag{7.33}$$

另外一种情况是单独为每个方向控压，不涉及剪切。如果一个方向是非周期的，则不参与控压。此时的非零形变矩阵元为：

$$\mu_{xx} = 1 - \frac{\beta_{xx}\Delta t}{3\tau_P}(P_{0xx} - P_{xx}), \tag{7.34}$$

$$\mu_{yy} = 1 - \frac{\beta_{yy}\Delta t}{3\tau_P}(P_{0yy} - P_{yy}), \tag{7.35}$$

$$\mu_{zz} = 1 - \frac{\beta_{zz}\Delta t}{3\tau_P}(P_{0zz} - P_{zz}). \tag{7.36}$$

在 Berendsen 控压算法中，除了一个时间参数 τ_P，还有一个等温压缩系数 $\beta_{\alpha\beta}$。在实际模拟中，等温压缩系数不需要设置得很精确，只要数量级正确即可。事实上，在算法中起作用的是等温压缩系数与时间参数 τ_P 的比值 $\beta_{\alpha\beta}/\tau_P$。一般将 τ_P 取为 1000 倍积分步长。τ_P 越大，控压过程越温和；τ_P 越小，控压过程越剧烈。在选定 τ_P 之后，若将等温压缩系数设置得比实际值大，则相当于将 τ_P 缩小了，会让控压变得更剧烈；若将等温压缩系数设置得比实际值小，则相当于将 τ_P 增大了，会让控压变得更温和。

与 Berendsen 控温算法不给出正确的 *NVT* 系综的情况相似，Berendsen 控压算法也不给出正确的 *NPT* 系综。然而，它是一种比较稳定的控压算法，常用于从远离平衡态到平衡态的过渡期间的模拟。正因如此，Berendsen 控压算法在 LAMMPS、GROMACS 和 GPUMD 中都有对应的实现。

在 GPUMD 中，可同时使用 Berendsen 控温和控压算法。其使用方式分几种情况，分别对应以上讨论的几种控压情况。如果认为体系是各向同性的，那么适合用如下的命令控温控压：

```
ensemble npt_ber T_i T_f tau_T P C tau_P
```

其中的字段 npt_ber 表示使用 Berendsen 算法来实现 NPT 系综（虽然这并不是真正的 NPT 系综），tau_T 是 τ_T，tau_P 是 τ_P，单位都是当前的积分步长，T_i 和 T_f 分别代表目标初温和目标末温，单位是 K，P 是目标压强，单位是 GPa，C 是弹性模量（相当于等温压缩系数的倒数），单位是 GPa。如果体系不是各向同性的，但并不想对剪切自由度进行控制，则采用三轴独立控压的方式，命令如下：

```
ensemble npt_ber T_i T_f tau_T Pxx Pyy Pzz Cxx Cyy Czz tau_P
```

此时，三个方向的目标压强分别为 Pxx、Pyy 和 Pzz，对应的弹性模量参数分别是 Cxx、Cyy 和 Czz。最后，若想对 6 个压强分量都进行控制，则采用如下命令：

```
ensemble npt_ber T_i T_f tau_T Pxx Pyy Pzz Pyz Pxz Pxy
            Cxx Cyy Czz Cyz Cxz Cxy tau_P
```

此时，输入中增加了三个剪切目标压强以及对应的弹性模量。

7.3　SCR 控压算法

因 Berendsen 控温和控压算法并不给出真正的 NPT 系综，Bernetti 和 Bussi[41] 对 Berendsen 算法进行了推广，提出了随机盒子重标（stochastic cell rescaling，SCR）控压算法。该控压算法与 BDP 控温算法结合可实现真正的 NPT 系综[41]。

SCR 控压算法依然采用形变矩阵对模拟盒子与原子坐标进行变换。与 Berendsen 控压算法相比，SCR 控压算法给形变矩阵增加了一个随机项：

$$\mu_{\alpha\beta}^{\text{stochastic}} = \sqrt{\frac{1}{D_{\text{couple}}}} \sqrt{\frac{\beta_{\alpha\beta}\Delta t}{3\tau_P} \frac{2k_{\text{B}}T_0}{V}} R_{\alpha\beta}. \tag{7.37}$$

其中，$R_{\alpha\beta}$ 是均值为 0、方差为 1 的正态分布的随机数，D_{couple} 是一个与盒子自由度耦合有关的因子。当采用各向同性控压时，该因子为 3，其他情况下为 1。

SCR 控压算法于 2020 年[41]提出，目前在 GROMACS 和 GPUMD 中已有公开的实现，但在 LAMMPS 中还没有。在 GPUMD 中，SCR 控压算法总是与 BDP

控温算法联合使用实现 *NPT* 系综，用法与 Berendsen 控温控压算法的情形一致，只需将 npt_ber 换成 npt_scr。

7.4　Martyna-Tuckerman-Tobias-Klein 控压算法

Martyna-Tuckerman-Tobias-Klein（MTTK）控压算法可追溯到 Andersen 控压算法。为得到等压系综，Andersen[42]提出将体积 V 当做一个动力学变量，具有共轭动量 p_V。这属于各向同性控压。Parrinello 和 Rahman[43]紧接着将该方法推广到了各向异性控压的情形。

考虑各向同性控压的情形，Andersen 引入如下新的依赖于体积的坐标和动量：

$$\tilde{r}_i = V^{-1/3} r_i, \tag{7.38}$$

$$\tilde{p}_i = V^{1/3} p_i, \tag{7.39}$$

并提出如下扩展体系（相空间维度为 $6N+2$）的哈密顿量：

$$\mathcal{H}^{\text{Andersen}} = \sum_i^N \frac{V^{-2/3} \tilde{p}_i^2}{2m_i} + U(\{V^{1/3}\tilde{r}_i\}) + P_0 V + \frac{p_V^2}{2W}. \tag{7.40}$$

该哈密顿量的前两项对应粒子体系，只不过采用了新的动力学变量进行表示。后两项代表体积变量的势能和动能项，W 表示与体积变量对应的"质量"，一般取为：

$$W = (3N+1)k_{\text{B}}T_0\tau_P^2. \tag{7.41}$$

该式中的 1 代表体积自由度。由此哈密顿量可推导出用变量 $\tilde{r}_i$ 和 $\tilde{p}_i$ 表达的运动方程，然后便可以对运动方程进行积分得到相轨迹。然而，我们还可以把运动方程变回用变量 r_i 和 p_i 表达的形式，结果如下：

$$\frac{\mathrm{d}r_i}{\mathrm{d}t} = \frac{p_i}{m_i} + \frac{1}{3V}\frac{\mathrm{d}V}{\mathrm{d}t}r_i, \tag{7.42}$$

$$\frac{\mathrm{d}p_i}{\mathrm{d}t} = F_i - \frac{1}{3V}\frac{\mathrm{d}V}{\mathrm{d}t}p_i, \tag{7.43}$$

$$\frac{\mathrm{d}V}{\mathrm{d}t} = \frac{p_V}{W}, \tag{7.44}$$

$$\frac{\mathrm{d}p_V}{\mathrm{d}t} = P - P_0. \tag{7.45}$$

根据以上运动方程可得到 Andersen 控压算法，对应的系综为等压等焓系综

（NPH 系综）。要得到等温等压 NPT 系综，还需要同时考虑控温算法。Martyna、Tuckerman、Tobias 和 Klein 开发了目前常用的 MTTK[44,45]控温控压算法。

我们首先讨论各向同性控压的情形。在考虑控温之前，我们注意到上述运动方程中出现了 $(1/3V)\mathrm{d}V/\mathrm{d}t$ 这样的因子。它可以写为：

$$\frac{1}{3V}\frac{\mathrm{d}V}{\mathrm{d}t} = \frac{1}{3}\frac{\mathrm{d}\ln(V/V_0)}{\mathrm{d}t}. \tag{7.46}$$

其中，V_0 代表某个参考体积。如果我们定义无量纲变量：

$$\epsilon = \frac{1}{3}\ln(V/V_0), \tag{7.47}$$

那么因子 $(1/3V)\mathrm{d}V/\mathrm{d}t$ 可以简化为：

$$\frac{1}{3V}\frac{\mathrm{d}V}{\mathrm{d}t} = \frac{1}{3}\frac{\mathrm{d}\ln(V/V_0)}{\mathrm{d}t} = \frac{\mathrm{d}\epsilon}{\mathrm{d}t}. \tag{7.48}$$

与变量 ϵ 对应的动量记为 p_ϵ（量纲为能量与时间的乘积），满足如下定义：

$$\frac{\mathrm{d}\epsilon}{\mathrm{d}t} = \frac{p_\epsilon}{W}. \tag{7.49}$$

于是，我们可以把 Andersen 控压算法的运动方程改写为如下形式：

$$\frac{\mathrm{d}r_i}{\mathrm{d}t} = \frac{p_i}{m_i} + \frac{p_\epsilon}{W}r_i, \tag{7.50}$$

$$\frac{\mathrm{d}p_i}{\mathrm{d}t} = F_i - \frac{p_\epsilon}{W}p_i, \tag{7.51}$$

$$\frac{\mathrm{d}V}{\mathrm{d}t} = 3V\frac{p_\epsilon}{W}, \tag{7.52}$$

$$\frac{\mathrm{d}p_\epsilon}{\mathrm{d}t} = 3V(P - P_0). \tag{7.53}$$

这组新的运动方程导致一个非零的相空间压缩率：

$$\kappa = 3\frac{p_\epsilon}{W}. \tag{7.54}$$

为了重新获得不可压缩的相空间，可以将粒子动量的运动方程修改如下：

$$\frac{\mathrm{d}p_i}{\mathrm{d}t} = F_i - \left(1 + \frac{1}{N}\right)\frac{\mathrm{d}\epsilon}{\mathrm{d}t}p_i. \tag{7.55}$$

另外，为了让扩展的哈密顿量守恒，还需将 p_ϵ 的运动方程修改如下：

$$\frac{\mathrm{d}p_\epsilon}{\mathrm{d}t} = 3V(P - P_0) + \frac{1}{N}\sum_i \frac{p_i^2}{m_i}. \tag{7.56}$$

我们进一步推广控压算法，考虑各向异性控压的情形。此时，我们需要将体积变量推广为第 3 章讨论的 3×3 的盒子矩阵 h。与盒子矩阵对应的动量记为 p_g（也是 3×3 的矩阵），质量记为 W_g。下式中 I 表示 3×3 的单位矩阵，P 和 P_0 表示瞬时与目标压强张量（表示为 3×3 的矩阵），粒子的坐标、力和动量矢量表示为 3×1 的列矩阵，点乘符号表示矩阵乘法或矢量的内积。推广的运动方程为：

$$\frac{\mathrm{d}}{\mathrm{d}t} r_i = \frac{p_i}{m_i} + \frac{p_g}{W_g} \cdot r_i, \tag{7.57}$$

$$\frac{\mathrm{d}}{\mathrm{d}t} p_i = F_i - \frac{p_g}{W_g} \cdot p_i - \frac{1}{3N} \frac{\mathrm{tr}[p_g]}{W_g} p_i, \tag{7.58}$$

$$\frac{\mathrm{d}h}{\mathrm{d}t} = \frac{p_g}{W_g} \cdot h, \tag{7.59}$$

$$\frac{\mathrm{d}p_g}{\mathrm{d}t} = \det[h](P - P_0) + \frac{1}{3N} \sum_i \frac{p_i^2}{m_i} I. \tag{7.60}$$

将以上运动方程与控温算法结合，即可实现 NPT 系综。在 MTTK 算法中，控压算法与 NHC 控温算法结合，既有与物理系统的粒子自由度耦合的控温变量，也有与盒子自由度耦合的控温变量。考虑控温后，粒子的运动方程为：

$$\frac{\mathrm{d}}{\mathrm{d}t} r_i = \frac{p_i}{m_i} + \frac{p_g}{W_g} \cdot r_i, \tag{7.61}$$

$$\frac{\mathrm{d}}{\mathrm{d}t} p_i = F_i - \frac{\pi_0}{Q_0} p_i - \frac{p_g}{W_g} \cdot p_i - \frac{1}{3N} \frac{\mathrm{tr}[p_g]}{W_g} p_i. \tag{7.62}$$

盒子自由度的运动方程为：

$$\frac{\mathrm{d}h}{\mathrm{d}t} = \frac{p_g}{W_g} \cdot h, \tag{7.63}$$

$$\frac{\mathrm{d}p_g}{\mathrm{d}t} = \det[h](P - P_0) + \frac{1}{3N} \sum_i \frac{p_i^2}{m_i} I - \frac{\pi_0'}{Q_0'} p_g. \tag{7.64}$$

与粒子耦合的控温变量的运动方程为：

$$\frac{\mathrm{d}}{\mathrm{d}t} \eta_k = \frac{\pi_k}{Q_k} (k = 0, 1, \cdots, M-1), \tag{7.65}$$

$$\frac{\mathrm{d}}{\mathrm{d}t} \pi_0 = 2 \left(\sum_i \frac{p_i^2}{2m_i} - 3N \frac{k_\mathrm{B} T_0}{2} \right) - \frac{\pi_1}{Q_1} \pi_0, \tag{7.66}$$

$$\frac{\mathrm{d}}{\mathrm{d}t}\pi_k = 2\left(\frac{\pi_{k-1}^2}{2Q_{k-1}} - \frac{k_{\mathrm{B}}T_0}{2}\right) - \frac{\pi_{k+1}}{Q_{k+1}}\pi_k\,(k=1,2,\cdots,M-2), \tag{7.67}$$

$$\frac{\mathrm{d}}{\mathrm{d}t}\pi_{M-1} = 2\left(\frac{\pi_{M-2}^2}{2Q_{M-2}} - \frac{k_{\mathrm{B}}T_0}{2}\right). \tag{7.68}$$

与盒子耦合的控温变量的运动方程为：

$$\frac{\mathrm{d}}{\mathrm{d}t}\xi_k = \frac{\beta_k}{Q_k'}\,(k=0,1,\cdots,M-1), \tag{7.69}$$

$$\frac{\mathrm{d}}{\mathrm{d}t}\beta_0 = 2\left(\frac{\mathrm{tr}[\boldsymbol{p}_g^{\mathrm{T}}\boldsymbol{p}_g]}{2W_g} - 6\frac{k_{\mathrm{B}}T_0}{2}\right) - \frac{\beta_1}{Q_1'}\beta_0, \tag{7.70}$$

$$\frac{\mathrm{d}}{\mathrm{d}t}\beta_k = 2\left(\frac{\beta_{k-1}^2}{2Q_{k-1}'} - \frac{k_{\mathrm{B}}T_0}{2}\right) - \frac{\beta_{k+1}}{Q_{k+1}'}\beta_k\,(k=1,2,\cdots,M-2), \tag{7.71}$$

$$\frac{\mathrm{d}}{\mathrm{d}t}\beta_{M-1} = 2\left(\frac{\beta_{M-2}^2}{2Q_{M-2}'} - \frac{k_{\mathrm{B}}T_0}{2}\right). \tag{7.72}$$

在以上方程中，盒子质量参数的最优值为：

$$W_g = (3N+1)k_{\mathrm{B}}T\tau_P^2. \tag{7.73}$$

与以上运动方程对应的刘维尔算符为：

$$iL = iL_1 + iL_2 + iL_{g1} + iL_{g2} + iL_{Tp} + iL_{Tb}, \tag{7.74}$$

其中，iL_{Tp} 和 iL_{Tb} 分别是与粒子和盒子耦合的 NHC 的刘维尔算符。它们与第 6 章的 iL_T 类似。其他四个刘维尔算符表达如下：

$$iL_1 = \sum_{i=1}^{N}\left[\frac{\boldsymbol{p}_i}{m_i} + \frac{\boldsymbol{p}_g}{W_g}\cdot\boldsymbol{r}_i\right]\cdot\frac{\partial}{\partial\boldsymbol{r}_i}, \tag{7.75}$$

$$iL_2 = \sum_{i=1}^{N}\left[\boldsymbol{F}_i - \left(\frac{\boldsymbol{p}_g}{W_g} + \frac{1}{N_f}\frac{\mathrm{tr}[\boldsymbol{p}_g]}{W_g}\boldsymbol{I}\right)\cdot\boldsymbol{p}_i\right]\cdot\frac{\partial}{\partial\boldsymbol{p}_i}, \tag{7.76}$$

$$iL_{g1} = \frac{\boldsymbol{p}_g\cdot\boldsymbol{h}}{W_g}\cdot\frac{\partial}{\partial\boldsymbol{h}}, \tag{7.77}$$

$$iL_{g2} = \left(\det[\boldsymbol{h}](\boldsymbol{P}-\boldsymbol{P}_0) + \frac{1}{3N}\sum_{i=1}^{N}\frac{\boldsymbol{p}_i^2}{m_i}\boldsymbol{I}\right)\cdot\frac{\partial}{\partial\boldsymbol{p}_g}. \tag{7.78}$$

利用 Trotter 定理，可将时间演化算符 $e^{iL\Delta t}$ 近似如下：

$$e^{iL} \approx e^{iL_{Tb}\Delta t/2} e^{iL_{Tp}\Delta t/2} e^{iL_{g2}\Delta t/2} e^{iL_2\Delta t/2} e^{iL_{g1}\Delta t} e^{iL_1\Delta t} e^{iL_2\Delta t/2} e^{iL_{g2}\Delta t/2} e^{iL_{Tp}\Delta t/2} e^{iL_{Tb}\Delta t/2}.$$

（7.79）

算符 $e^{iL_{g1}\Delta t}$ 和 $e^{iL_{g2}\Delta t/2}$ 对应于简单的平移操作。算符 $e^{iL_1\Delta t}$ 的作用如下：

$$r_i(\Delta t) = \boldsymbol{O}^{\mathrm{T}} \cdot \boldsymbol{D} \cdot \boldsymbol{O} \cdot r_i(0) + \Delta t \boldsymbol{O}^{\mathrm{T}} \cdot \tilde{\boldsymbol{D}} \cdot \boldsymbol{O} \cdot v_i(0).$$

（7.80）

算符 $e^{iL_2\Delta t/2}$ 的作用如下：

$$v_i(\Delta t/2) = \boldsymbol{O}^{\mathrm{T}} \cdot \boldsymbol{\Delta} \cdot \boldsymbol{O} \cdot v_i(0) + \frac{\Delta t}{2m_i} \boldsymbol{O}^{\mathrm{T}} \cdot \tilde{\boldsymbol{\Delta}} \cdot \boldsymbol{O} \cdot \boldsymbol{F}_i(0).$$

（7.81）

其中，

$$D_{\alpha\alpha} = e^{\lambda_\alpha \Delta t},$$

（7.82）

$$\tilde{D}_{\alpha\alpha} = e^{\lambda_\alpha \Delta t/2} \frac{\sinh[\lambda_\alpha \Delta t/2]}{\lambda_\alpha \Delta t/2},$$

（7.83）

$$\Delta_{\alpha\alpha} = \exp\left[-\left(\lambda_\alpha + \frac{1}{3N}\frac{\mathrm{tr}[\boldsymbol{p}_g]}{W_g}\right)\frac{\Delta t}{2}\right],$$

（7.84）

$$\tilde{\Delta}_{\alpha\alpha} = \exp\left[-\left(\lambda_\alpha + \frac{1}{3N}\frac{\mathrm{tr}[\boldsymbol{p}_g]}{W_g}\right)\frac{\Delta t}{4}\right]\frac{\sinh\left[\left(\lambda_\alpha + \frac{1}{3N}\frac{\mathrm{tr}[\boldsymbol{p}_g]}{W_g}\right)\frac{\Delta t}{4}\right]}{\left(\lambda_\alpha + \frac{1}{3N}\frac{\mathrm{tr}[\boldsymbol{p}_g]}{W_g}\right)\frac{\Delta t}{4}}.$$

（7.85）

矩阵 $\boldsymbol{O}$ 将盒子速度矩阵对角化：

$$\begin{pmatrix} \lambda_1 & 0 & 0 \\ 0 & \lambda_2 & 0 \\ 0 & 0 & \lambda_3 \end{pmatrix} = \boldsymbol{O} \cdot \frac{\boldsymbol{p}_g}{W_g} \cdot \boldsymbol{O}^{\mathrm{T}}.$$

（7.86）

MTTK 算法在 LAMMPS、GROMACS 和 GPUMD 中都有对应的实现。在 GPUMD 中，使用 MTTK 算法实现 *NPT* 系综的语法为

```
ensemble npt_mttk temp T1 T2 direction P1 P2
```

这里的字段 temp 引出后面的初始目标温度 T1 和末了目标温度 T2。direction 代表控压方式，P1 和 P2 分别代表初末目标压强。若缺失 temp 和后面的目标温度，则可实现 *NPH* 系综。有如下可选的控压方式 direction：

① iso：根据静水压（即压强张量对角分量的平均值）控制三个盒子矢量的长度，且让它们按同一比例缩放。

② aniso：依然根据静水压控制三个盒子矢量的长度，但允许它们独立地变化。

③ tri：根据静水压控制所有盒子自由度，且允许它们独立地变化。

④ x：根据 P_{xx} 控制盒子 x 自由度。

⑤ y：根据 P_{yy} 控制盒子 y 自由度。

⑥ z：根据 P_{zz} 控制盒子 z 自由度。

⑦ xy：根据 P_{xy} 控制盒子 xy 自由度。

⑧ yz：根据 P_{yz} 控制盒子 yz 自由度。

⑨ xz：根据 P_{xz} 控制盒子 xz 自由度。

7.5 GPUMD 中控压算法的使用范例

7.5.1 几个控压算法的对比

本章介绍了 Berendsen、SCR 和 MTTK 三种控压算法。其中 Berendsen 控压算法不给出正确的 NPT 系综，但它在趋于平衡的过程中表现良好。SCR 控压算法继承了 Berendsen 控压算法的该优点，而且还克服了它的缺点，能够产生正确的 NPT 系综。MTTK 算法也可以产生正确的 NPT 系综，但它在趋于平衡的过程往往表现得不如前两个算法好。

我们用一个例子来说明上述论断。考虑 8000 个原子的晶体硅，具有金刚石结构。采用 Tersoff 势[16]描述原子间相互作用。我们用代码 7.1 所示的 GPUMD 输入脚本测试以上三个控压算法。我们考虑各向同性控压，目标压强是 0GPa。对 Berendsen 和 SCR 控压算法，我们给了一个 50GPa 的弹性模量的估计值。对所有算法，我们采用 $\tau_T = 0.1\text{ps}$ 的控温时间参数和 $\tau_P = 1\text{ps}$ 的控压时间参数。

代码 7.1　对比几个控压算法的 GPUMD 输入脚本

```
1    potential    Si_Tersoff_1989.txt
2    velocity     300
3
4    ensemble     npt_ber 300 300 100 0 50 1000
5    #ensemble    npt_scr 300 300 100 0 50 1000
6    #ensemble    npt_mttk temp 300 300 iso 0 0
7    time_step    1
8    dump_thermo  1
9    run          10000
```

图 7.1 给出压强与盒子长度随模拟时间的变化关系。在 Berendsen 控压算法中，压强和体积都以指数函数的方式趋于平衡值，达到平衡后便几乎没有涨落。SCR 控压算法在趋于平衡的过程中与 Berendsen 控压算法有类似的表现，但在体系达到平衡后压强和体积都有合理的涨落，遵循 *NPT* 系综的统计分布。在 MTTK 控压算法中，压强和体积在体系趋于平衡的过程中都有较大的振荡。虽然 MTTK 和 SCR 算法给出的压强和盒子长度涨落的局部细节不一样，但是它们确实都给出正确的 *NPT* 系综。

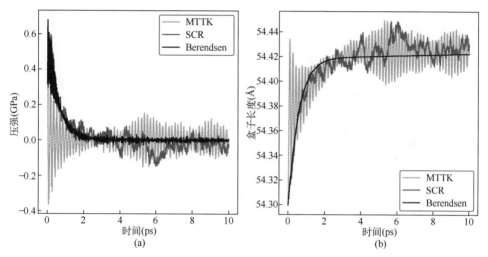

图 7.1 几个控压算法在晶体硅模拟中的对比

7.5.2 非各向同性控压

在前面的例子中，我们采用了各向同性的方式控压，它一般适用于具有立方晶胞的晶体或流体。本小节用例子展示两种非各向同性控压的方式。

第一种是三轴独立控压。对于前述具有立方晶胞的晶体硅，也可以采用三轴独立的方式控压，使其变为长方体晶胞。采用如代码 7.2 所示的 GPUMD 输入脚本，可得到如图 7.2 所示的结果。图中的结果是由 SCR 算法得到的，但在脚本中也用注释的方式给出了 Berendsen 和 MTTK 算法的命令。在该例中，x 方向的目标压强是 10GPa，另外两个方向的目标压强是 0GPa，在初始时刻，模拟体系的三个压强分量都接近 0GPa。为了在 x 方向达到 10GPa 的目标压强，必然需要在 x 方向将盒子压缩。根据泊松效应可知，y 方向和 z 方向会出现正的压强。所以，为了在 y 方向和 z 方向得到 0GPa 的目标压强，必然需要在这两个方向将盒子拉伸。这些都与图 7.2 中的结果相符。可见，控压算法起到了预期的作用。在约 20ps 后，体系的各个压强分量基本上都达到了目标值。

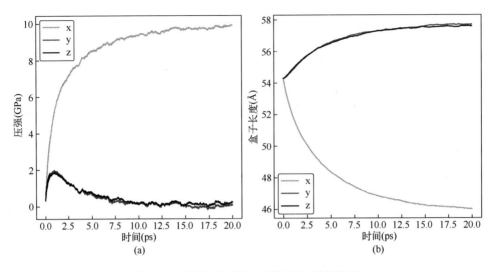

图 7.2　对晶体硅采用三轴独立控压的结果

第二种是全自由度控压。全自由度控压是独立地控制 6 个不等价的压强分量。采用如代码 7.3 所示的 GPUMD 输入脚本，可得到如图 7.3 所示的结果。图中的结果是由 SCR 算法得到的，但在脚本中也用注释的方式给出了 Berendsen 和 MTTK 算法的命令。在该例中，xy 方向的目标压强是 10GPa，其余分量的目标压强都是 0GPa。图 7.3 中的结果显示，为得到非零的剪切压强 P_{xy}，需将 $\boldsymbol{a}$ 和 $\boldsymbol{b}$ 两个盒子矢量（对应初始的 x 和 y 方向）的夹角增大（大于初始的 90°），表现为出现负的 a_y 和 b_x。

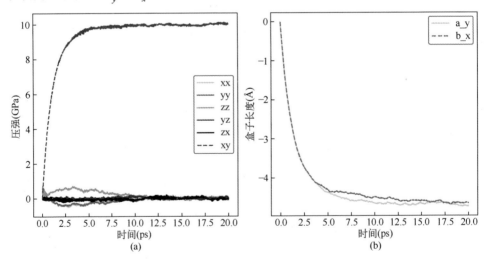

图 7.3　对晶体硅采用 6 自由度控压的结果

代码 7.2　采用三轴独立控压的 GPUMD 输入脚本

```
1    potential    Si_Tersoff_1989.txt
2    velocity     300
3
4    #ensemble    npt_ber 300 300 100 10 0 0 50 50 50 1000
5    ensemble     npt_scr 300 300 100 10 0 0 50 50 50 1000
6    #ensemble    npt_mttk temp 300 300 x 10 10 y 0 0 z 0 0
7    time_step    1
8    dump_thermo 2
9    run          20000
```

代码 7.3　采用 6 自由度控压的 GPUMD 输入脚本

```
1    potential    Si_Tersoff_1989.txt
2    velocity     300
3
4    #ensemble    npt_ber 300 300 100 0 0 0 0 0 10 50 50 50 50 50 50 1000
5    ensemble     npt_scr 300 300 100 0 0 0 0 0 10 50 50 50 50 50 50 1000
6    #ensemble    npt_mttk temp 300 300 x 0 0 y 0 0 z 0 0 yz 0 0 xz 0 0 xy 10 10
7    time_step    1
8    dump_thermo 2
9    dump_exyz    20000
10   run          20000
```

　　以上讨论都假设了模拟系统在三个方向都是周期的。如果有一个或多个方向采用了非周期边界条件（准确地说是开放边界条件），那么就不能对这样的方向进行控压。这是因为，我们的控压算法都依赖于通过压缩或拉伸周期盒子来调节压强。在 GPUMD 中，当一个或多个方向采用了非周期边界条件时，我们依然可以使用三轴独立控压的方式，只不过此时仅有周期方向的盒子长度与压强得到有效的控制。例如，模拟二维材料时，往往在垂直于材料所在平面的方向采用非周期边界条件，此时就可以采用三轴独立控压的方式对平面内的两个方向进行控压。

第**8**章

静态性质

在之前的章节，我们主要讨论了如何得到一定条件下的相轨迹。本章及后续章节主要讨论如何分析相轨迹中所蕴含的结果。本章主要研究一些热力学量和静态结构性质，第 9 章会研究输运性质。热力学量包括简单的热力学变量（温度、体积、内能、压强等）、热力学响应函数（热膨胀系数、热容等）以及自由能。无论是何种性质的计算，在分子动力学模拟中都需要考虑统计误差。所以，本章从统计误差的定义开始讨论。

8.1 统计误差

8.1.1 理论基础

回顾第 2 章提出的分子动力学模拟的基本假设，即用时间平均来计算物理量的统计平均值：

$$\langle A \rangle_{\text{time}} = \lim_{t \to \infty} \frac{1}{t} \int_0^t A(t') \mathrm{d}t'. \tag{8.1}$$

我们假设，该时间平均等价于系综平均：

$$\langle A \rangle_{\text{ensemble}} = \int f(p,q) A(p,q) \mathrm{d}p \mathrm{d}q. \tag{8.2}$$

其中，$f(p,q)$ 是系综分布函数，q 和 p 代表广义坐标和广义动量的集合。

在分子动力学模拟中，我们只能在离散的时刻计算（也称为测量）物理量 A 的值。假设我们测量的时间间隔是 δt（是积分步长 Δt 整数倍），那么时间平均的积分被求和替代：

$$\langle A \rangle_{\text{time}} = \lim_{M \to \infty} \frac{1}{M} \sum_{k=1}^{\infty} A(k\delta t). \tag{8.3}$$

为了强调求和的上限为无穷大，我们用如下记号表示：

$$\langle A \rangle_{\infty} = \lim_{M \to \infty} \frac{1}{M} \sum_{k=1}^{\infty} A(k\delta t). \tag{8.4}$$

在实际的分子动力学模拟中，我们只能在有限数目的时刻记录物理量的微观值。记该数目为 M，则通过一条相轨迹，我们只能得到如下近似结果：

$$\langle A \rangle_{M} = \frac{1}{M} \sum_{k=1}^{M} A(k\delta t) \approx \langle A \rangle_{\infty}. \tag{8.5}$$

如果我们用 $\langle A \rangle_{M}$ 近似 $\langle A \rangle_{\infty}$，其可信度为多少呢？

可以证明，如果每一个抽样的 $A(k\delta t)$ 值之间都是统计无关的话，那么用 $\langle A \rangle_{M}$ 近似 $\langle A \rangle_{\infty}$ 所产生的统计误差（statistical error，也叫标准误差，standard error）为：

$$\sigma_{M} = \frac{\sigma}{\sqrt{M}}. \tag{8.6}$$

其中，

$$\sigma = \sqrt{\frac{1}{M-1} \sum_{k}^{M} (A(k\delta t) - \langle A \rangle_{M})^2} \tag{8.7}$$

是 M 个抽样数据的标准差（standard deviation）。由此可见，要将统计误差降低一个量级，需将数据量增大两个量级。有了统计误差后，分子动力学模拟结果的报道就可以同时给出平均值和误差了。一般来说，可将结果报道为：

$$\langle A \rangle_{\infty} \approx \langle A \rangle_{M} \pm \sigma_{M}. \tag{8.8}$$

这对应 68% 的置信度，意为 $\langle A \rangle_{M}$ 以 68% 的概率分布在 $\langle A \rangle_{\infty} - \sigma_{M}$ 和 $\langle A \rangle_{\infty} + \sigma_{M}$ 之间。如果将结果报道为：

$$\langle A \rangle_{\infty} \approx \langle A \rangle_{M} \pm 2\sigma_{M}, \tag{8.9}$$

则对应 95% 的置信度。

以上讨论假设了 M 个数据是统计无关的。如果它们并不是统计无关的，那么上述公式就低估了统计误差。定量的描述需要用到第 9 章介绍的关联函数，本章不对此做进一步探讨。一般来说，大部分物理量在相隔 1ps 左右就没有关联了，所以将抽样的间隔时间 δt 取为 1ps 的话，基本上可以认为所得到的数据是统计无关的。如果积分步长 Δt 为 5fs，这意味着每隔 200 步测量一次物理量。

8.1.2　GPUMD 使用范例：计算温度和压强的平均值与统计误差

我们研究一个具体的例子。考虑晶体硅，用 Tersoff 势[16]。模拟体系为拥有 8000 个原子的晶体硅立方晶胞。我们用代码 8.1 所示输入脚本运行 GPUMD 程序。整个分子动力学模拟采用 2fs 的积分步长，先执行一个时长为 200ps 的平衡过程，再执行一个时长为 2000ps 的产出过程。两个过程都用 BDP 控温算法将平均温度控制在 1000K 的目标值。

代码 8.1　测试统计误差的 GPUMD 输入脚本

```
1    potential    Si_Tersoff_1989.txt
2    velocity     1000
3
4    time_step    2
5
6    ensemble     nvt_bdp 1000 1000 100
7    run          100000
8
9    ensemble     nvt_bdp 1000 1000 100
10   dump_thermo 100
11   run          1000000
```

在产出阶段，用 dump_thermo 命令以 100 步的间隔（即 0.2ps）输出一些基本的热力学量。因为此阶段共有 10^6 步，故每个热力学量都有 $M = 10^4$ 个数据。这些数据存放在输出文件 thermo.out，其中第一列是温度，第 4～6 列是压强张量的三个对角分量。

图 8.1（a）给出了温度随产出时间的变化，它以目标值 1000K 为中心上下涨落。这是正确的行为，因为有限大小体系的热力学量有一定的涨落。图 8.1（b）给出了统计误差 σ_M 随数据量 M 的变化关系。因为标准差 σ 基本上不依赖于 M，故 $\sigma_M \propto 1/\sqrt{M}$。用 $M = 100$ 个数据时，温度的统计误差约为 1K，用 $M = 10000$ 个数据时，统计误差只有约 0.1K 了。用前 100 个数据时，代码输出的平均温度为 1000.8011963258K ；用全部 10000 个数据时，代码输出的平均温度为 1000.0796543069798K 。我们报道结果的时候不能使用这么多有效数字。一般将最后一位有效数字取到统计误差的最高位，故可将第一个结果报道为 1001 ± 1 K ，将第二个结果报道为 1000.1 ± 0.1K 。

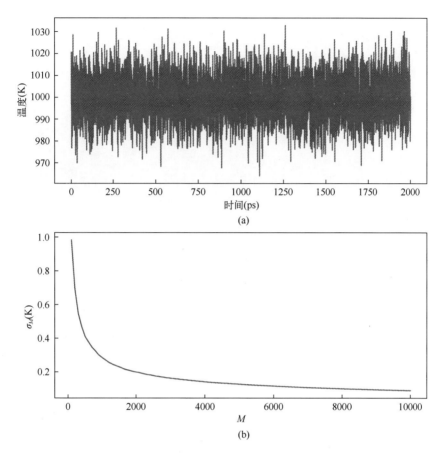

图 8.1　温度与温度的统计误差

我们可类似地分析压强数据。首先，因为我们的体系是各向同性的，故考虑三个对角压强分量的平均值：

$$P = \frac{1}{3}(P_{xx} + P_{yy} + y_{zz}).\tag{8.10}$$

图 8.2（a）给出了压强 p 随产出时间的变化，它以某个非零目标值为中心上下涨落。该目标值为正，代表体系相对于零压状态是受到压缩的。在该模拟中，我们使用的固定的模拟盒子，对应 5.43Å 的晶格常数。这是所用 Tersoff 势函数给出的零温晶格常数。在 1000K 的温度，如果要保持零压，晶格常数应该要增大，反映了热膨胀效应。因为我们采用了 NVT 模拟，没有增大晶格常数，故得到了正的压强。图 8.2（b）给出了统计误差 σ_M 随数据量 M 的变化趋势，也满足 $\sigma_M \propto \times 1/\sqrt{M}$ 的关系。用 $M=100$ 个数据时，压强值为 1.904 ± 0.002GPa；用 $M=10000$ 个数据时，压强值为 1.8966 ± 0.0002GPa。关于压强的单位，文献中也

常使用 bar 为单位。1bar 等于 10^5Pa ，即 10^{-4}GPa 。所以，我们上述报道的两个压强结果也可分别记为 19040 ± 20bar 和 18966 ± 2bar 。

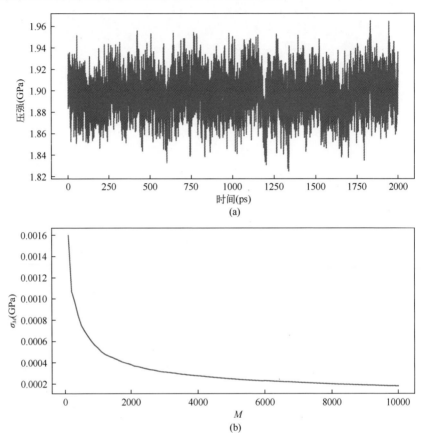

图 8.2　压强与压强的统计误差

在以上讨论中，我们仅使用了一条相轨迹，并将物理量 A 的每一个瞬时值当做一个独立结果。实际上，在分子动力学模拟中，一个更常用、更可靠的统计方式是针对一组宏观模拟条件进行多次独立模拟，每个独立模拟采用不同的初始条件。不同的初始条件可以是不同的初始坐标，也可以是不同的初始速度，或者两者的结合。将第 k 个独立模拟所得到的物理量平均值记为 A_k ，则由 M 次独立模拟得到的总的平均值和统计误差为：

$$\langle A \rangle_M = \frac{1}{M} \sum_{k=1}^{M} A_k, \tag{8.11}$$

$$\sigma_M = \frac{\sigma}{\sqrt{M}}, \tag{8.12}$$

$$\sigma = \sqrt{\frac{1}{M-1}\sum_{k=1}^{M}(A_k - \langle A \rangle_M)^2}. \tag{8.13}$$

也就是说，我们将每个独立模拟的平均值当做物理量的一个独立结果。

总之，在分子动力学模拟中，通常都需要用某种方式定义统计误差，除非统计误差小到可忽略不计。

8.2　GPUMD 使用范例：热膨胀模拟

在第 8.1 节的模拟中，我们采用零温晶格常数在 1000K 的目标温度下进行了 *NVT* 系综的模拟。我们得到了一个正的压强，这是与体系的热膨胀效应相联系的。要让体系在 1000 K 的温度下仍保持零压，就需要增大体积。对此，*NPT* 系综模拟可自动达到该要求。本节使用 *NPT* 系综模拟定量地研究热膨胀，计算热膨胀系数。

我们采用第 8.1 节所用的坐标模型，用如代码 8.2 所示脚本进行模拟。整个模拟采用 2fs 的积分步长。在将温度初始化为 50K 之后，我们进行 7 段分子动力学模拟，其中的目标温度从 50K 等间隔地增加到 350K，而目标压强都是零。每一段模拟有 10^5 步（即 200ps），以 100 步的间隔测量并输出基本热力学量。

代码 8.2　热膨胀模拟的 GPUMD 输入脚本

```
1    potential     Si_Tersoff_1989.txt
2    velocity      50
3
4    time_step     2
5
6    ensemble      npt_scr 50 50 50 0 100 500
7    dump_thermo   100
8    run           100000
9
10   ensemble      npt_scr 100 100 50 0 100 500
11   dump_thermo   100
12   run           100000
13
```

```
14   ensemble    npt_scr 150 150 50 0 100 500
15   dump_thermo 100
16   run         100000
17
18   ensemble    npt_scr 200 200 50 0 100 500
19   dump_thermo 100
20   run         100000
21
22   ensemble    npt_scr 250 250 50 0 100 500
23   dump_thermo 100
24   run         100000
25
26   ensemble    npt_scr 300 300 50 0 100 500
27   dump_thermo 100
28   run         100000
29
30   ensemble    npt_scr 350 350 50 0 100 500
31   dump_thermo 100
32   run         100000
```

图 8.3（a）～（c）给出整个分子动力学模拟过程中温度、压强（对角分量的平均值）和盒子边长随时间的变化。其中，温度与盒子边长台阶式增大，而压强始终在目标值（0GPa）附近涨落，只不过随着温度的升高，涨落幅度变大。每一段模拟（一共有 7 段）都有 200ps。如果认为体系在 100ps 内完全达到了平衡态，那么就可以将每一段模拟的前 100ps 和后 100ps 分别定义为平衡和产出阶段。对每一段的产出阶段，我们可以计算盒子长度的平均值，从而得到晶格常数的平均值，结果见图 8.3（d）。该图清晰地展示了热膨胀效应，即晶格常数随着温度的升高而增大。

热膨胀效应由热膨胀系数定量地描述。对于三维各向同性体系，可定义体膨胀系数：

$$\alpha_V(T) = \frac{1}{V}\left(\frac{\partial V}{\partial T}\right)_P. \tag{8.14}$$

上式强调了体膨胀系数一般来说是依赖于温度的，而且强调了求导是在等压的条件下进行的。这就是我们的分子动力学模拟保持恒定的目标压强的原因。类似地，可定义线膨胀系数：

$$\alpha_L(T) = \frac{1}{L}\left(\frac{\partial L}{\partial T}\right)_P. \tag{8.15}$$

对各向同性体系来说，显然有 $\alpha_V = 3\alpha_L$。

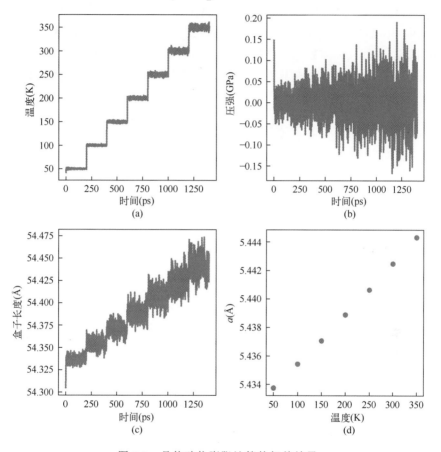

图 8.3　晶体硅热膨胀计算的相关结果

我们仅对离散的温度值 $T_k = k\Delta T(1 \leqslant k \leqslant 7)$ 进行了计算，其中 $\Delta T = 50K$。为此，我们必须将上述求导换成差分来计算。我们考虑线膨胀系数，可得如下差分公式：

$$\alpha_L(T_k) = \frac{1}{L(T_k)}\frac{L(T_{k+1}) - L(T_{k-1})}{2\Delta T}(2 \leqslant k \leqslant 6). \tag{8.16}$$

在该式中，T_k 可以是第 k 段模拟产出阶段的任何一个温度值。这样，对每个 k，我们可计算 500 个 α_L 值，据此可计算平均值和统计误差。

计算结果展示在图 8.4 中。图中的误差棒就代表统计误差。可以看到，在误差范围内，晶体硅的线膨胀系数随温度升高而缓慢增大，从 100K 到 300K 大概增大了 10%。在 300K，计算的线膨胀系数为 $\alpha_L(300K) = (6.76 \pm 0.08) \times 10^{-6}\,K^{-1}$，而有实验报道晶体硅在 20℃的线膨胀系数约为 $2.56 \times 10^{-6}\,K^{-1}$，这里有两倍多的差别，主要来自 Tersoff 势函数的不精确性。在 100K，计算的线膨胀系数为 $\alpha_L(100K) = (6.11 \pm 0.04) \times 10^{-6}\,K^{-1}$，但实验数据显示晶体硅在该温度附近具有负的膨胀系数，这巨大的差别来自于经典分子动力学模拟中量子统计效应的缺失。要准确地描述低温体系的热膨胀性质，必须考虑量子统计，如使用第 10 章介绍的路径积分分子动力学模拟。

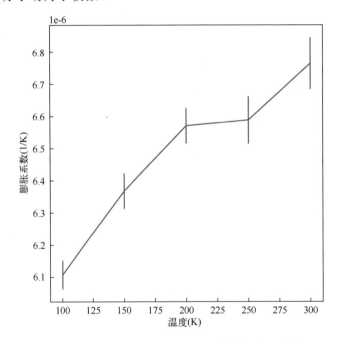

图 8.4　分子动力学模拟得到的晶体硅的膨胀系数

根据上述模拟的输出，我们还可以计算热容。因为我们采用了 *NPT* 系综模拟，固定了目标压强（0GPa），故适合计算等压热容，其定义见式（1.110），现重写如下：

$$C_P = \left(\frac{\partial H}{\partial T}\right)_P . \tag{8.17}$$

因为我们的目标压强是 0GPa，此处的焓 H 就等价于内能。类似上一节线膨胀系数的计算，我们用差分代替求导，得：

$$C_P(T_k) = \frac{H(T_{k+1}) - H(T_{k-1})}{2\Delta T} (2 \leq k \leq 6).$$ （8.18）

如果没有非简谐性，而且考虑经典统计，那么固体的热容等于 $3Nk_B$，平均每原子的热容为 $3k_B$。图 8.5 的结果显示计算的热容稍大于该值，这反映了微弱的非简谐性。如果考虑量子统计，那么晶体硅的热容在 100K 的值应该显著地小于 $3Nk_B$。所以低温条件下热容的准确计算一般来说也需要考虑量子统计，如使用第 10 章介绍的路径积分分子动力学模拟。

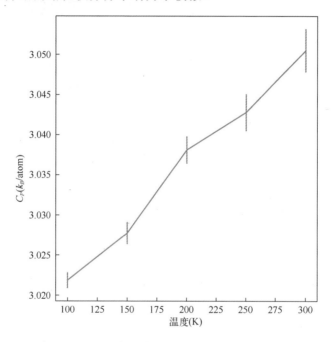

图 8.5　分子动力学模拟得到的晶体硅的等压热容

8.3　径向分布函数

8.3.1　理论基础

在分子动力学模拟中，除了可计算基本的热力学函数（如温度、内能、压强等）和热力学响应函数（如热膨胀系数、热容等），还可计算结构性质。一个非常有用的结构性质是径向分布函数（radial distribution function），也叫对关联函数（pair correlation function）。

径向分布函数 $g(r)$ 正比于在体系中找到距离在 r 附近原子对的相对概率，在很大程度上反映了体系的局部结构信息。考虑一个总粒子数为 N，体积为 V 的体系，$g(r)$ 的定义如下：

$$g(r) = \frac{\rho(r)}{\rho}. \tag{8.19}$$

其中，

$$\rho = \frac{N}{V} \tag{8.20}$$

是整体数密度，

$$\rho(r) = \frac{1}{N} \frac{dN(r, dr)}{4\pi r^2 dr} \tag{8.21}$$

代表相距为 r 的粒子对的数密度，$dN(r, dr)$ 是距离在 r 和 $r + dr$ 之间的粒子对数。因为在计算粒子对时，考虑了 N 个中心原子，故上式中有一个 $1/N$ 因子。

还可针对不同的元素类型定义径向分布函数。设体系有 N_a 个 a 类型的原子，有 N_b 个 b 类型的原子。先以 a 类型的原子为中心原子来思考，它们之间的径向分布函数 $g_{ab}(r)$ 可定义如下：

$$g_{ab}(r) = \frac{\rho_{ab}(r)}{\rho_b}, \tag{8.22}$$

$$\rho_b = \frac{N_b}{V}, \tag{8.23}$$

$$\rho_{ab}(r) = \frac{1}{N_a} \frac{dN_{ab}(r, dr)}{4\pi r^2 dr}. \tag{8.24}$$

其中，$dN_{ab}(r, dr) = dN_{ba}(r, dr)$ 是距离在 r 和 $r + dr$ 之间的 (a, b) 粒子对数。如果以 b 类型的原子为中心原子来思考，可类似地得到 $g_{ba}(r)$，但可以看出：

$$g_{ba}(r) = g_{ab}(r) = \frac{V}{N_a N_b} \frac{dN_{ab}(r, dr)}{4\pi r^2 dr}. \tag{8.25}$$

8.3.2 Python 编程范例：径向分布函数的编程实现

代码 8.3 给出了一个通过给定轨迹计算 RDF 的 Python 函数。在输入参数列表中，type1 表示第一个类型 a，type2 表示第二个类型 b，type 数组记录每个原子的类型，traj 数组记录每个原子的坐标（可能有多帧），box 是盒子矩阵（假设对不同的帧都是一样的），pbc 是每个方向的周期性，Ng 是输出数据点的个数，rc 是所考虑的最大原子距离。函数的返回值是具有 Ng 个数据点的 $g_{ab}(r)$。

代码 8.3　计算径向分布函数的 Python 代码

```
1   def find_rdf(type1,type2,type,traj,box,pbc,Ng,rc):
2       # determine some parameters
3       N=traj.shape[0]  # number of particles
4       dr=rc/Ng          # bin size
5       N_type1=int(sum((type==type1))) # number of type1 atoms
6       N_type2=int(sum((type==type2))) # number of type2 atoms
7       volume = np.linalg.det(box)
8       rho=N_type2/volume              #particle density for type 2
9
10      # accumulate
11      g=np.zeros((Ng,1))
12      for n1 in range(1,N+1):         # sum over the atoms
13          if type[n1-1] != type1:     # type1 is the center atom
14              continue
15          for n2 in range(1,N+1):     # loop over the atoms again
16              if type[n2-1] != type2 or n1==n2: # type2 is the other atom
17                  continue
18              r12=traj[n2-1,:]-traj[n1-1,:] # position difference vector
19              r12=r12.T                     # column vector
20              r12=np.matmul(np.linalg.inv(box),r12) # transform to cubic box
21              r12=r12-np.array(pbc)*np.round(r12) # mininum image convention
22              r12=np.matmul(box,r12)        #transform back
23              d12=np.sqrt((r12*r12).sum()); # distance
24              if d12<rc:                    # there is a cutoff
25                  index=int(np.ceil(d12/dr))  # bin index
26                  g[index-1]=g[index-1]+1     # accumulate
27
28      #normalize
29      for n in range(1,Ng+1):
```

```
30        g[n-1]=g[n-1]/N_type1       # average over the center atoms
31        dV=4*np.pi*(dr*n)**2*dr     # volume of a spherical shell
32        g[n-1]=g[n-1]/dV            # now g is the local density
33        g[n-1]=g[n-1]/rho           # now g is the RDF
34    return g
```

8.3.3 GPUMD 使用范例：水的径向分布函数

若要使用上述 Python 代码计算径向分布函数，需要在运行分子动力学模拟时输出轨迹以及相关信息，即先保存轨迹，再后处理。然而，GPUMD 的开发思路是尽量在产生轨迹的过程中就同时计算感兴趣的物理量。这样的计算方式称为在线（on-the-fly）计算。在线计算的好处是不需要在硬盘中保存大量的数据。

GPUMD 中实现了径向分布函数的在线计算，相关命令的语法如下：

```
compute_rdf <r_max> <N_bin> <N_s> [atom <i1> <i2> atom <i3> <i4> ...]
```

关键字 compute_rdf 指示要计算 RDF。参数 r_max 是 r 的最大值 r_{max}，单位是 Å。参数 N_bin 是将区间 $[0, r_{max}]$ 均匀切割的份数。参数 N_s 是对轨迹抽样的间隔。每个 atom 字样后面可给出一对元素的指标（从 0 开始计数，依次对应势函数所支持的元素），表示额外地计算此对元素（假设为 a 和 b）之间的径向分布函数 $g_{ab}(r)$。若 atom 字样缺失，则仅计算总的径向分布函数 $g(r)$。

接下来，我们用陈泽坤等人拟合的 NEP 势函数[46]计算水（H_2O）的径向分布函数。代码 8.4 给出了 run.in 输入文件的内容。关键字 potential 给出了本例使用的 NEP 模型文件。关键字 velocity 指定体系的初温为 300K。关键字 time_step 指定积分步长为 0.5fs。因为 H-O 键的最高振动频率约为 100THz，对应 10fs 的振动周期，故取该周期的 $1/20$，即 0.5fs 的积分步长是安全的。首先在由 SCR 算法实现的 NPT 系综中模拟，目标温度是 300K，目标压强是 0GPa，时长 50000 步，即 25ps。这里将水的模量设置为 2GPa，接近真实值。然后在 NVE 系综中抽样，计算 RDF。这里也可把 NVE 系综换成由任何算法实现的 NVT 系综。该过程有 100000 步，即 50ps。关键字 compute_rdf 的参数说明，将计算 0～8Å 范围的 RDF，数据点个数为 400，抽样间隔为 1000，针对 H-H、O-O 和 H-O 原子对都进行计算。

代码 8.4　计算水的径向分布函数的 GPUMD 输入脚本

```
1    potential    nep.txt
```

```
2    velocity     300
3
4    time_step    0.5
5
6    ensemble     npt_scr 300 300 100 0 2 2000
7    run          50000
8
9    ensemble     nve
10   compute_rdf 8.0 400 1000 atom 0 0 atom 1 1 atom 0 1
11   run          100000
```

　　模拟结果见图 8.6。该图的上、中、下三部分分别给出了 O-O、H-O 和 H-H 原子对的 RDF。图中用虚线表示实验值（细节见陈泽坤等人的文章[46]），用实线表示计算值。

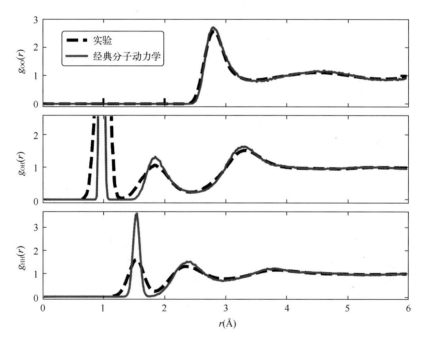

图 8.6　水的径向分布函数的实验与经典分子动力学模拟结果

　　对于 O-O 原子对，计算值与实验值符合得很好。RDF 的第一个峰处于 $r=2.8$Å 附近，这远大于氧分子中 O-O 键的键长。所以，这表明水分子体系中是没有 O-O 共价键的。

对于 H-O 和 H-H 原子对，计算值和实验值在第一个峰附近差别较大。这是由于我们的分子动力学模拟是基于经典力学和经典统计力学的，缺失了量子效应。我们将在第 10 章用包含了量子效应的分子动力学模拟重新考察该问题。虽然计算结果与实验结果有较大差别，但是计算结果预测的峰位基本上是正确的。我们看到 H-O 原子对 RDF 的第一个峰对应 H-O 第一近邻距离，约为 1Å，这正是 H-O 键的键长。H-O 原子对 RDF 的第二个峰对应 H-O 第二近邻距离，接近 2Å，这正是所谓的氢键（hydrogen bonding）的键长。水分子体系中的氢键指的是带部分正电的 H 原子与其他附近水分子中带部分负电的 O 原子之间形成的由静电吸引主导的相互作用模式。

无论是何种原子对，RDF 在 $r \to \infty$ 时都趋近于 1，反映了体系在大尺度极限的均匀性。

8.4 自由能计算

为明确起见，我们的大部分讨论是基于正则系综的亥姆霍兹自由能 $F = E - TS$ 的，但在引入压强后可推广至等温等压系综的吉布斯自由能 $G = E - TS + PV$。假设所考虑的体系具有 N 个粒子，体积为 V，温度为 T，体系中每个粒子的质量为 m。

8.4.1 自由能微扰理论

首先要注意的是，只有自由能的相对值才是有意义的。考虑体系的两个状态 $\mathcal{A}$ 和 $\mathcal{B}$，它们的势能函数分别记为 $U_{\mathcal{A}}(\{r_i\})$ 和 $U_{\mathcal{B}}(\{r_i\})$。我们的目标是计算这两个状态之间的自由能差：

$$\Delta F_{\mathcal{AB}} = F_{\mathcal{B}} - F_{\mathcal{A}} = -k_{\mathrm{B}}T\ln Z_{\mathcal{B}} + k_{\mathrm{B}}T\ln Z_{\mathcal{A}} = -k_{\mathrm{B}}T\ln\left(\frac{Z_{\mathcal{B}}}{Z_{\mathcal{A}}}\right). \tag{8.26}$$

由第 1 章的结果可知，状态 $\mathcal{A}$ 的正则系综配分函数为：

$$Z_{\mathcal{A}} = \frac{1}{N!}\left(\frac{V}{\lambda^3}\right)^N \int \mathrm{d}^N r \, \mathrm{e}^{-\beta U_{\mathcal{A}}(\{r_i\})}. \tag{8.27}$$

上式中的 $\lambda = h/\sqrt{2\pi m k_{\mathrm{B}}T}$，$h$ 是普朗克常数，k_{B} 是玻尔兹曼常数，$\beta = 1/(k_{\mathrm{B}}T)$。状态 $\mathcal{B}$ 的正则系综配分函数 $Z_{\mathcal{B}}$ 也有类似的形式。上式积分号前面的因子是与动量有关的配分函数，在温度和体积不变的情况下是常数，对自由能差无贡献。所以，我们定义一个仅与坐标（势能）相关的配分函数，依然用 Z 表示：

$$Z_{\mathcal{A}} = \int \mathrm{d}^N \boldsymbol{r} \mathrm{e}^{-\beta U_{\mathcal{A}}(\{r_i\})}. \tag{8.28}$$

我们可以将 $Z_{\mathcal{B}}$ 改写为：

$$Z_{\mathcal{B}} = \int \mathrm{d}^N \boldsymbol{r} \mathrm{e}^{-\beta U_{\mathcal{A}}(\{r_i\})} \mathrm{e}^{-\beta [U_{\mathcal{B}}(\{r_i\}) - U_{\mathcal{A}}(\{r_i\})]}. \tag{8.29}$$

于是有：

$$\frac{Z_{\mathcal{B}}}{Z_{\mathcal{A}}} = \frac{1}{Z_{\mathcal{A}}} \int \mathrm{d}^N \boldsymbol{r} \mathrm{e}^{-\beta U_{\mathcal{A}}(\{r_i\})} \mathrm{e}^{-\beta [U_{\mathcal{B}}(\{r_i\}) - U_{\mathcal{A}}(\{r_i\})]}. \tag{8.30}$$

根据正则系综中平均值的定义，上式可写为：

$$\frac{Z_{\mathcal{B}}}{Z_{\mathcal{A}}} = \left\langle \mathrm{e}^{-\beta [U_{\mathcal{B}}(\{r_i\}) - U_{\mathcal{A}}(\{r_i\})]} \right\rangle_{\mathcal{A}}. \tag{8.31}$$

下标表示该平均值是在状态 $\mathcal{A}$ 计算的。于是，我们可以将自由能差写为：

$$\Delta F_{\mathcal{A}\mathcal{B}} = -k_{\mathrm{B}} T \ln \left\langle \mathrm{e}^{-\beta [U_{\mathcal{B}}(\{r_i\}) - U_{\mathcal{A}}(\{r_i\})]} \right\rangle_{\mathcal{A}}. \tag{8.32}$$

该式是自由能微扰计算方法的核心公式[47]。这里的微扰指的是势能差 $U_{\mathcal{B}}(\{r_i\}) - U_{\mathcal{A}}(\{r_i\})$ 应该是小量，否则在绝大多数的微观构型下指数因子 $\mathrm{e}^{-\beta [U_{\mathcal{B}}(\{r_i\}) - U_{\mathcal{A}}(\{r_i\})]}$ 都太小，以至于难以准确计算。对于势能差较大的两个态，可以设计一些中间态，使每两个相邻的态之间的势能差都足够小。

8.4.2　热力学积分方法

除了引入一系列离散的中间态之外，还可以用所谓的开关函数引入连续的中间态。我们定义如下连接态 $\mathcal{A}$ 和 $\mathcal{B}$ 的势函数：

$$U(\{r_i\}, \lambda) = f(\lambda) U_{\mathcal{A}}(\{r_i\}) + g(\lambda) U_{\mathcal{B}}(\{r_i\}) \tag{8.33}$$

其中，$0 \leqslant \lambda \leqslant 1$ 是一个标量变量，开关函数 f 和 g 必须满足如下条件：

$$f(0) = 1, f(1) = 0, g(0) = 0, g(1) = 1. \tag{8.34}$$

一个简单的选择是：

$$f(\lambda) = 1 - \lambda, g(\lambda) = \lambda. \tag{8.35}$$

采用该选择，我们有：

$$U(\{r_i\}, \lambda) = (1 - \lambda) U_{\mathcal{A}}(\{r_i\}) + \lambda U_{\mathcal{B}}(\{r_i\}). \tag{8.36}$$

与该势能函数对应的自由能为：

$$F(\lambda) = -k_{\mathrm{B}} T \ln Z(\lambda). \tag{8.37}$$

我们计算自由能对 λ 的导数：

$$\frac{\partial F}{\partial \lambda} = -k_B T \frac{1}{Z} \frac{\partial Z}{\partial \lambda}. \tag{8.38}$$

其中，

$$\frac{1}{Z} \frac{\partial Z}{\partial \lambda} = \frac{1}{Z} \frac{\partial}{\partial \lambda} \int d^N \boldsymbol{r} e^{-\beta U(\{r_i\}, \lambda)}. \tag{8.39}$$

将求导操作移入积分号得：

$$\frac{1}{Z} \frac{\partial Z}{\partial \lambda} = \frac{-\beta}{Z} \int d^N \boldsymbol{r} \frac{\partial U(\{r_i\}, \lambda)}{\partial \lambda} e^{-\beta U(\{r_i\}, \lambda)}. \tag{8.40}$$

于是，自由能对 λ 的导数为：

$$\frac{\partial F}{\partial \lambda} = \frac{1}{Z} \int d^N \boldsymbol{r} \frac{\partial U(\{r_i\}, \lambda)}{\partial \lambda} e^{-\beta U(\{r_i\}, \lambda)} = \left\langle \frac{\partial U(\{r_i\}, \lambda)}{\partial \lambda} \right\rangle_\lambda. \tag{8.41}$$

态 $\mathcal{A}$ 和 $\mathcal{B}$ 的自由能差为：

$$\Delta F_{\mathcal{AB}} = \int_0^1 d\lambda \frac{\partial F}{\partial \lambda} = \int_0^1 d\lambda \left\langle \frac{\partial U(\{r_i\}, \lambda)}{\partial \lambda} \right\rangle_\lambda. \tag{8.42}$$

该公式表达了自由能计算的热力学积分方法[48]。

在热力学积分方法中，虽然采用了连续积分的方式表达结果，但在实际的模拟中，我们依然需要回到离散的情形。一般定义一条路径，对应一套 λ 值，$\{\lambda_k\}_{k=1}^M$，其中 $\lambda_1 = 0$，$\lambda_M = 1$。然后计算一系列平均值 $\langle \partial U(\{r_i\}, \lambda)/\partial \lambda \rangle_\lambda$，便可用数值积分计算式（8.42）。

根据热力学第二定律，如果将系统从态 $\mathcal{A}$ 变为态 $\mathcal{B}$ 的过程中做了功 $W_{\mathcal{AB}}$，则有如下不等式：

$$W_{\mathcal{AB}} \geqslant \Delta F_{\mathcal{AB}} \tag{8.43}$$

其中等号对应可逆过程，不等号对应不可逆过程。虽然功是过程量，但是它也可以写为微观量的系综平均的形式。记从态 $\mathcal{A}$ 的相空间点 x_0 到态 $\mathcal{B}$ 的某个相空间点的功为 $W_{\mathcal{AB}}(x_0)$，则可将功 $W_{\mathcal{AB}}$ 写为对状态 $\mathcal{A}$ 的系综平均：

$$W_{AB} = \left\langle W_{AB}(x_0) \right\rangle_A. \tag{8.44}$$

所以，上述关于自由能与功的不等式可写为：

$$\left\langle W_{AB}(x_0) \right\rangle_A \geqslant \Delta F_{AB}. \tag{8.45}$$

根据该不等式，通过功的统计平均来计算自由能差似乎顶多只能得到一个上限。然而，Jarzynski 证明了如下等式[49]：

$$\left\langle e^{-\beta W_{AB}(x_0)} \right\rangle_A = e^{-\beta \Delta F_{AB}}. \tag{8.46}$$

该等式称为 Jarzynski 等式。需要强调的是，Jarzynski 等式的成立不要求从态 $\mathcal{A}$

到态 $\mathcal{B}$ 的过程是可逆的。根据 Jarzynski 等式，我们有：

$$\Delta F_{A\mathcal{B}} = -k_B T \ln\left\langle \mathrm{e}^{-\beta W_{A\mathcal{B}}(x_0)} \right\rangle_A . \qquad (8.47)$$

本书不会进一步讨论如何使用 Jarzynski 等式计算自由能，故不讨论该等式的严格证明。

虽然 Jarzynski 等式是严格成立的，但它的直接应用往往需要大量的统计数据。对于一个连接态 $\mathcal{A}$ 和 $\mathcal{B}$ 的可逆过程，我们有：

$$\Delta F_{A\mathcal{B}} = W_{A\mathcal{B}}^{\mathrm{rev}}. \qquad (8.48)$$

其中，$W_{A\mathcal{B}}^{\mathrm{rev}}$ 代表该过程的可逆功。对于一个非可逆过程，必然有耗散能 $E_{A\mathcal{B}}^{\mathrm{dis}}$：

$$\Delta F_{A\mathcal{B}} = W_{A\mathcal{B}}^{\mathrm{irr}} - E_{A\mathcal{B}}^{\mathrm{dis}}. \qquad (8.49)$$

因为 $E_{A\mathcal{B}}^{\mathrm{dis}} > 0$，所以：

$$\Delta F_{A\mathcal{B}} < W_{A\mathcal{B}}^{\mathrm{irr}}. \qquad (8.50)$$

所以，对于一个不可逆过程（对于非无限缓慢的非平衡过程，就是不可逆的），我们计算的不可逆功大于自由能差，会导致一个系统性的误差。然而，如果我们将过程反过来，即从态 $\mathcal{B}$ 到态 $\mathcal{A}$，就有：

$$\Delta F_{\mathcal{B}A} = W_{\mathcal{B}A}^{\mathrm{irr}} - E_{\mathcal{B}A}^{\mathrm{dis}}. \qquad (8.51)$$

因为 $\Delta F_{\mathcal{B}A} = -\Delta F_{A\mathcal{B}}$，我们有：

$$\Delta F_{A\mathcal{B}} = \frac{\Delta F_{A\mathcal{B}} - \Delta F_{\mathcal{B}A}}{2} = \frac{W_{A\mathcal{B}}^{\mathrm{irr}} - W_{\mathcal{B}A}^{\mathrm{irr}}}{2} - \frac{E_{A\mathcal{B}}^{\mathrm{dis}} - E_{\mathcal{B}A}^{\mathrm{dis}}}{2}. \qquad (8.52)$$

当此处的不可逆过程不太远离可逆（准静态）过程时，正反过程的耗散能是近似相等的[50]：

$$E_{A\mathcal{B}}^{\mathrm{dis}} \approx E_{\mathcal{B}A}^{\mathrm{dis}}, \qquad (8.53)$$

于是我们得到一个简洁的自由能差公式：

$$\Delta F_{A\mathcal{B}} \approx \frac{W_{A\mathcal{B}}^{\mathrm{irr}} - W_{\mathcal{B}A}^{\mathrm{irr}}}{2}. \qquad (8.54)$$

该方法的核心思路在于用正反两个过程消除（至少是降低）系统误差。

虽然只有自由能差才有物理意义，但通常选定一个合适的势能函数所对应的自由能为零点。对固体来说，通常选择所谓的爱因斯坦（Einstein）晶体[51] 作为参考体系 $\mathcal{A}$。爱因斯坦晶体的势能定义为：

$$U_{\mathrm{Einstein}} = \sum_i^N \frac{1}{2} m_i \omega^2 (\boldsymbol{r}_i - \boldsymbol{r}_i^0)^2. \qquad (8.55)$$

也就是说，每个原子 i 都被一个频率为 ω 的弹簧束缚在其平衡位置 $\mathbf{r}_i^0$ 附近。爱因斯坦晶体的自由能值是已知的：

$$F_{\text{Einstein}} = 3Nk_B T \ln\left(\frac{\hbar\omega}{k_B T}\right). \tag{8.56}$$

选择所研究的体系的态为 $\mathcal{B}$ ，则有：

$$F_{\mathcal{B}} = 3Nk_B T \ln\left(\frac{\hbar\omega}{k_B T}\right) + \frac{W_{A\mathcal{B}}^{\text{irr}} - W_{\mathcal{B}A}^{\text{irr}}}{2}. \tag{8.57}$$

接下来的任务归结为不可逆功的计算。

我们选取式（8.35）所示的开关函数，可得：

$$W_{A\mathcal{B}}^{\text{irr}} = \int_0^1 d\lambda \left\langle U_{\mathcal{B}}(\{\mathbf{r}_i\}) - U_{\mathcal{A}}(\{\mathbf{r}_i\}) \right\rangle_\lambda. \tag{8.58}$$

为了计算该不可逆功，我们假设 λ 在时间 t_{switch} 内从 0 均匀地变化到 1，即：

$$\lambda(t) = \frac{t}{t_{\text{switch}}}, \tag{8.59}$$

于是有：

$$d\lambda(t) = \frac{dt}{t_{\text{switch}}}. \tag{8.60}$$

于是可以将不可逆功表达为如下时间积分：

$$W_{A\mathcal{B}}^{\text{irr}} = \frac{1}{t_{\text{switch}}} \int_0^{t_s} dt \left\langle U_{\mathcal{B}}(\{\mathbf{r}_i, t\}) - U_{\mathcal{A}}(\{\mathbf{r}_i, t\}) \right\rangle_{\lambda(t)}. \tag{8.61}$$

因为此时的每一个 λ 值仅对应一个时刻，所以上式中的系综平均退化为一个瞬时值。在实际的模拟中，我们可以尝试使用几个不同的状态转换时间 t_{switch}，确保所得结果随着转换时间的增大而收敛。

根据上述理论，可以总结出使用热力学积分计算体系在某一个热力学态的亥姆霍兹自由能的 Frenkel-Ladd[51]算法：

① 使用所研究系统的势函数将体系在某个感兴趣的 NVT 系综热力学状态 $\mathcal{B}$（具有特定的粒子数、体积与温度）充分地平衡。此时所采用的势能就是体系本身的势函数 $U(\{\mathbf{r}_i\})$。

② 在 t_{switch} 的时间内让体系的势能从其本身的势函数线性地变化为爱因斯坦晶体的势函数，即：

$$U(t) = \left(1 - \frac{t}{t_s}\right)U + \frac{t}{t_{\text{switch}}} U_{\text{Einstein}}. \tag{8.62}$$

记录该过程的势函数 U 和 U_{Einstein}，计算 W_{BA}^{irr}。在该过程中使用控温算法保持温度平均值不变。

③ 使用爱因斯坦晶体的势函数将体系在态 A 充分地平衡。

④ 在 t_{switch} 的时间内让体系的势能从爱因斯坦晶体的势函数线性地变回其本身的势函数，即：

$$U(t) = \left(1 - \frac{t}{t_{\text{switch}}}\right)U_{\text{Einstein}} + \frac{t}{t_{\text{switch}}}U. \qquad (8.63)$$

记录该过程的势函数 U 和 U_{Einstein}，计算 W_{AB}^{irr}.

⑤ 使用式（8.57）计算体系在所考虑的热力学态中的自由能。

8.4.3　GPUMD 使用范例：计算固体的自由能

以上算法已在 GPUMD 程序中实现。我们用一个晶体硅的例子（代码 8.5）展示其语法和应用，使用一个适用于晶体硅的 Tersoff 势[52]。

代码 8.5　计算硅的自由能的 GPUMD 输入脚本

```
1   potential    Si_Fan_2019.txt
2   time_step    1
3
4   velocity     300
5   #首先将晶格常数优化到指定的温度压力条件下
6   ensemble     npt_ber 300 300 100 0 0 0 53.4059 53.4059 53.4059 2000
7   run          10000
8
9   #因为要使用爱因斯坦晶体作为参考，所以需要让所有原子先回到平衡位置
10  minimize     fire 1.0e-5 1000
11
12  #最后使用非平衡热力学积分计算自由能差
13  ensemble     ti_spring temp 300 press 0
14  run          100000
```

GPUMD 会通过原子的均方位移（具体讨论见第 9 章）$\langle \Delta r^2 \rangle$ 自动计算弹簧系数 $k = 3k_{\text{B}}T / \langle \Delta r^2 \rangle$，因此不用外部输入。当然，用户也可以选择自己指定弹簧系数。值得注意的是，非平衡热力学积分是在 NVT 系综下进行的，输入外压只

是为了计算出吉布斯自由能的 *PV* 项，并不会影响积分过程。运行完毕之后，程序生成了一个 ti_spring.yaml 文件，其中含有 GPUMD 自动计算出的吉布斯自由能等信息。

除此以外，程序还会生成一个 ti_spring.csv 文件，其中记录了 d$\lambda(t)$ 的数值与系统能量，这些信息有助于我们检查程序运行是否稳定。我们用代码 8.6 所示 Python 代码进行后处理。运行该脚本后，我们得到自由能差为-4.606eV/atom。在实际使用中，我们还需测试结果对于模拟时长的收敛情况。

代码 8.6 计算硅的自由能的 python 脚本

```
1   from pandas import read_csv
2   import numpy as np
3
4   fl = read_csv("ti_spring.csv")
5   l = fl["lambda"]
6   dl = fl["dlambda"]
7   pe = fl["pe"]
8   espring = fl["espring"]
9   print(0.5*np.array(np.abs(dl)*(pe-espring)).sum())
```

8.4.4 自由能的温度积分

在计算物质的相边界时，我们往往需要知道系统在不同温度下的自由能。为此，我们可以直接使用上一节的方法，在不同温度下参照爱因斯坦晶体进行积分，但这往往并不是最优策略，因为晶体在高温下会具有更强的非谐效应（anharmonicity），导致积分需要更长的收敛时间。通常我们会对温度进行积分，即从一个低温的起点出发，计算不同温度下的自由能的温度梯度，积分得到高温的自由能。对于亥姆霍兹自由能，我们有以下公式：

$$\frac{\mathrm{d}}{\mathrm{d}T}\left(\frac{F}{k_{\mathrm{B}}T}\right) = -\frac{\mathrm{d}}{\mathrm{d}T}\ln Z = -\frac{1}{Z}\frac{\mathrm{d}Z}{\mathrm{d}T} = -\frac{1}{Z}\int\frac{E}{k_{\mathrm{B}}T^2}\exp\left(-\frac{E}{k_{\mathrm{B}}T}\right)\mathrm{d}\boldsymbol{r}\mathrm{d}\boldsymbol{p} = -\frac{\langle E\rangle}{k_{\mathrm{B}}T^2}. \tag{8.64}$$

上述公式中的 *E* 为系统内能。同理，对于吉布斯自由能，我们有：

$$\frac{\mathrm{d}}{\mathrm{d}T}\left(\frac{G}{k_{\mathrm{B}}T}\right) = -\frac{\langle H\rangle}{k_{\mathrm{B}}T^2}. \tag{8.65}$$

此处只是将内能变成了焓 *H*，读者可自行推导。也就是说，我们只要知道不同温度下的内能或焓值，即可进行温度积分。这个过程虽然简单，但也有一些积分技巧可以用于减小积分误差[53]。

上面所提到的方法需要在两个温度间插入一系列离散的点，平衡后统计每个点的热力学信息。我们可以通过之前提到的非平衡自由能积分来加速计算。为此，我们将体系的总配分函数分解为动量部分 Z_p 和坐标部分 Z_q，即 $Z = Z_p Z_q$。对坐标部分，温度 T_0 下的配分函数为：

$$Z_q(T_0) = \int \exp\left(-\frac{U(\boldsymbol{r})}{k_B T_0}\right) \mathrm{d}\boldsymbol{r}. \qquad (8.66)$$

如果末态温度为 $T_f = T_0 / \lambda_f$，那么：

$$Z_q(T_f) = \int \exp\left(-\frac{U(\boldsymbol{r})}{k_B T_f}\right) \mathrm{d}\boldsymbol{r} = \int \exp\left(-\frac{\lambda_f U(\boldsymbol{r})}{k T_0}\right) \mathrm{d}\boldsymbol{r}. \qquad (8.67)$$

上式说明，系统在 T_f 下的配分函数与系统在 T_0 且势能变为 λ_f 倍的配分函数相同。动量部分的配分函数为：

$$Z_p(T) = \frac{1}{h^{3N} N!} \int \exp\left(-\frac{\boldsymbol{p}^2}{2m}\frac{1}{k_B T}\right) \mathrm{d}\boldsymbol{p} = \frac{1}{N!}\left(\frac{2\pi m k_B T}{h^2}\right)^{\frac{3N}{2}}. \qquad (8.68)$$

对应的自由能为：

$$F_p(T) = -k_B T \ln\left[\frac{1}{N!}\left(\frac{2\pi m k_B T}{h^2}\right)^{\frac{3N}{2}}\right] = 3N k_B T \ln\sqrt{\frac{h^2}{2\pi m k_B T}} + k_B T \ln N!. \qquad (8.69)$$

将 $T_f = T_0 / \lambda_f$ 代入可得总自由能为：

$$F(T_f) = -k_B T_f \ln \int \exp\left(-\frac{U(\boldsymbol{r})}{k_B T_f}\right) \mathrm{d}\boldsymbol{r} + 3N k_B T_f \ln\sqrt{\frac{h^2}{2\pi m k_B T_f}} + k_B T_f \ln N!$$

$$= \frac{k_B T_0}{\lambda_f}\left[-\ln \int \exp\left(-\frac{\lambda_f U(\boldsymbol{r})}{k_B T_0}\right) \mathrm{d}\boldsymbol{r} + 3N \ln\sqrt{\frac{h^2}{2\pi m k_B T_0}} + \ln N! + \frac{3}{2}N \ln \lambda_f\right]. \qquad (8.70)$$

上式前三项就是势能变为 λ_f 倍的系统的自由能。最终我们得到以下关系：

$$F(T_f) = \frac{1}{\lambda_f}\left[F(T_0, \lambda_f) + \frac{3}{2}N k_B T_0 \ln \lambda_f\right]. \qquad (8.71)$$

至此，问题转化为了求 $F(T_0, \lambda_f)$。我们可以设计一个非平衡过程，将 λ 在 1 到 λ_f 逐渐转变，从而求出 $F(T_0)$ 与 $F(T_0, \lambda_f)$ 之差。这种方法也被称为 Reversible Scaling 方法。在之前的章节中，我们将实际系统逐渐转变为爱因斯坦晶体。在这里，我们则是将实际系统逐渐转变为势能变为 λ_f 倍的系统，两者非常相似。

注意上述推导过程并没有考虑压强，对于非零压强的情况，文献[54]中详细介绍了处理方法，GPUMD 也实现了非零压强的积分。

8.4.5 GPUMD 使用范例：自由能计算的温度积分方法

我们继续用晶体硅的例子展示 GPUMD 中的相关功能，采用 Tersoff 势[52]。代码 8.7 给出了使用 Reversible Scaling 方法的 GPUMD 输入脚本，其中 ensemble 关键字的第一个参数 ti_rs 就表示使用该方法。在该例中，我们将温度从 300K 变换到 1000K，保持三个方向的压强为零。

代码 8.7　用 Reversible Scaling 法计算硅的自由能的 GPUMD 输入脚本

```
1    potential    Si_Fan_2019.txt
2    time_step    1
3
4    velocity     300
5    #首先将晶格常数优化到指定的温度压力条件下
6    ensemble     npt_ber 300 300 100 0 0 0 53.4059 53.4059 53.4059 2000
7    run          10000
8
9    #最后使用非平衡热力学积分计算自由能差
10   ensemble     ti_rs temp 300 1000 aniso 0
11   run          100000
```

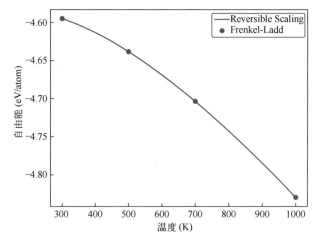

图 8.7　Reversible Scaling 方法与 Frenkel-Ladd 方法结果对比

程序会生成一个 ti_rs.csv 文件，其中记录了 dλ(t) 的数值与系统能量，我们用代码 8.8 所示代码进行热力学积分。我们先读取了 ensenble ti._spring 生成的一个结果。这是因为我们在积分时需要得知初始温度的吉布斯自由能。之后，我们就可以对 λ 进行积分，得到不同温度的自由能。图 8.7 的结果说明 Reversible Scaling 与 Frenkel-Ladd 方法所得到的结果是一致的。

代码 8.8　用 Reversible Scaling 法计算硅的自由能的 python 脚本

```
import numpy as np
from pandas import read_csv
import yaml
from scipy.integrate import cumtrapz
from ase.units import kB, GPa

def get_G():
    with open("ti_spring.yaml", "r") as f:
        y = yaml.safe_load(f)

    T0 = y["T"]
    G0 = y["G"]
    p = y["P"]

    rs = read_csv("ti_rs.csv")
    n = int(len(rs) / 2)
    forward = rs[:n]
    backward = rs[n:][::-1]
    backward.reset_index(inplace=True)
    dl = forward["dlambda"]
    l = forward["lambda"]
    H1 = forward["enthalpy"]
    H2 = backward["enthalpy"]
    T = T0/l
    w = (cumtrapz(H1,l,initial=0) + cumtrapz(H2,l,initial= 0))*0.5
    G = (G0 + 1.5*kB*T0*np.log(l) + w)/l
    return p/GPa, T, G
```

第 **9** 章

输运性质

第 8 章讨论了系统处于热力学平衡态（或准平衡态）时的静态性质的计算，本章讨论动力学性质的计算。动力学性质一般是指与时间关联函数有关的性质，如各种输运性质。根据热力学第二定律，一个系统在不受外场作用时，若其内部有热力学性质的不均匀性，则它一定处于非平衡的状态，并有向平衡态靠近的趋势。这种由热力学性质的不均匀性导致的热力学过程称为输运过程，相应的现象称为输运现象。定量描述输运强度的量称为输运系数。本章讨论三种输运系数的计算，包括自扩散系数、黏滞系数和热导率。

9.1 线性响应理论与时间关联函数

虽然输运现象发生于非平衡态，但根据线性响应理论，输运系数依然可在平衡态计算。具体地说，输运系数与相关物理量在平衡态的时间关联函数有关。

考虑一个经典哈密顿系统。我们引入驱动力扰动体系，使得系统略微偏离平衡态。为此，考虑如下运动方程：

$$\dot{q}_i = \frac{\partial H}{\partial p_i} + C(q, p)F_e, \qquad (9.1)$$

$$\dot{p}_i = -\frac{\partial H}{\partial q_i} + D(q, p)F_e. \qquad (9.2)$$

F_e 是驱动力参数，$C(q, p)$ 和 $D(q, p)$ 是与特定输运问题有关的相空间函数。我们希望体系依然是不可压缩的，即：

$$\sum_i^{3N} \left(\frac{\partial \dot{q}_i}{\partial q_i} + \frac{\partial \dot{p}_i}{\partial p_i} \right) = 0. \qquad (9.3)$$

由此可得如下对 $C(q,p)$ 和 $D(q,p)$ 的限制条件：

$$\sum_{i}^{3N}\left(\frac{\partial C_i}{\partial q_i}+\frac{\partial D_i}{\partial p_i}\right)=0. \tag{9.4}$$

当体系的相空间不可压缩时，我们有刘维尔方程：

$$\frac{\partial}{\partial t}f(x,t)+iLf(x,t)=0. \tag{9.5}$$

其中，$x=(q,p)$ 代表相空间坐标，$f(x,t)$ 是统计分布函数。假设统计分布函数仅在平衡态分布函数的基础上增加一个小量：

$$f(x,t)=f_0(H(x))+\Delta f(x,t). \tag{9.6}$$

显然，刘维尔算符也可写为微扰展开的形式：

$$iL=iL_0+i\Delta L(t). \tag{9.7}$$

平衡态分布函数满足平衡态刘维尔方程：

$$iL_0 f_0(H(x))=0. \tag{9.8}$$

将微扰展开式代入刘维尔方程，并忽略二阶项（即采用线性近似），有：

$$\left(\frac{\partial}{\partial t}+iL_0\right)\Delta f(x,t)=-i\Delta L(t)f_0(H(x)). \tag{9.9}$$

这是满足初始条件 $\Delta f(x,0)=0$ 的一阶非齐次线性微分方程，经过一番推导可得如下解：

$$\Delta f(x,t)=-\beta F_e\int_0^t \mathrm{d}s\, e^{-iL_0(t-s)}f_0(H(x))j(x). \tag{9.10}$$

其中，

$$j(x)=-\sum_{i=1}^{3N}\left(D_i\frac{\partial H}{\partial p_i}+C_i\frac{\partial H}{\partial q_i}\right) \tag{9.11}$$

称为耗散通量（dissipative flux）。

考虑物理量 A 在非平衡态的平均值：

$$\langle A\rangle_{\text{neq}}=\int \mathrm{d}x A f(x,t)=\langle A\rangle_{\text{eq}}+\int \mathrm{d}x A\Delta f(x,t). \tag{9.12}$$

其中，

$$\langle A\rangle_{\text{eq}}=\int \mathrm{d}x A(x)f_0(H(x)) \tag{9.13}$$

是物理量在平衡态的平均值。将微扰统计分布函数 $\Delta f(x,t)$ 的解代入得：

$$\langle A \rangle_{\mathrm{neq}} = \langle A \rangle_{\mathrm{eq}} - \beta F_{\mathrm{e}} \int_0^t \mathrm{d}s \left\langle A(x_{t-s}) j(x) \right\rangle_{\mathrm{eq}}. \tag{9.14}$$

将积分变量 s 变为 $t - \tau$，得：

$$\langle A \rangle_{\mathrm{neq}} = \langle A \rangle_{\mathrm{eq}} - \beta F_{\mathrm{e}} \int_0^t \mathrm{d}\tau \left\langle A(x_\tau) j(x) \right\rangle_{\mathrm{eq}}. \tag{9.15}$$

我们可以将 $\left\langle A(x_\tau) j(x) \right\rangle_{\mathrm{eq}}$ 记为 $\left\langle A(\tau) j(0) \right\rangle_{\mathrm{eq}}$，于是有：

$$\langle A \rangle_{\mathrm{neq}} = \langle A \rangle_{\mathrm{eq}} - \beta F_{\mathrm{e}} \int_0^t \mathrm{d}\tau \left\langle A(\tau) j(0) \right\rangle_{\mathrm{eq}}. \tag{9.16}$$

上式中的 $\left\langle A(\tau) j(0) \right\rangle_{\mathrm{eq}}$ 称为时间关联函数（time-correlation function），τ 称为关联时间（correlation time）。这是两个量的乘积在未微扰体系的平衡系综中的统计平均值，其中相乘的两个量在时间上相差 τ。上式表明，在线性响应理论中，一个物理量在非平衡系综中的平均值可表达为平衡系综中的某个时间关联函数的时间积分。

将线性响应理论应用到输运现象，可以推导出输运系数的计算方法，将输运系数表达为某种时间关联函数的时间积分。这类关系式称为 Green-Kubo[55,56] 关系式。关于线性响应理论和输运系数的细致讨论，可参考 Tuckerman 的教科书[3]以及 Evans 和 Morriss 的专著[57]。本章考虑三种输运系数的计算，包括自扩散系数、黏滞系数和热导率。

一般地，设有两个依赖于时间的物理量 $A(t)$ 和 $B(t)$，我们定义这两个量之间的时间关联函数 $C(\tau)$ 为：

$$C(\tau) = \left\langle A(0) B(\tau) \right\rangle. \tag{9.17}$$

如果两个物理量不同，那么上式代表物理量 A 和 B 的互关联函数（cross-correlation function）。如果两个物理量相同，$A = B$，那么上式代表物理量 A 的自关联函数（auto-correlation function）。在分子动力学模拟中，假如我们以 $\Delta\tau$ 的间隔保存了如下 N_{d} 个物理量 A 和 B 的值：

$$A(\Delta\tau), A(2\Delta\tau), A(3\Delta\tau), \cdots, A(N_{\mathrm{d}}\Delta\tau), \tag{9.18}$$

$$B(\Delta\tau), B(2\Delta\tau), B(3\Delta\tau), \cdots, B(N_{\mathrm{d}}\Delta\tau). \tag{9.19}$$

我们可以将关联时间为 $n\Delta\tau$ 的关联函数值表达为：

$$C(n\Delta\tau) = \frac{1}{N_{\mathrm{d}} - n} \sum_{m=1}^{N_{\mathrm{d}} - n} A(m\Delta\tau) B(m\Delta\tau + n\Delta\tau). \tag{9.20}$$

其中，$N_{\mathrm{d}} - n$ 是求统计平均时用的时间原点数目。

9.2　自扩散系数

对于自扩散系数（self-diffusion coefficient，简记为 SDC），Green-Kubo 关系将它与速度自关联（velocity auto-correlation，简记为 VAC）函数联系起来。首先考虑 x 方向的扩散，Green-Kubo 关系为：

$$D_{xx}(t) = \int_0^t \mathrm{d}\tau \mathrm{VAC}_{xx}(\tau). \tag{9.21}$$

D_{xx} 是 x 方向的 SDC，$\mathrm{VAC}_{xx}(\tau)$ 是该方向的 VAC。速度自关联是单粒子关联函数。这就是说，我们可以为单个粒子定义 VAC。对于粒子 i，我们定义朝 x 方向的 VAC 为 $\langle v_{xi}(0)v_{xi}(t)\rangle$。于是，整体的 VAC 为：

$$\mathrm{VAC}_{xx}(t) = \frac{1}{N}\sum_{i=1}^N \langle v_{xi}(0)v_{xi}(t)\rangle. \tag{9.22}$$

上式中的时间平均（$\langle\ \rangle$）和空间平均（对粒子的平均）是可交换的，故有：

$$\mathrm{VAC}_{xx}(t) = \left\langle \frac{1}{N}\sum_{i=1}^N v_{xi}(0)v_{xi}(t)\right\rangle. \tag{9.23}$$

如果所研究的体系是各向同性的，则可定义如下的平均 SDC：

$$D(t) = \frac{D_{xx}(t) + D_{yy}(t) + D_{zz}(t)}{3}. \tag{9.24}$$

可以证明，Green-Kubo 公式等价于如下关于扩散的爱因斯坦公式：

$$D_{xx}(t) = \frac{1}{2}\frac{\mathrm{d}}{\mathrm{d}t}\Delta x^2(t). \tag{9.25}$$

其中，$\Delta x^2(t)$ 是均方位移（mean-square displacement，简记为 MSD），定义为：

$$\Delta x^2(t) = \left\langle \frac{1}{N}\sum_{i=1}^N [x_i(t) - x_i(0)]^2\right\rangle = \frac{1}{N}\sum_{i=1}^N \left\langle [x_i(t) - x_i(0)]^2\right\rangle. \tag{9.26}$$

为证明该等价性，我们从坐标与速度的关系出发：

$$x_i(t) - x_i(0) = \int_0^t \mathrm{d}t' v_{xi}(t'). \tag{9.27}$$

两边取平方可以得：

$$[x_i(t) - x_i(0)]^2 = \int_0^t \mathrm{d}t' v_{xi}(t') \int_0^t \mathrm{d}t'' v_{xi}(t'') = \int_0^t \mathrm{d}t' \int_0^t \mathrm{d}t'' v_{xi}(t') v_{xi}(t''). \tag{9.28}$$

那么，均方位移可以表达为：

$$\Delta x^2(t) = \frac{1}{N}\sum_{i=1}^{N}\int_0^t \mathrm{d}t'\int_0^t \mathrm{d}t'' \langle v_{xi}(t')v_{xi}(t'')\rangle. \qquad (9.29)$$

求导可得：

$$D_{xx}(t) = \frac{1}{2}\frac{\mathrm{d}}{\mathrm{d}t}\Delta x^2(t) = \frac{1}{N}\sum_{i=1}^{N}\int_0^t \mathrm{d}t' \langle v_{xi}(t)v_{xi}(t')\rangle. \qquad (9.30)$$

上式也可写为：

$$D_{xx}(t) = \frac{1}{N}\sum_{i=1}^{N}\int_0^t \mathrm{d}t' \langle v_{xi}(0)v_{xi}(t'-t)\rangle. \qquad (9.31)$$

令 $\tau = t - t'$ 可得：

$$D_{xx}(t) = \frac{1}{N}\sum_{i=1}^{N}\int_t^0 (-\mathrm{d}\tau) \langle v_{xi}(0)v_{xi}(-\tau)\rangle. \qquad (9.32)$$

上式等价于：

$$D_{xx}(t) = \frac{1}{N}\sum_{i=1}^{N}\int_0^t \mathrm{d}\tau \langle v_{xi}(\tau)v_{xi}(0)\rangle = \int_0^t \mathrm{d}t' \mathrm{VAC}_{xx}(t'). \qquad (9.33)$$

这就从基于均方位移的爱因斯坦公式推导出了基于速度自关联的 Green-Kubo 公式。

9.2.1　C++编程范例：均方位移和速度自关联函数的编程实现

MSD 和 VAC 的在线计算都在 GPUMD 程序中实现了。有两点值得注意的地方。

第一，在计算 MSD 时，必须使用未施加周期边界条件的坐标。回顾第 2 章的 applyPbc()函数，其作用是将各粒子的坐标限制在模拟盒子内部（或表面）。这样的内折（wrapped）坐标不能用来直接计算 MSD。为正确地计算 MSD，需使用另一套不施加周期边界条件的坐标，即展开（unwrapped）坐标。

第二，VAC 和 MSD 的高效在线计算涉及一个"数据滚动"的编程技术，本书不拟深究。代码 9.1 和 9.2 分别给出了通过后处理方式计算 VAC 和 MSD 的 C++编程实现。其中，numAtoms 是整个系统或某个子系统的原子数，Nd 是所保存轨迹的帧数 N_d（下标 d 是 data 的意思），Nc 是所考虑关联时间的个数 N_c（下标 c 是 correlation 的意思）。如果轨迹保存的时间间隔是 $\Delta\tau$，那么获得该轨迹的产出时间（production time）是 $N_d\Delta\tau$，而关联函数跨越的关联时间是 $N_c\Delta\tau$。原则上可取 $N_c = N_d$，但这将使得部分关联函数值不甚准确（因为用于时间平均的时间原点个数很少）。一般来说，取 $N_c = N_d / 10$ 为宜。例如，对一个产出时间为 1ns 的分子动力学模拟，我们可放心地计算总关联时间为 0.1ns 的 VAC 或 MSD，但不宜考虑更长的关联时间。

代码 9.1　计算速度自关联的 C++ 函数

```
1   void findVac(
2     const int numAtoms,
3     const int Nd,
4     const int Nc,
5     const double *vx,
6     const double *vy,
7     const double *vz,
8     double *vacx,
9     double *vacy,
10    double *vacz)
11  {
12    for (int n = 0; n < Nc; n++) {
13      vacx[n] = 0.0;
14      vacy[n] = 0.0;
15      vacz[n] = 0.0;
16      for (int m = 0; m < Nd - n; m++) {
17        for (int i = 0; i < numAtoms; i++) {
18          vacx[n] += vx[m * numAtoms + i] * vx[(m + n) * numAtoms + i];
19          vacy[n] += vy[m * numAtoms + i] * vy[(m + n) * numAtoms + i];
20          vacz[n] += vz[m * numAtoms + i] * vz[(m + n) * numAtoms + i];
21        }
22      }
23      vacx[n] /= numAtoms * (Nd - n);
24      vacy[n] /= numAtoms * (Nd - n);
25      vacz[n] /= numAtoms * (Nd - n);
26  }
```

代码 9.2　计算均方位移的 C++ 函数

```
1   void findMsd(
```

```
2      const int numAtoms,
3      const int Nd,
4      const int Nc,
5      const double *x,
6      const double *y,
7      const double *z,
8      double *msdx,
9      double *msdy,
10     double *msdz)
11   {
12     for (int n = 0; n < Nc; n++) {
13       msdx[n] = 0.0;
14       msdy[n] = 0.0;
15       msdz[n] = 0.0;
16       for (int m = 0; m < Nd - n; m++) {
17         for (int i = 0; i < numAtoms; i++) {
18           double dx = (x[m * numAtoms + i] - x[(n + m) * numAtoms + i]);
19           double dy = (y[m * numAtoms + i] - y[(n + m) * numAtoms + i]);
20           double dz = (z[m * numAtoms + i] - z[(n + m) * numAtoms + i]);
21           msdx[n] += dx * dx;
22           msdy[n] += dx * dx;
23           msdz[n] += dx * dx;
24         }
25       }
26       msdx[n] /= numAtoms * (Nd - n);
27       msdy[n] /= numAtoms * (Nd - n);
28       msdz[n] /= numAtoms * (Nd - n);
29     }
```

9.2.2 GPUMD 使用范例：计算液态硅的自扩散系数

本节用笔者与合作者拟合的一个 NEP 模型[18]计算液态硅的自扩散系数。该 NEP 模型是一个硅的通用势，适用于绝大多数情况纯硅体系的模拟。

代码 9.3 给出了 GPUMD 的输入脚本。关键字 potential 给出了本例使用的

NEP 模型文件。关键字 velocity 将体系的初始温度设置 2500K。关键字 time_step 将整个模拟的积分步长设置为 $\Delta t = 2$fs。对于硅来说,这是一个可以接受的积分步长。接下来有三段模拟。第一段采用 SCR 算法实现的 *NPT* 系综,目标温度是 2500K,目标压强是 0GPa。该段模拟持续 10000 步,即 20ps。我们知道,硅的实验熔点约为 1687K,故采用 2500K 的目标温度可让体系充分地熔化。第二段模拟继续采用 SCR 算法实现的 *NPT* 系综,目标温度是 1800K,目标压强是 0GPa,持续时间 20ps。该阶段的目标温度仅稍高于熔点,是我们想要研究的温度。第三段模拟换用 *NVE* 系综,并采用 compute_sdc 和 compute_msd 命令分别计算 VAC 和 MSD(由于历史原因,GPUMD 中计算 VAC 的关键字未被命名为 compute_vac,而是 compute_sdc,意为计算 SDC)。这两个关键字都有两个参数。第一个参数取 1,说明对轨迹的抽样间隔为一个积分步长,即每一步都抽样,$\Delta\tau = \Delta t$。第二个参数取 2000,说明共考虑 $N_c = 2000$ 个关联数据。所以,最大关联时间约为 $N_c\Delta\tau = 4$ps。该段模拟的产出时间为 40ps,为最大关联时间的 10 倍。

代码 9.3　计算液态硅自扩散系数的 GPUMD 输入脚本

```
1    potential     Si_2022_NEP2.txt
2    velocity      2500
3
4    time_step     2
5
6    ensemble      npt_scr 2500 2500 100 0 50 1000
7    dump_exyz     10000 0 0
8    dump_thermo   100
9    run           10000
10
11   ensemble      npt_scr 1800 1800 100 0 50 1000
12   dump_exyz     10000 0 0
13   dump_thermo   100
14   run           10000
15
16   ensemble      nve
17   dump_thermo   100
18   dump_exyz     100000 0 0
```

19	`compute_sdc 1 2000`
20	`compute_msd 1 2000`
21	`run         20000`

图 9.1 给出了液态硅在 1800K 的 VAC 图像。图 9.1（a）给出 VAC 在 0~4ps 之间的全貌，图 9.1（b）给出 VAC 在 0~4ps 之间的细节。随着关联时间的增大，VAC 最终衰减到零，但这个衰减过程不一定遵循简单的函数形式，甚至不是单调的。在关联时间趋近于 0 处，VAC 的导数趋近于 0，表现为一小段水平的曲线。这并不是 VAC 特有的性质，而是时间关联函数的一般特征。

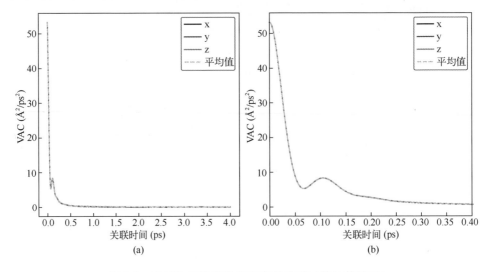

图 9.1   1800K 下液态硅的速度自关联函数计算结果

另外值得注意的是，图中虽然画出了三个方向的 VAC 以及它们的平均值，但几乎只能看到一条曲线。这说明不同方向结果的差别非常小。因为三个方向的计算是独立的，这表明我们计算的 VAC 具有非常小的误差，所以没有必要再做多次模拟了。

图 9.2 给出了液态硅在 1800K 的 MSD 图像。随着关联时间的增大，MSD 曲线从抛物线状快速过渡到直线状，其中抛物线状部分对应准弹道（quasi-ballistic）扩散区间，而直线状部分对应正常扩散区间。只要抽样间隔足够小，任何体系的 MSD 都会有一个抛物线状的准弹道扩散区间。

图 9.3 给出了液态硅在 1800K 的 SDC 图像。图 9.3（a）的结果由 Green-Kubo 公式计算，即对 VAC 做时间积分。图 9.3（b）的结果由爱因斯坦公式计算，即对 MSD 求导。图 9.3（c）展示了两种方法的等价性。由图可知，计算的 SDC

在 4ps 的关联时间内得到了很好的收敛。通过计算关联时间为 4ps 处三个方向的 SDC，可得到一个平均值和统计误差。无论是使用 VAC 方法，还是 MSD 方法，计算的液态硅在 1800K 的自扩散系数都是（3.04±0.03）Å²/ps。

在代码 9.3 中，产出阶段的系综取为 *NVE*，这是计算时间关联函数时常用的系综。这是因为，在 *NVE* 系综中，体系的时间演化完全遵循哈密顿方程，动力学性质不受影响。也可在 *NVT* 系综中计算时间关联函数，只要不使用朗之万等"局部性"控温算法即可。也就是说，在计算时间关联函数时，可以采用 Berendsen、BDP 以及 NHC 等"全局性"控温算法实现的 *NVT* 系综。*NVT* 系综相对于 *NVE* 系综的优势是具有更强的各态历经性，能更充分地对相空间采样。

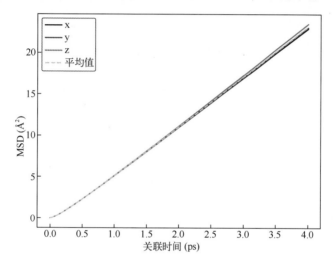

图 9.2　1800K 下液态硅的均方位移计算结果

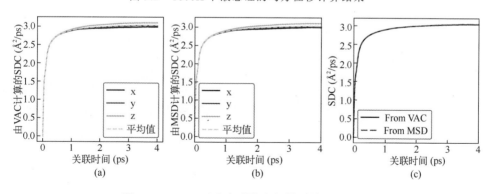

图 9.3　1800K 下液态硅的自扩散系数计算结果

图 9.4 对比了采用 *NVE* 系综、由 BDP 算法实现的 *NVT* 系综以及由朗之万算法实现的 *NVT* 系综计算的自扩散系数。可见，*NVE* 系综与由 BDP 算法实现

的 *NVT* 系综给出基本一致的结果，而由朗之万算法实现的 *NVT* 系综严重低估了自扩散系数值。降低朗之万控温算法的时间耦合参数 τ_T 将进一步降低所计算的自扩散系数值。参见第 6 章的表 6.1，采用 Berendsen 和 NHC 控温算法也能给出正确的自扩散系数值。

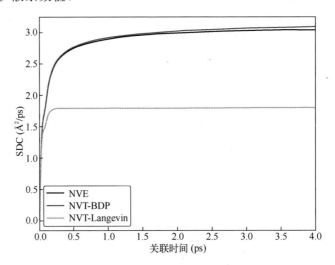

图 9.4　统计系综和控温算法对自扩散系数计算结果的影响

9.3　黏滞系数

　　黏滞系数是表征流体黏滞性大小的物理量，可表达为压强自关联函数的积分。可定义如下 Green-Kubo 积分公式：

$$\eta_{\alpha\beta}(t) = \frac{V}{k_{\mathrm{B}}T} \int_0^t \left\langle \left(P_{\alpha\beta}(0) - \left\langle P_{\alpha\beta} \right\rangle \right) \left(P_{\alpha\beta}(t') - \left\langle P_{\alpha\beta} \right\rangle \right) \right\rangle \mathrm{d}t'. \tag{9.34}$$

其中，V 是系统体积，k_{B} 是玻尔兹曼常数，T 是温度。被积函数：

$$\left\langle \left(P_{\alpha\beta}(0) - \left\langle P_{\alpha\beta} \right\rangle \right) \left(P_{\alpha\beta}(t') - \left\langle P_{\alpha\beta} \right\rangle \right) \right\rangle \tag{9.35}$$

称为压强自关联函数，或应力自关联函数。根据第 7 章的结果，压强张量可表达如下：

$$P_{\alpha\beta} = \frac{W_{\alpha\beta}}{V} + \frac{Nk_{\mathrm{B}}T}{V}\delta_{\alpha\beta}. \tag{9.36}$$

其中，$W_{\alpha\beta}$ 是位力张量（具有能量的量纲）。压强自关联函数中的 $\left\langle P_{\alpha\beta} \right\rangle$ 表示压强张量在平衡态的统计平均值。如果不在压强自关联函数的表达式中减去平均压强，那么压强自关联函数将随着关联时间的增加趋于压强平均值的平方，这一般是非零的。如此则可导致发散的 Green-Kubo 积分。在实际的编程中，通常计算 $P_{\alpha\beta}V$ 的自关联函数，从而将 $\eta_{\alpha\beta}$ 表达为

$$\eta_{\alpha\beta}(t) = \frac{1}{k_{\mathrm{B}}TV} \int_0^t \left\langle \left(P_{\alpha\beta}(0)V - \langle P_{\alpha\beta}\rangle V \right) \left(P_{\alpha\beta}(t')V - \langle P_{\alpha\beta}\rangle V \right) \right\rangle \mathrm{d}t'. \qquad (9.37)$$

根据 $\eta_{\alpha\beta}$ 可定义不同的黏滞系数。对于各向同性体系，剪切（shear）黏滞系数定义为非对角元的平均值：

$$\eta_{\mathrm{S}}(t) = \frac{\eta_{xy}(t) + \eta_{yz}(t) + \eta_{zx}(t)}{3}. \qquad (9.38)$$

纵向（longitudinal）黏滞系数定义为对角元的平均值：

$$\eta_{\mathrm{L}}(t) = \frac{\eta_{xx}(t) + \eta_{yy}(t) + \eta_{zz}(t)}{3}. \qquad (9.39)$$

体（bulk）黏滞系数定义为：

$$\eta_{\mathrm{B}}(t) = \eta_{\mathrm{L}}(t) - \frac{4}{3}\eta_{\mathrm{S}}(t). \qquad (9.40)$$

显然，黏滞系数的量纲是压强乘以时间，通常用 Pa·s 或 mPa·s（即 10^{-3}Pa·s）为单位。

9.3.1　GPUMD 使用范例：计算液态硅的黏滞系数

本节继续用笔者与合作者拟合的硅的通用 NEP 模型[18]计算液态硅的黏滞系数。代码 9.4 给出了 GPUMD 的输入脚本，其内容与计算扩散系数的类似，但不同的是，我们将计算 1600K 的黏滞系数，而不是 1800K 的。计算黏滞系数的关键字是 compute_viscosity。它的第一个参数取 1，代表每一步都抽样，$\Delta\tau = \Delta t = 2\mathrm{fs}$。它的第二个参数取 1000，代表共考虑 $N_{\mathrm{c}} = 1000$ 个关联数据。所以，最大关联时间约为 $N_{\mathrm{c}}\Delta\tau = 2\mathrm{ps}$。产出时间为 100ps，为最大关联时间的 50 倍。

代码 9.4　计算液态硅黏滞系数的 GPUMD 输入脚本

```
1    potential    Si_2022_NEP2.txt

2    velocity     2500

3

4    time_step    2

5
```

6	ensemble	npt_scr 2500 2500 100 0 50 1000
7	dump_thermo	100
8	run	10000
9		
10	ensemble	npt_scr 1600 1600 100 0 50 1000
11	dump_thermo	100
12	run	10000
13		
14	ensemble	nve
15	dump_thermo	100
16	compute_viscosity	1 1000
17	run	50000

图 9.5 给出了液态硅在 1600K 的纵向和剪切黏滞系数。虽然该例中的产出时间（100ps）比扩散系数例子中的产出时间（40ps）更长，但是黏滞系数的曲线却展示出大得多的不确定性。这是因为，速度自关联函数和均方位移是单粒子关联函数（single-particle correlation function），其统计误差反比于粒子数的平方根，而压强自关联函数是集体关联函数（collective correlation function），其统计误差基本上与粒子数无关。

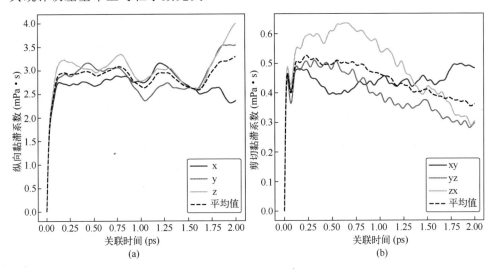

图 9.5 1600K 下液态硅的黏滞系数计算结果

对于纵向黏滞系数，结果在 x、y 和 z 三个方向应该是等价的，故可通过这三个方向结果的差异定义一个统计误差。对于剪切黏滞系数，结果在 xy、yz 和 zx 三个方向应该是等价的，故也可通过这三个方向结果的差异定义一个统计误差。需要注意的是，虽然在模拟中指定了 2ps 的最大关联时间，但是并不一定需要在该处计算黏滞系数，而是可以考虑使用一个更短的关联时间点，只要 Green-Kubo 积分收敛即可。在 Green-Kubo 积分收敛后，关联时间越长，噪声就越大，故通常需要选定一个合适的关联时间点。在本例中，可选定 0.25 ps 的关联时间计算黏滞系数的平均值与统计误差。对于纵向分量，我们有 $\eta_{\mathrm{L}} = (2.9 \pm 0.1)\mathrm{mPa} \cdot \mathrm{s}$。对于剪切分量，我们有 $\eta_{\mathrm{S}} = (0.52 \pm 0.03)\mathrm{mPa} \cdot \mathrm{s}$。

9.4　热导率

热传导现象的宏观规律由傅里叶（Fourier）定律描述。根据傅里叶定律，热流密度（热通量）Q，即单位时间穿过单位面积的热量，正比于温度梯度 ∇T：

$$Q_\mu = -\sum_\nu \kappa_{\mu\nu} \frac{\partial T}{\partial r^\nu}. \tag{9.41}$$

这里的 $\kappa_{\mu\nu}$ 是热导率张量的 $\mu\nu$ 分量，$\partial T / \partial r^\nu$ 是 ν 方向的温度梯度。注意等式右边有个负号，它表示热量的传导方向与温度梯度的方向相反，指向温度降低的方向。在国际单位制中，温度梯度的单位是 K/m，热流密度的单位是 W/m^2，故热导率的单位是 W/(m·K)。

热导率是二阶对称张量，一般来说有 6 个独立的分量。然而，对于二阶对称张量，总可以找到张量主轴（principal axes）。当坐标系与张量主轴重合时，热导率张量仅有三个非零的对角分量，即 κ_{xx}，κ_{yy} 和 κ_{zz}。有时候会将这些分量简记为 κ_x、κ_y 和 κ_z。对于各向异性体系，这些分量一般是不相等的。对于三维各向同性体系，这三个分量是等价的，故可将体系的热导率定义为三个分量的平均值。对于面内各向同性的二维材料体系（如石墨烯），通常将面内热导率定义为两个分量的平均值。

9.4.1　热输运的平衡态分子动力学模拟

对热导率的计算有如下 Green-Kubo 公式：

$$\kappa_{\mu\nu}(t) = \frac{V}{k_{\mathrm{B}}T^2} \int_0^t \mathrm{d}t' \langle Q_\mu(0)Q_\nu(t') \rangle. \tag{9.42}$$

其中，$\kappa_{\mu\nu}(t)(\mu,\nu = x,y,z)$ 是热导率张量，k_{B} 是玻尔兹曼常数，T 是温度，V 是体积，$\langle Q_\mu(0)Q_\nu(t) \rangle$ 是热流密度自关联函数。

前面的讨论使用了热流密度 $\boldsymbol{Q}$，但在实际的编程实现中，更常用热流 $\boldsymbol{J}$，定义为热流密度乘以体积：

$$\boldsymbol{J} = \boldsymbol{Q}V. \tag{9.43}$$

因为热流密度的量纲为功率除以面积，故热流的量纲为功率乘以长度。据此可将热导率的 Green-Kubo 公式写为如下等价的形式：

$$\kappa_{\mu\nu}(t) = \frac{1}{k_{\mathrm{B}}T^2 V} \int_0^t \mathrm{d}t' \left\langle J_\mu(0) J_\nu(t') \right\rangle. \tag{9.44}$$

该式中的 $\left\langle J_\mu(0) J_\nu(t') \right\rangle$ 称为热流自关联函数（heat current auto-correlation function，HCACF）。因为热流的抽样在平衡态实施，故通常将热导率计算的 Green-Kubo 方法称为平衡分子动力学（equilibrium molecular dynamics，EMD）方法。

热流在热输运模拟中至关重要。所以，本节将详细地推导多体势中热流的明确表达式[11]。我们从如下定义出发推导热流的表达式：

$$\boldsymbol{J} = \frac{\mathrm{d}}{\mathrm{d}t} \sum_i \boldsymbol{r}_i E_i. \tag{9.45}$$

其中，E_i 是粒子 i 的总能量，即动能 K_i 与势能 U_i 之和。上述求和所代表的物理量可称为能量矩，而热流就是能量矩的时间变化率。将上式的求导展开得：

$$\boldsymbol{J} = \sum_i \boldsymbol{v}_i E_i + \sum_i \boldsymbol{r}_i \frac{\mathrm{d}}{\mathrm{d}t} E_i. \tag{9.46}$$

上式右边第一项称为对流项，而第二项称为势能项。我们可以记为：

$$\boldsymbol{J} = \boldsymbol{J}^{\mathrm{conv}} + \boldsymbol{J}^{\mathrm{pot}}, \tag{9.47}$$

$$\boldsymbol{J}^{\mathrm{conv}} = \sum_i \boldsymbol{v}_i E_i, \tag{9.48}$$

$$\boldsymbol{J}^{\mathrm{pot}} = \sum_i \boldsymbol{r}_i \frac{\mathrm{d}}{\mathrm{d}t} E_i. \tag{9.49}$$

对流项无需进一步推导，而利用动能定理（$\boldsymbol{v}_i$ 为粒子 i 的速度）：

$$\frac{\mathrm{d}}{\mathrm{d}t} K_i = \boldsymbol{F}_i \cdot \boldsymbol{v}_i, \tag{9.50}$$

可将势能项的热流写为：

$$\boldsymbol{J}^{\mathrm{pot}} = \sum_i \boldsymbol{r}_i (\boldsymbol{F}_i \cdot \boldsymbol{v}_i) + \sum_i \boldsymbol{r}_i \frac{\mathrm{d}}{\mathrm{d}t} U_i. \tag{9.51}$$

根据第 4 章推导的力的表达式，我们有：

$$\sum_i \boldsymbol{r}_i (\boldsymbol{F}_i \cdot \boldsymbol{v}_i) = \sum_i \sum_{j \neq i} \boldsymbol{r}_i (\boldsymbol{F}_{ij} \cdot \boldsymbol{v}_i) = \sum_i \sum_{j \neq i} \boldsymbol{r}_i \left(\frac{\partial U_i}{\partial \boldsymbol{r}_{ij}} - \frac{\partial U_j}{\partial \boldsymbol{r}_{ji}} \right) \cdot \boldsymbol{v}_i . \tag{9.52}$$

根据第 4 章给出的势能 U_i 的一般表达式，我们还有：

$$\sum_i \boldsymbol{r}_i \frac{\mathrm{d}}{\mathrm{d}t} U_i = \sum_i \sum_{j \neq i} \boldsymbol{r}_i \frac{\partial U_i}{\partial \boldsymbol{r}_{ij}} \cdot (\boldsymbol{v}_j - \boldsymbol{v}_i). \tag{9.53}$$

将以上两式相加可得到如下势能项的热流：

$$\boldsymbol{J}^{\mathrm{pot}} = \sum_i \sum_{j \neq i} \boldsymbol{r}_i \left(\frac{\partial U_i}{\partial \boldsymbol{r}_{ij}} \cdot \boldsymbol{v}_j - \frac{\partial U_j}{\partial \boldsymbol{r}_{ji}} \cdot \boldsymbol{v}_i \right). \tag{9.54}$$

交换两个求和哑指标，可得：

$$\boldsymbol{J}^{\mathrm{pot}} = -\sum_i \sum_{j \neq i} \boldsymbol{r}_j \left(\frac{\partial U_i}{\partial \boldsymbol{r}_{ij}} \cdot \boldsymbol{v}_j - \frac{\partial U_j}{\partial \boldsymbol{r}_{ji}} \cdot \boldsymbol{v}_i \right). \tag{9.55}$$

将以上两式相加再除以二可得：

$$\boldsymbol{J}^{\mathrm{pot}} = -\frac{1}{2} \sum_i \sum_{j \neq i} \boldsymbol{r}_{ij} \left(\frac{\partial U_i}{\partial \boldsymbol{r}_{ij}} \cdot \boldsymbol{v}_j - \frac{\partial U_j}{\partial \boldsymbol{r}_{ji}} \cdot \boldsymbol{v}_i \right). \tag{9.56}$$

该表达式涉及一个粒子及其邻居的速度，不利于编程实现。对上式中含有 $\boldsymbol{v}_j$ 的项交换求和哑指标，可得：

$$-\frac{1}{2} \sum_i \sum_{j \neq i} \boldsymbol{r}_{ij} \frac{\partial U_i}{\partial \boldsymbol{r}_{ij}} \cdot \boldsymbol{v}_j = -\frac{1}{2} \sum_i \sum_{j \neq i} \boldsymbol{r}_{ji} \frac{\partial U_j}{\partial \boldsymbol{r}_{ji}} \cdot \boldsymbol{v}_i = \frac{1}{2} \sum_i \sum_{j \neq i} \boldsymbol{r}_{ij} \frac{\partial U_j}{\partial \boldsymbol{r}_{ji}} \cdot \boldsymbol{v}_i . \tag{9.57}$$

于是，我们得到了一个与 $\boldsymbol{v}_j$ 无关的热流表达式：

$$\boldsymbol{J}^{\mathrm{pot}} = \sum_i \sum_{j \neq i} \boldsymbol{r}_{ij} \left(\frac{\partial U_j}{\partial \boldsymbol{r}_{ji}} \cdot \boldsymbol{v}_i \right). \tag{9.58}$$

注意到上式等价于：

$$\boldsymbol{J}^{\mathrm{pot}} = \sum_i \sum_j \left(\boldsymbol{r}_{ij} \otimes \frac{\partial U_j}{\partial \boldsymbol{r}_{ji}} \right) \cdot \boldsymbol{v}_i . \tag{9.59}$$

上式中的张量积其实与位力有关。根据第 7.1.1 节的结果可知，多体势体系的单粒子位力可表达为：

$$\boldsymbol{W}_i = \sum_{j \neq i} \boldsymbol{r}_{ij} \otimes \frac{\partial U_j}{\partial \boldsymbol{r}_{ji}} , \tag{9.60}$$

据此可将多体势的热流用单粒子位力表达为：

$$J^{\text{pot}} = \sum_i W_i \cdot v_i. \tag{9.61}$$

要注意的是，上述表达式中的单粒子位力不能假设是对称张量。实际上，文献中有不少使用错误热流表达式的例子，都是因为没有仔细推导公式，或盲目地信任已有的编程实现。到目前为止，流行的 LAMMPS 程序中的热流计算对大部分多体势函数来说都是错误的。相比之下，GPUMD 程序中的热流计算都使用了上述正确的公式。

9.4.2 热输运的均匀非平衡分子动力学模拟方法

和压强自关联函数一样，热流自关联函数也是集体关联函数，通过它计算的热导率结果有较大的不确定性。要得到较为准确的结果，往往需要很长的产出时间。本节介绍另一个计算热导率的方法，称为均匀非平衡分子动力学（homogeneous non-equilibrium molecular dynamics，HNEMD）。该方法由 Evans 等人[57]针对两体势提出，由笔者与合作者[58]推广至一般的多体势，包括机器学习势[18]。后面我们将通过实例说明，HNEMD 方法比 EMD 方法更为高效。

下面简要推导一般多体势体系的 HNEMD 方法。我们考虑 N 个粒子组成的哈密顿系统：

$$H(\{r_i, p_i\}) = \sum_i \frac{p_i^2}{2m_i} + U(\{r_i\}), \tag{9.62}$$

其运动方程为：

$$\frac{\mathrm{d}r_i}{\mathrm{d}t} = \frac{p_i}{m_i}, \tag{9.63}$$

$$\frac{\mathrm{d}p_i}{\mathrm{d}t} = F_i. \tag{9.64}$$

在以上各式中，r_i、m_i、p_i 和 F_i 分别是粒子 i 的坐标、质量、动量和受到的力。引入驱动力，使得动量的运动方程变为：

$$\frac{\mathrm{d}p_i}{\mathrm{d}t} = F_i + D_i(\{r_i, p_i\}) \cdot F_{\text{e}}. \tag{9.65}$$

这里的 $D_i(\{r_i, p_i\})$ 是二阶张量，而驱动力参数 F_{e} 是矢量。通过下式定义耗散通量（dissipative flux）J_{d}：

$$\frac{\mathrm{d}H(\{r_i, p_i\})}{\mathrm{d}t} = J_{\text{d}} \cdot F_{\text{e}}, \tag{9.66}$$

物理量 A 的非平衡系综平均可推导为如下形式：

$$\langle \boldsymbol{A}(t)\rangle_{\text{ne}} = \langle \boldsymbol{A}(0)\rangle + \left(\int_0^t \mathrm{d}t' \frac{\langle \boldsymbol{A}(t') \otimes \boldsymbol{J}_{\text{d}}(0)\rangle}{k_{\text{B}}T} \right) \cdot \boldsymbol{F}_{\text{e}}. \tag{9.67}$$

其中，$\langle \boldsymbol{A}(0)\rangle$ 是平衡系综的平均，而 $\langle \boldsymbol{A}(t') \otimes \boldsymbol{J}_{\text{d}}(0)\rangle$ 是物理量 $\boldsymbol{A}$ 和耗散通量 $\boldsymbol{J}_{\text{d}}$ 之间的时间关联函数。如果将 $\boldsymbol{A}$ 和 $\boldsymbol{J}_{\text{d}}$ 都取为热流 $\boldsymbol{J}$，那么我们有（注意到热流的平衡系综平均是零）：

$$\langle \boldsymbol{J}(t)\rangle_{\text{ne}} = \left(\frac{1}{k_{\text{B}}T} \int_0^t \mathrm{d}t' \langle \boldsymbol{J}(t') \otimes \boldsymbol{J}(0)\rangle \right) \cdot \boldsymbol{F}_{\text{e}}. \tag{9.68}$$

根据热导率的 Green-Kubo 公式可得：

$$\frac{\langle J^{\mu}(t)\rangle_{\text{ne}}}{TV} = \sum_{\nu} \kappa^{\mu\nu}(t) F_{\text{e}}^{\nu}. \tag{9.69}$$

为确定驱动力 $\boldsymbol{D}_i \cdot \boldsymbol{F}_{\text{e}}$，我们考察哈密顿量的时间导数：

$$\frac{\mathrm{d}H}{\mathrm{d}t} = \sum_i \frac{\boldsymbol{p}_i}{m_i} \cdot (\boldsymbol{D}_i \cdot \boldsymbol{F}_{\text{e}}) = \sum_i \boldsymbol{v}_i \cdot (\boldsymbol{D}_i \cdot \boldsymbol{F}_{\text{e}}). \tag{9.70}$$

因为我们已将耗散通量 $\boldsymbol{J}_{\text{d}}$ 取为热流 $\boldsymbol{J}$，故有：

$$\frac{\mathrm{d}H}{\mathrm{d}t} = \boldsymbol{J} \cdot \boldsymbol{F}_{\text{e}} = \sum_i \boldsymbol{F}_{\text{e}} \cdot (\boldsymbol{v}_i E_i) + \sum_i \boldsymbol{F}_{\text{e}} \cdot (\boldsymbol{W}_i \cdot \boldsymbol{v}_i). \tag{9.71}$$

对比以上两式可得驱动力的表达式：

$$\boldsymbol{D}_i \cdot \boldsymbol{F}_{\text{e}} = \boldsymbol{F}_{\text{e}} E_i + \boldsymbol{F}_{\text{e}} \cdot \boldsymbol{W}_i. \tag{9.72}$$

这就是作用在每个原子上的驱动力。该驱动力对整个体系的平均值不为零。为避免动量不守恒，需将每个原子的驱动力减去整体驱动力的平均值。另外，因为驱动力将为体系注入能量，故必须使用控温算法将该能量吸收，从而维持体系的温度。也就是说，在使用 HNEMD 方法计算热导率时，产出阶段不能使用 *NVE* 系综，而应该使用 *NVT* 或 *NPT* 系综。

9.4.3　热输运的非均匀非平衡分子动力学模拟

在 HNEMD 方法中，体系虽然处于非平衡态，但并没有宏观温度梯度。还有一种非平衡分子动力学模拟，通过产生热源（heat source）和热汇（heat sink）构建一个温度梯度场，然后测量由此温度梯度引起的热流（或者热通量），从而根据傅里叶定律的关系式得到热导率。这种方法一般称为非平衡分子动力学（non-equilibrium molecular dynamics，NEMD）方法。

产生热源和热汇的方法有多种，我们仅介绍使用朗之万热浴控温的方法[59]。

如图 9.6 所示，一般将研究体系分割为若干部分，左右两端分别有若干粒子被固定（标记为固定区的部分），紧接着各有若干粒子（长度为 L_{th}，下标 th 是 thermal bath，即热浴的意思）被当做热源和热汇，中间长度为 L 的部分是所谓的传热通道。体系在横向（垂直于热传导的方向）有一定的宽度 W。在热源和热汇部分，我们分别施加一个目标温度为 $T + \Delta T/2$ 和 $T - \Delta T/2$ 的朗之万热浴。

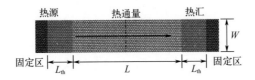

图 9.6　热输运计算的 NEMD 方法示意图[59]

达到稳态后，热源和热汇部分的温度差将为 ΔT。记由该温差产生的热通量值为 Q，可定义长度为 L 部分体系的热导（thermal conductance）：

$$G(L) = \frac{Q}{\Delta T}. \tag{9.73}$$

严格地说，这是单位面积的热导，但常将其简称为热导，在国际单位制中的单位是 $W/(m^2 \cdot K)$。对于有限长度的体系，通常根据热导再定义一个长度依赖的热导率：

$$\kappa(L) = G(L)L. \tag{9.74}$$

代入 $G(L)$ 的表达式可得：

$$\kappa(L) = \frac{Q}{\Delta T / L}. \tag{9.75}$$

这就类似傅里叶定律了，其中 $\Delta T / L$ 是温度梯度。由该式定义的热导率不是材料的固有（intrinsic）性质，而是依赖于长度的。一般将该热导率称为等效（effective）热导率或表观（apparent）热导率，用以区别由 EMD 或 HNEMD 方法计算的固有热导率。关于温度梯度，文献中常见的做法是对部分温度数据做线性拟合，规避热源和热汇附近"非线性"的部分，但李珍等人[59]的研究表明，应该直接用温差除以长度得到温度梯度，因为热源和热汇附近"非线性"的部分反映了接触热阻的效应，不应排除。

稳态热通量既可由微观粒子的热流求得，也可由热浴部分的能量交换功率求得。这两种方法的等价性为验证公式和代码的正确性提供了基础。运用该等价性，董海宽等人[33]验证了 NEP[18] 和 DP[25] 机器学习势中热流公式的正确性，并发现 MTP[24] 机器学习势中的热流是错误的。

9.5 GPUMD 使用范例：晶体硅热导率计算

本节采用第 5 章训练的 NEP 模型研究晶体硅的热输运。我们将依次使用 EMD、HNEMD 和 NEMD 三种方法，并介绍一种谱分解方法[58]。我们将看到，这些不同方法得到的结果是相互融洽的。本节的结果主要来自董海宽等人的综述[33]。

9.5.1 EMD 模拟

用 EMD 方法计算晶体硅热导率的 run.in 脚本内容如代码 9.5 所示。首先在 NPT 系综平衡 500ps，然后在 NVE 系综抽样热流，根据 Green-Kubo 公式计算热导率。计算热导率的关键字是 compute_hac，后面有三个参数。第一个参数 20 表示热流的抽样间隔为 20 步，即 $\Delta \tau = 20\text{fs}$。第二个参数 50000 表示关联函数的数据个数为 $N_c = 50000$，对应的最大关联时间为 $N_c \Delta \tau = 1\text{ns}$。第三个参数 10 指的是在输出结果时，将每 10 个数据平均成一个数据输出，这样每两个数据之间的时间间隔就是 $10\Delta \tau = 200\text{fs}$。之所以做平均，是为了减少输出数据量，节约存储空间。

代码 9.5　用 EMD 计算晶体硅热导率的 GPUMD 输入脚本

```
1    potential       nep.txt
2    velocity        300
3
4    ensemble        npt_ber 300 300 100 0 53.4059 2000
5    time_step       1
6    dump_thermo     1000
7    run             500000
8
9    ensemble        nve
10   compute_hac 20 50000 10
11   run             10000000
```

热导率的 Green-Kubo 积分如图 9.7 所示。我们做了 50 次独立模拟，由 50 条较细的虚线表示。它们的平均值由较粗的实线表示。与压强自关联函数类似，热流自关联函数也是集体关联函数，其统计涨落几乎与模拟尺寸无关，故一般需要较多次的独立模拟（具体次数取决于单次模拟的产出时间）才能得到较为准确的结果。图 9.7 显示，在关联时间达到 1ns 时，热导率的 Green-Kubo 积分基本上收敛了。于是，我们在 1ns 的关联时间点计算热导率的统计平均与误差，结果为 $\kappa = (102 \pm 6) \mathrm{W}/(\mathrm{m \cdot K})$。

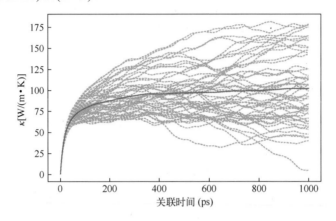

图 9.7　晶体硅热导率计算的 EMD 结果

在 EMD 模拟中，我们采用周期边界条件模拟无限大体系的情形。虽然此时的模拟体系没有边界，但不能保证所得结果一定能准确地代表无限大体系的性质。用周期边界条件和有限大小的体系模拟无限大体系性质时所产生的影响称为有限尺寸效应（finite-size effects）。在使用 Green-Kubo 公式时，通常都需要认真地测试有限尺寸效应，即采用一系列具有不同尺寸的体系，研究结果对尺寸的依赖关系，获得与尺寸无关的结果。对于晶体硅，文献中已有很多测试。在该例中，我们采用了 12×12×12 的立方晶胞，共 13824 个原子，已被证实是足够大的，有限尺寸效应可忽略不计。

9.5.2　HNEMD 模拟

接下来，我们考察 HNEMD 模拟。因为 HNEMD 方法与 EMD 方法具有类似的有限尺寸效应，所以我们依然使用含有 13824 个原子的立方晶胞。代码 9.6 给出了 run.in 文件的内容。在产出阶段，我们继续用 NHC 算法控温，并使用 compute_hnemd 关键字实施 HNEMD 模拟。该关键字的第一个参数 1000 表示每隔 1000 步输出一次平均后的热导率结果。后三个参数定义了驱动力参数 F_e 的三个分量，单位是 Å^{-1}。在本例中，驱动力朝 x 方向，大小为 2×10^{-5}Å^{-1}。产出阶段共 10ns。

代码 9.6　用 HNEMD 计算晶体硅热导率的 GPUMD 输入脚本

```
1    potential        nep.txt
2    velocity         300
3
4    ensemble         npt_ber 300 300 100 0 53.4059 2000
5    time_step        1
6    dump_thermo      1000
7    run              1000000
8
9    ensemble         nvt_nhc 300 300 100
10   compute_hnemd    1000  2e-5 0 0
11   compute_shc      2 250 0 1000 120
12   dump_thermo      1000
13   run              10000000
```

我们用上述输入做了 4 次独立模拟。对于其中的一次独立模拟，得到的瞬时热导率 $\kappa(t)$ 如图 9.8（a）的灰色实线所示。与压强等其他物理量类似，热导率的瞬时值是剧烈地涨落的。然而，我们可以对瞬时值求时间累积平均，重新定义热导率：

$$\kappa(t) \leftarrow \frac{1}{t}\int_0^t \kappa(t')\mathrm{d}t'. \tag{9.76}$$

这样定义的热导率如图 9.8（a）的虚线所示。可以看到，虚线所示的热导率随模拟时间的增加逐渐趋于稳定。一般来说，当驱动力参数 F_e 取值恰当时，得到的热导率曲线都会趋于稳定。然而，当 F_e 取值过大时，热导率曲线可能迅猛上升到很大的值，意味着模拟超出了线性响应的范围。具体的例子可参见发表的论文[58,60]。

四次独立模拟的结果如图 9.8（b）中的虚线所示。图中较粗的实线是四次独立模拟结果的平均。对 10ns 处的四个结果计算平均值与统计误差，可得 $\kappa \approx (108\pm3)\mathrm{W}/(\mathrm{m}\cdot\mathrm{K})$。对比前面的 EMD 结果，$\kappa = (102\pm6)\mathrm{W}/(\mathrm{m}\cdot\mathrm{K})$，我们看到 HNEMD 和 EMD 两种方法所得结果在统计误差范围内是一致的。我们再看模拟的总时间。对于 HNEMD 和 EMD 模拟，每次独立模拟的产出时间都是 10ns，但 EMD 用了 50 次独立模拟，而 HNEMD 仅用了 4 次独立模拟。即使如此，EMD 的统计误差依然是 HNEMD 的统计误差的两倍。要得到同样大小的统计误差，需要约 200 次独立 EMD 模拟。因此，对于该例，HNEMD 与 EMD 的效率之比为 200 / 4 = 50。在一般情况下，HNEMD 方法都要比 EMD 方法要高效得多[58]此外，HNEMD 方法还有一个很好的性质，即它的统计误差随模拟体系原子数 N 的增加而按 $\sim N^{-1/2}$ 的趋势减小，这是 EMD 方法所不具备的性质。具体例子见顾骁坤等人的文章[61]。

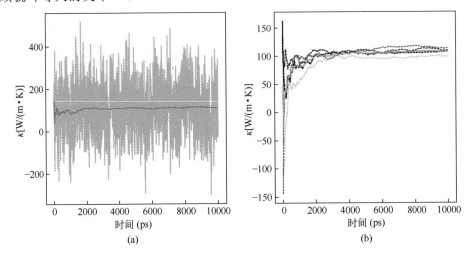

图 9.8　晶体硅热导率计算的 HNEMD 结果

9.5.3　NEMD 模拟

我们再考察 NEMD 方法。该方法的结果与模拟长度有关。对一个长度为 L 的体系，用 NEMD 方法计算的是该长度下的表观热导率 $\kappa(L)$。当 L 趋于零时，$\kappa(L)$ 也趋于零，而比值 $G(L) = \kappa(L) / L$ 将趋于所谓的弹道热导（ballistic thermal conductance）。作为例子，我们就研究该弹道输运的极限。

为了研究弹道输运极限，我们采用一个 $23 \times 12 \times 12$ 的长方晶胞，总原子数为 $23 \times 12 \times 12 \times 8 = 26496$。三个方向皆采用周期边界。体系在 x 方向有 23 个立方单胞。将 x 方向设置为输运方向，并将体系沿着该方向分为 6 个组。第 0 组（4 个单胞）的原子将在模拟中被固定，用以模拟两端固定的区域。该区域的长度需保证其两边的原子无相互作用，从而可被当做绝热墙。第 1 组（8 个单胞）的原子被当做与热源耦合的区域。热源区域必须足够长。第 5 组（8 个单胞）的原子被当做与热汇耦合的区域。热汇区域也必须足够长。其余中间的三组（每组一个单胞）构成所谓的"器件"区域，其总长度就是上面所说的 L。所以，在该例中，器件长度为三个单胞，约 1.64nm。如此短的器件对晶体硅中声子的散射可忽略不计，所以本例研究的就是弹道输运的极限。

本例所用 run.in 脚本的内容如代码 9.7 所示。第 6 行和第 11 行的 fix 关键字后面接一个组号，用来将属于该组的原子固定（或者说冻结）。该组就是上面所说的长度为 4 个单胞的第 0 组。第 10 行的 ensemble 关键字后的第一个参数 heat_lan 表示采用朗之万热浴实现热源和热汇。第二个参数 300 表示平均温度为 300K。第三个参数 100 表示热浴的弛豫时间为 $\tau_T = 100$ 个步长。第四个参数 10 表示热源的目标温度为 $300 + 10 = 310(K)$，而热汇的目标温度为 $300 - 10 = 290(K)$。第五个参数 1 表示热源对应组号为 1 的原子。第六个参数 5 表示热汇对应组号为 5 的原子。关键字 compute 是用来计算物理量的时间与空间平均值的。第一个参数 0 表示考虑第 0 个分组方法。第二个参数 10 表示抽样间隔为 10 个步长。第三个参数 100 表示将每 100 个抽样计算的数据做平均后输出（故每两次输出的间隔是 1000 个步长）。第四个参数 temperature 表示需要计算的物理量是温度。因为有 6 个组，故将计算这 6 个组的局部温度。另外，程序还会额外输出两列数据，分别是与热源和热汇耦合的热浴能量。

代码 9.7　用 NEMD 计算晶体硅弹道热导的 GPUMD 输入脚本

```
1    potential      nep.txt
2    velocity       300
3
4    ensemble       nvt_ber 300 300 100
5    time_step      1
6    fix            0
7    dump_thermo    100
8    run            100000
9
10   ensemble       heat_lan 300 100 10 1 5
11   fix            0
12   compute        0 10 100 temperature
13   compute_shc    2 250 0 1000 120 group 0 3
14   run            1000000
```

计算结果如图 9.9 所示。图 9.9（a）给出了 5 个组的温度（第 0 组是固定组，故温度是零）。可以看到，第 1 组（对应热源）的温度确实达到了目标值 310K，而第 5 组（对应热汇）的温度达到了目标值 290K。中间三个组（对应器件部分）的温度看起来组成一条直线，但斜率绝对值比由热源和热汇两个温度点所在直线的斜率绝对值小很多。也就是说，第 1 组和第 2 组之间的温度有一个突变，类似的情况也发生在第 5 组和第 4 组之间。这种温度突变实际上对应接触热阻，是整个体系热阻的一部分。

图 9.9（b）的实线和虚线分别给出了与热源和热汇耦合的热浴的能量。因为热源区的原子需要从与之耦合的热浴得到能量以维持高温，故该部分的热浴能量将降低。因为热汇区的原子需要向与之耦合的热浴释放能量以维持高温，故该部分的热浴能量将增加。达到稳态后，这两个热浴的能量变化率 dE / dt 的绝对值应该相等。根据能量变化率可求得热通量：

$$Q = \frac{\mathrm{d}E / \mathrm{d}t}{A}. \tag{9.77}$$

其中，A 是模拟体系在垂直于输运方向的横截面积。用热通量除以热源和热汇的温差，即可得到该体系的热导，结果为 0.93GW/(m^2 · K)。因为模拟的体系很短，这基本上就是晶体硅的弹道热导。该模拟的统计误差很小，可忽略不计。

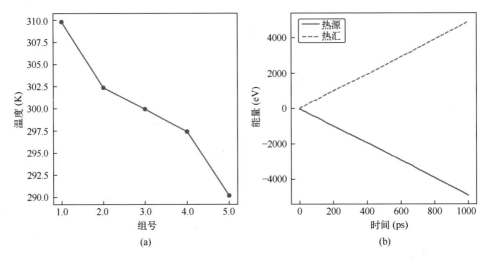

（a）　　　　　　　　　　　　　（b）

图 9.9　晶体硅热输运的 NEMD 模拟结果

9.5.4　热流的谱分解

我们可以进一步用 NEMD 方法计算不同长度体系的热导和表观热导率，但这种方法并不高效。本节介绍热流的谱分解，用它可快速获得任何长度的表观热导率。

在研究热流的谱分解之前，我们首先介绍一个声子态密度（phonon density of states，PDOS）或振动态密度（vibrational density of states，VDOS）的计算方法。VDOS 可表达为速度自关联函数的傅里叶变换[62]：

$$\rho(\omega) = \int_{-\infty}^{\infty} dt e^{i\omega t} MVAC(t). \tag{9.78}$$

其中，MVAC(t) 是质量加权的速度自关联（mass-weighted velocity auto-correlation，MVAC）函数：

$$MVAC(t) = \frac{1}{k_B T} \sum_i m_i \langle \boldsymbol{v}_i(0) \cdot \boldsymbol{v}_i(t) \rangle. \tag{9.79}$$

利用自关联函数的对称性：

$$MVAC(-t) = MVAC(t) \tag{9.80}$$

我们有：

$$\rho(\omega) = \int_{-\infty}^{\infty} dt \cos(\omega t) MVAC(t). \tag{9.81}$$

因为我们只能在 N_c 个离散的时间点计算 MVAC，所以上述积分可以写成如下离散余弦变换的形式：

$$\rho(\omega) \approx \sum_{n=0}^{N_c-1} (2 - \delta_{n0}) \Delta\tau \cos(\omega n \Delta\tau) MVAC(n\Delta\tau). \tag{9.82}$$

δ_{n0} 是克罗内克符号，而因子 $(2 - \delta_{n0})$ 表示时刻 $t = 0$ 只有一个关联数据，而其他时刻都有两个等价的数据。为了消除吉布斯振荡，得到较为光滑的曲线，一般需要施加一个所谓的窗口函数。我们可以施加如下 Hann 窗口函数：

$$\rho(\omega) \approx \sum_{n=0}^{N_c-1} (2 - \delta_{n0}) \Delta\tau \cos(\omega n \Delta\tau) MVAC(n\Delta\tau) H(n), \tag{9.83}$$

$$H(n) = \frac{1}{2}\left[\cos\left(\frac{\pi n}{N_c} \right) + 1 \right]. \tag{9.84}$$

与 VAC 类似，MVAC 也是单粒子关联函数。所以，可定义局部的 VDOS，也可定义各个方向的 VDOS。例如，对于二维材料，可分别计算平面内的 VDOS 和平面外的 VDOS，它们往往有很不一样的特征。

代码 9.8 给出了计算晶体硅 VDOS 的 run.in 输入脚本。在 GPUMD 中计算 VDOS 的关键字为 compute_dos，如代码 9.8 的第 10 行所示。该关键字的第一个参数 2 表示速度的抽样间隔为 2 个步长，即 $\Delta\tau = 2\Delta t = 2\text{fs}$。第二个参数 250 表示关联函数的数据长度为 $N_c = 250$，故总的关联时间约为 $N_c \Delta\tau = 500\text{fs}$。第三个参数 120 表示振动频率数据点将均匀地从 0 到 $\omega_{max} = 120THz$ 取值。

代码 9.8   计算晶体硅 VDOS 的 GPUMD 输入脚本

```
1    potential      ./nep.txt
2    velocity       300
3
4    ensemble       npt_ber 300 300 100 0 53.4059 2000
5    time_step      1
6    dump_thermo    1000
7    run            100000
8
9    ensemble       nve
10   compute_dos    2 250 120
11   run            100000
```

图 9.10（a）给出了归一化的 MVAC（即关联时间为零时的 MVAC 等于 1），三个方向的结果几乎完全一致，说明统计误差非常小。图 9.10（b）给出对应的 VDOS，可以看出晶体硅中的最高振动频率约为 $\omega/2\pi = 15THz$，每个方向的 VDOS 都归一化为体系的原子数。这不是唯一的归一化方式，在文献中也常将 VDOS 归一化为 1，即令 VDOS 对频率的积分为 1。不管如何归一化，对多元素体系都需使用 MVAC（而不是 VAC）计算 VDOS。

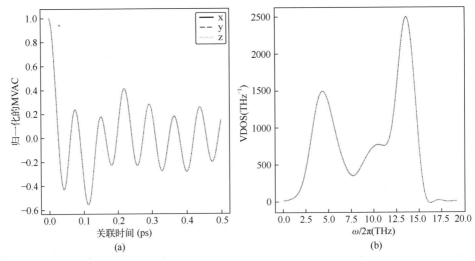

图 9.10   晶体硅的振动态密度计算结果

接下来研究热流的谱分解。回顾多体势热流公式（因为我们考虑固体中的热传导，故忽略对流部分）：

$$J = \sum_i W_i \cdot v_i. \tag{9.85}$$

在 NEMD 和 HNEMD 模拟中，达到稳态后，都可定义热流的时间平均：

$$\left\langle \sum_i W_i \cdot v_i \right\rangle. \tag{9.86}$$

在该定义中，位力张量 W_i 与速度 v_i 总是在同一时刻测量。如果允许它们之间有个时间差，就可以定义一个关联函数，称为位力-速度互关联（virial-velocity cross-correlation）函数：

$$K(t) = \left\langle \sum_i W_i(0) \cdot v_i(t) \right\rangle. \tag{9.87}$$

位力-速度互关联函数的傅里叶变换就是热流的谱分解。再结合 HNEMD 和 NEMD 方法中关于热导率和热导的定义，即可得到热导率和热导的谱分解。在 HNEMD 模拟中，热导率张量有如下谱分解：

$$\kappa_{\mu\nu} = \int_{-\infty}^{+\infty} \frac{\mathrm{d}\omega}{2\pi} \kappa_{\mu\nu}(\omega), \tag{9.88}$$

$$\frac{2}{VT} \int_{-\infty}^{+\infty} \mathrm{e}^{i\omega t} K^\mu(t)\mathrm{d}t = \sum_\nu \kappa_{\mu\nu}(\omega) F_\mathrm{e}^\nu. \tag{9.89}$$

在 NEMD 模拟中，考虑某个具体的热输运方向（从而不需要考虑矢量），热导有如下谱分解：

$$G = \int_{-\infty}^{+\infty} \frac{\mathrm{d}\omega}{2\pi} G(\omega), \tag{9.90}$$

$$G(\omega) = \frac{2}{V\Delta T} \int_{-\infty}^{+\infty} \mathrm{e}^{i\omega t} K(t)\mathrm{d}t. \tag{9.91}$$

在 HNEMD 和 NEMD 模拟中考虑谱分解的关键字是 compute_shc，见代码 9.6 第 11 行和代码 9.7 的第 13 行。该关键字的第一个参数 2 表示抽样间隔为 2 个步长 $\Delta\tau = 2\Delta t = 2\mathrm{fs}$。第二个参数 250 表示关联函数的数据长度为 $N_\mathrm{c} = 250$，故总的关联时间约为 $N_\mathrm{c}\Delta\tau = 500\mathrm{fs}$。第三个参数 0 表示输运方向为 x（y 和 z 方向分别对应参数 1 和 2）。第四个参数 1000 表示计算的谱分解函数将有 1000 个频率数据点。第五个参数 120 表示这些频率数据点将均匀地从 0 到 $\omega_\mathrm{max} = 120\mathrm{THz}$ 取值。以上五个参数在 HNEMD 和 NEMD 方法中都有。在 NEMD 方法中，我们还使用了三个参额外的参数，即 group 0 3，它们表示仅针对第 0 个分组方法的第 3 组进行计算。在 NEMD 方法中，第 3 组对应模拟体系中间的部位，受热源和热汇的影响小。

NEMD 模拟中的位力-速度互关联函数 $K(t)$ 如图 9.11（a）所示。互关联函数一般来说不是关联时间的偶函数，故也需要考虑负的关联时间。图 9.11（b）给出对应的谱热导 $G(\omega)$。可以验证，谱热导对频率的积分与之前计算的总热导 G 是一致的。

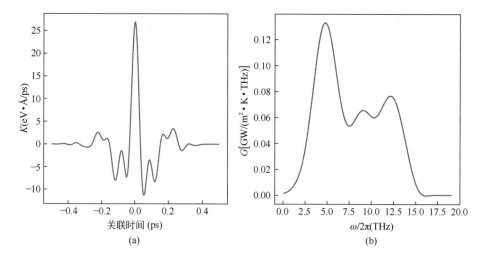

图 9.11　晶体硅在弹道输运极限下的谱热导结果

HNEMD 模拟中的位力-速度互关联函数 $K(t)$ 如图 9.12（a）所示，对应的谱分解热导率 $\kappa(\omega)$ 如图 9.12（b）所示。可以验证，谱热导率对频率的积分与之前计算的总热导率 κ 是一致的。

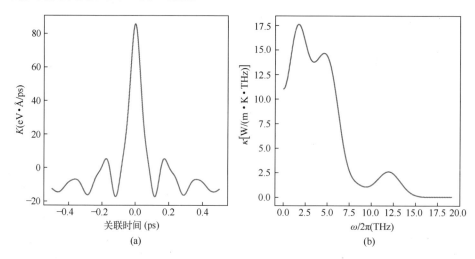

图 9.12　晶体硅在扩散输运极限下的谱热导率结果

有了弹道输运的谱热导 $G(\omega)$ 和扩散输运的谱热导率 $\kappa(\omega)$，我们可定义谱自由程[58]：

$$\lambda(\omega) = \frac{\kappa(\omega)}{G(\omega)}. \tag{9.92}$$

结果如图 9.13（a）所示。我们看到，晶体硅中的声子自由程跨越了约三个量级：从高频部分的 10nm 量级到低频极限的 10μm 量级。

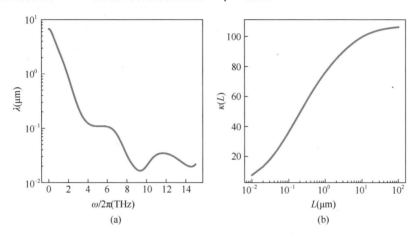

图 9.13　晶体硅的声子自由程与表观热导率

根据谱自由程，可定义表观热导率的谱分解 $\kappa(\omega, L)$：

$$\frac{1}{\kappa(\omega, L)} = \frac{1}{\kappa(\omega)}\left(1 + \frac{\lambda(\omega)}{L}\right). \tag{9.93}$$

有了表观热导率的谱分解，可以进一步求得任何长度的表观热导率 $\kappa(L)$：

$$\kappa(L) = \int_0^\infty \frac{\mathrm{d}\omega}{2\pi} \kappa(\omega, L). \tag{9.94}$$

结果如图 9.13（b）所示。由于晶体硅中存在10μm 量级的声子自由程，故表观热导率 $\kappa(L)$ 在 100μm 量级才达到收敛，收敛值即为 HNEMD 方法计算的热导率 κ。对于有限的长度 L，也可用 NEMD 计算表观热导率 $\kappa(L)$，结果与由谱分解技术所得到的一致[33]。如果在 NEMD 模拟中考虑足够大的 L 并采用合适的外推方案，得到的 $\kappa(L \to \infty)$ 也应与 EMD 和 HNEMD 模拟所得结果一致。董海宽等人[63]曾系统地验证过 EMD 与 NEMD 模拟结果的一致性。虽然 EMD、HNEMD 和 NEMD 在计算无限长体系的热导率时结果上是等价的，但徐克等人的工作[64]表明，一般来说，HNEMD 方法是最高效的，而 NEMD 方法是最低效的。

　　最后，我们注意到，由 HNEMD 计算的总热导率 $[\kappa = 108 \pm 3 \text{W/(m·K)}]$ 显著低于实验值 [约 150W/(m·K)]。最近的研究[33]表明这种对热导率的低估是由机器学习势的误差引起的。我们所用的 NEP 势函数虽然拟合了量子力学密度泛函理论计算的数据，但精度是有限的。在 300K 的分子动力学模拟中，力的方均根误差为 21.2meV/Å。该误差看起来已经很小了，但对声子的散射产生了不可忽略的作用，从而导致热导率的低估。具体分析见董海宽等人的论文[33]。

第 **10** 章
路径积分分子动力学

前面的章节讨论的都是经典分子动力学模拟。本章讨论基于费曼（Feynman）路径积分[65]的分子动力学模拟，简称路径积分分子动力学（path-integral molecular dynamics，PIMD）模拟。经典分子动力学模拟忽略了原子核的量子效应，而 PIMD 模拟则保留了原子核的量子效应，如零点能和量子隧穿。为理解 PIMD，需要先回顾量子力学和量子统计力学。以此为基础，本章先介绍路径积分量子统计力学，然后讨论 PIMD 的运动方程积分，最后讨论一些热力学量的计算。

10.1 量子力学

10.1.1 量子力学的基本原理

量子力学的基本原理之一：量子态的描述。一个系统（一个或多个粒子组成的整体）在某一时刻的状态由某个希尔伯特（Hilbert）空间中的一个矢量描述。而且规定：相差一个复数因子的两个矢量描写同一个状态。我们常称表述状态的矢量为状态矢量，或简称态矢，或进一步简称态。利用狄拉克（Dirac）符号，我们记一个态矢为 $|\psi\rangle$、$|\phi\rangle$ 等。通常假定态矢是归一化的，即模为 1，或者说内积为 1。用狄拉克符号可表示如下：

$$\langle \psi \| \psi \rangle \equiv \langle \psi | \psi \rangle = 1. \tag{10.1}$$

如果 $|\psi_1\rangle$ 和 $|\psi_2\rangle$ 是不同的态矢，那么当 a 和 b 都不为零时，$|\psi\rangle = a|\psi_1\rangle + b|\psi_2\rangle$ 是一个不同于 $|\psi_1\rangle$ 和 $|\psi_2\rangle$ 的新态矢。

量子力学的基本原理之二：物理量的描述。在量子力学中，物理量由希尔

伯特空间中的厄米算符（Hermitian operator）描述。设考虑的物理量为 A，其算符记为 $\hat{A}$。为简单起见，我们暂时假设物理量算符的本征值谱 $\{a_i\}$ 是离散的，相应的本征矢量（也称为本征态）为 $|\psi_i\rangle$：

$$\hat{A}|\psi_i\rangle = a_i|\psi_i\rangle. \tag{10.2}$$

厄米算符的各个本征值都是实数，而且我们总可以将它的本征矢量的集合取为正交、归一、完备的基。我们假设已经这样做了。对于这样的基，我们有完备性关系：

$$\hat{I} = \sum_i |\psi_i\rangle\langle\psi_i|. \tag{10.3}$$

设有一归一化态矢 $|\psi\rangle$，它可以按这个基展开：

$$|\psi\rangle = \hat{I}|\psi\rangle = \sum_i |\psi_i\rangle\langle\psi_i|\psi\rangle = \sum_i |\psi_i\rangle c_i. \tag{10.4}$$

其中，我们定义了展开系数：

$$c_i \equiv \langle\psi_i|\psi\rangle. \tag{10.5}$$

我们假设，当系统处于态 $|\psi\rangle$ 时测量物理量 A 将得到其本征值谱 $\{a_i\}$ 中的某一个值，其中得到值 a_i 的概率为 $|c_i|^2$。我们期望所有可能的概率的和为 1，这对于归一化的态矢确实成立：

$$1 = \langle\psi|\psi\rangle = \sum_i \langle\psi|\psi_i\rangle\langle\psi_i|\psi\rangle = \sum_i \langle\psi_i|\psi\rangle^*\langle\psi_i|\psi\rangle = \sum_i c_i^* c_i = \sum_i |c_i|^2. \tag{10.6}$$

一个特殊的情况是，除了某一个系数（如 c_1）不等于零，其他的系数都等于零。此时这个不等于零的系数的模方 $|c_1|^2 = 1$，故可推断，测量物理量 A 将百分之百地得到值 a_1。这就揭示出本征值和本征态在量子力学中的物理意义：当系统处于某个物理量的某个本征态时，测量该力学量将只可能得到一个值，即与该本征态对应的本征值。对于一个非本征态 $|\psi\rangle$，测量物理量 A 得到值 a_i 的概率为 $|c_i|^2$，故可仿照统计力学中对平均值的定义来定义一个物理量在一个量子态中的期望值：

$$\langle\hat{A}\rangle = \sum_i |c_i|^2 a_i. \tag{10.7}$$

根据系数 c_i 的定义，我们可将上式写为：

$$\langle\hat{A}\rangle = \sum_i \langle\psi|\psi_i\rangle\langle\psi_i|\psi\rangle a_i = \sum_i \langle\psi|\hat{A}|\psi_i\rangle\langle\psi_i|\psi\rangle = \langle\psi|\hat{A}|\psi\rangle. \tag{10.8}$$

在最后一步，我们利用了基的完备性关系。可见，一个物理量在一个态中的期

望值就是将物理量算符作用在态矢上再与态矢做内积得到的值。关于物理量在测量中的取值问题，量子力学还假设，如果在一次测量中，物理量 A 的观测值是一个特定的 a_n，那么在测量之后，系统就处于物理量 A 的与本征值 a_n 对应的本征态 $|\psi_n\rangle$。如果再一次测量 A 的值，将百分之百地得到 a_n，因为：

$$\langle\psi_n|\hat{A}|\psi_n\rangle = a_n\langle\psi_n|\psi_n\rangle = a_n. \tag{10.9}$$

量子力学的基本原理之三：基本对易关系。在经典力学中，坐标和动量是两个非常重要的物理量。在量子力学中亦是如此。上一条假设指出，物理量都是厄米算符，而我们知道算符不一定是可以交换的，即不一定是对易（commutative）的。通过与经典力学中泊松括号的类比，我们假设坐标 q_α 和对应的正则动量 p_α 在直角坐标系中有如下对易关系：

$$[\hat{q}_\alpha, \hat{p}_\beta] = i\hbar\delta_{\alpha\beta}, \tag{10.10}$$

$$[\hat{q}_\alpha, \hat{q}_\beta] = 0, \tag{10.11}$$

$$[\hat{p}_\alpha, \hat{p}_\beta] = 0. \tag{10.12}$$

其中，$\hbar$ 是约化普朗克常数，它等于普朗克常数 h 除以 2π。在国际单位制中，$h \approx 6.6\times10^{-34}$ J·s。这些对易关系被称为基本对易关系。量子力学假定，如果在经典力学中有一个物理量是坐标和动量的函数，那么该物理量在量子力学中的算符表示就是将函数中的坐标和动量看成算符。可以证明，两个物理量对易的充要条件是它们有共同的本征态集合。如果两个算符有共同的本征态集合，那么当系统处于其中一个本征态时，两个物理量的测量值将都是确定的。所以，对易的两个物理量可同时具有确定的测量值。如果两个算符不对易，那么它们就不会有共同的本征态，也就不能同时取确定值。这就是海森堡（Heisenberg）不确定关系。

量子力学的基本原理之四：时间演化方程。上面只讨论了某一时刻一个系统的状态和物理量的描述，我们还不知道一个系统的状态如何随时间演化。一个随时间变化的态矢是一个依赖于时间的态矢，可由记号 $|\psi(t)\rangle$ 表示。量子力学假设，一个系统的态矢 $|\psi(t)\rangle$ 的时间变化规律由薛定谔（Schrödinger）方程描述：

$$i\hbar\frac{\partial}{\partial t}|\psi(t)\rangle = \hat{H}(t)|\psi(t)\rangle. \tag{10.13}$$

其中，$\hat{H}$ 是系统的哈密顿量，它一般也是依赖于时间的。如果系统的态矢依赖于时间，那么一个物理量的期望值一般也依赖于时间。我们可计算期望值的时间变化率：

$$\frac{\mathrm{d}}{\mathrm{d}t}\langle\hat{A}\rangle = \frac{\mathrm{d}}{\mathrm{d}t}\langle\psi(t)|\hat{A}|\psi(t)\rangle. \tag{10.14}$$

其中，物理量 $\hat{A} = \hat{A}(t)$ 一般也是含时的。利用含时薛定谔方程可证明：

$$\frac{\mathrm{d}}{\mathrm{d}t}\langle \hat{A}\rangle = \left\langle \frac{\partial \hat{A}}{\partial t}\right\rangle + \frac{1}{i\hbar}\left\langle [\hat{A}, \hat{H}]\right\rangle. \tag{10.15}$$

利用上述期望值的演化方程可证明如下埃伦费斯特（Ehrenfest）定理：

$$m\frac{\mathrm{d}\langle \hat{r}\rangle}{\mathrm{d}t} = \langle \hat{p}\rangle, \tag{10.16}$$

$$\frac{\mathrm{d}\langle \hat{p}\rangle}{\mathrm{d}t} = \langle -\nabla \hat{U}(\boldsymbol{r})\rangle. \tag{10.17}$$

该定理告诉我们：量子力学中物理量的期望值满足经典力学的运动方程。如果哈密顿量与时间无关，那么可以将含时态矢写为如下形式：

$$|\psi(t)\rangle = \sum_n c_n |\psi_n\rangle \mathrm{e}^{-\frac{i}{\hbar}E_n t}. \tag{10.18}$$

其中 $|\psi_n\rangle$ 是如下本征方程的解：

$$\hat{H}|\psi\rangle = E|\psi\rangle. \tag{10.19}$$

这个方程称为不含时薛定谔方程（time-independent Schrödinger equation）。因为 $|\psi_n\rangle$ 是 $\hat{H}$ 的本征态，那么 $|\psi_n\rangle$ 也是 $\mathrm{e}^{-\frac{i}{\hbar}\hat{H}t}$ 的本征态，本征值是 $\mathrm{e}^{-\frac{i}{\hbar}E_n t}$。于是，我们可以将含时态矢写成如下形式：

$$|\psi(t)\rangle = \sum_n c_n \mathrm{e}^{-\frac{i}{\hbar}\hat{H}t}|\psi_n\rangle = \mathrm{e}^{-\frac{i}{\hbar}\hat{H}t}\sum_n c_n |\psi_n\rangle = \mathrm{e}^{-\frac{i}{\hbar}\hat{H}t}|\psi(t=0)\rangle. \tag{10.20}$$

这就是说，将算符 $\mathrm{e}^{-\frac{i}{\hbar}\hat{H}t}$ 作用在 $t=0$ 时刻的态矢便可得到 t 时刻的态矢。这个算符称为时间演化算符（time-evolution operator），是幺正算符（unitary operator），通常记为：

$$\hat{U}(t) = \mathrm{e}^{-\frac{i}{\hbar}\hat{H}t}. \tag{10.21}$$

一般地，时间演化算符将某一时刻 t 的态矢与另一时刻 t_0 的态矢联系起来：

$$|\psi(t)\rangle = \hat{U}(t-t_0)|\psi(t_0)\rangle. \tag{10.22}$$

量子力学的基本原理之五：全同（indistinguishable）粒子体系。描写全同粒子系统的态矢对于任意一对粒子的交换是对称的或者反对称的。设有 N 个全同粒子的系统，其态矢可表示为 $|\psi(1,2,\cdots,i,\cdots,j,\cdots,N)\rangle$。如果交换粒子 i 和 j，则交换后的态矢为 $|\psi(1,2,\cdots,j,\cdots,i,\cdots,N)\rangle$。量子力学中假设只有如下两种情况：

$$|\psi(1,2,\cdots,j,\cdots,i,\cdots,N)\rangle = |\psi(1,2,\cdots,i,\cdots,j,\cdots,N)\rangle, \qquad (10.23)$$

$$|\psi(1,2,\cdots,j,\cdots,i,\cdots,N)\rangle = -|\psi(1,2,\cdots,i,\cdots,j,\cdots,N)\rangle. \qquad (10.24)$$

满足第一个条件的系统中的粒子称为玻色（Bose）子；满足第二个条件的系统中的粒子称为费米（Fermi）子。

一维简谐振子是最简单的量子力学系统之一。其哈密顿量为：

$$\hat{H} = \frac{1}{2}m\omega^2\hat{x}^2 + \frac{\hat{p}^2}{2m}. \qquad (10.25)$$

其中，m 是振子质量，ω 是角频率。该哈密顿量的本征值谱是离散的：

$$\hat{H}|\psi_n\rangle = E_n|\psi_n\rangle, \qquad (10.26)$$

$$E_n = \hbar\omega(n+1/2). \qquad (10.27)$$

其中，n 可取任意非负整数。

10.1.2　坐标表象的量子力学

从量子力学的基本原理可知，一个系统的状态和物理量分别是某个希尔伯特空间的矢量和算符。这是很抽象的。我们知道，如果在希尔伯特空间中选取一个基，态矢就变成了一个列矩阵，而物理量就变成了一个方阵。在量子力学中，选定一个基被称为选定一个表象（representation）。因为基的选取不唯一，那么同一个问题中表象的选取也就不唯一。如果选择一个物理量 $\hat{A}$ 的本征态的集合为基，那就称相应的表象为 A 表象。可以证明，一个物理量在自己的表象中是对角化的矩阵。在一个问题中选择哪个表象要看哪个表象更适合解决问题。有时候，我们还选取两个或多个表象，并在不同的表象之间进行变换。

在经典物理中，我们经常在坐标空间讨论问题。在量子力学中，也经常选取坐标表象。为简单起见，我们先讨论一维空间，在适当的时候再推广到三维空间。在坐标表象中，基矢量具有确定的坐标值，可以记为 $|x\rangle$，它代表一个具有确定坐标 x 的态矢。于是，在坐标表象中，坐标算符的本征方程为：

$$\hat{x}|\psi_x\rangle = x|\psi_x\rangle. \qquad (10.28)$$

其中，本征值 x 可取任意实数。坐标表象的希尔伯特空间是一个连续空间，即函数空间。我们可以将函数空间的所有数学结论都拿过来应用。下面叙述几个重要的结果。坐标空间的完备性关系为：

$$\int dx |x\rangle\langle x| = \hat{I}, \qquad (10.29)$$

正交归一关系为：

$$\langle x|x'\rangle = \delta(x-x').$$ （10.30）

其中，$\delta(x-x')$ 是狄拉克 δ 函数。任意的态矢 $|\psi\rangle$ 在此表象中的表示为：

$$|\psi\rangle = \hat{I}|\psi\rangle = \int \mathrm{d}x |x\rangle \langle x|\psi\rangle,$$ （10.31）

其分量 $\langle x|\psi\rangle$ 表现为一个复值函数：

$$\psi(x) \equiv \langle x|\psi\rangle.$$ （10.32）

这个函数称为波函数（wave function）。态矢 $|\psi\rangle$ 和 $|\phi\rangle$ 的内积在此表象中的表示为：

$$\langle \psi|\phi\rangle = \int \mathrm{d}x \langle \psi|x\rangle \langle x|\phi\rangle = \int \mathrm{d}x \psi(x)^* \phi(x).$$ （10.33）

特殊地，态矢 $|\psi\rangle$ 的模方为：

$$\langle \psi|\psi\rangle = \int \mathrm{d}x \psi(x)^* \psi(x) = \int \mathrm{d}x |\psi(x)|^2.$$ （10.34）

如果态矢 $|\psi\rangle$ 是归一化的，那么波函数就满足如下归一化条件：

$$\int \mathrm{d}x |\psi(x)|^2 = 1.$$ （10.35）

可见，波函数的模方 $|\psi(x)|^2$ 代表概率密度，而乘积 $|\psi(x)|^2 \mathrm{d}x$ 代表系统（即粒子）处于坐标范围 $(x, x+\mathrm{d}x)$ 的概率。波函数的归一化条件意味着粒子总会出现在空间中的某处。

我们将前面的讨论推广至三维空间。考虑直角坐标系 (x, y, z)，其中的坐标矢量表示为 r，则只要将上面所有的 x 换成 r，x' 换成 r' 即可。其中要注意的是 $\mathrm{d}r = \mathrm{d}x\mathrm{d}y\mathrm{d}z$ 以及 $\delta(r-r') = \delta(x-x')\delta(y-y')\delta(z-z')$。

算符对矢量的作用 $\hat{A}|\psi\rangle$ 在函数空间表示为算符对波函数的作用 $\hat{A}\psi(r)$。例如，坐标算符对矢量的作用 $\hat{r}|\psi\rangle$ 在坐标表象中就变成 $\hat{r}\psi(r)$。动量算符在坐标表象中表示为：

$$\hat{p} = -i\hbar\nabla.$$ （10.36）

它满足如下对易关系：

$$[\hat{x}_i, \hat{p}_j] = i\hbar\delta_{ij}.$$ （10.37）

可通过将上式两边作用于任意波函数来证明上式是恒成立的。知道了动量的表示，也就知道了其他常用物理量的表示。例如，动能在坐标表象中的形式为：

$$\hat{K} = \frac{\hat{p}^2}{2m} = -\frac{\hbar^2}{2m}\nabla^2.$$ （10.38）

由于坐标在坐标表象中的表示就是变量 r 本身，而势能又是坐标的函数，故势能在坐标表象中的表示就是普通的函数。结合势能和动能，就得到哈密顿量的表示：

$$\hat{H} = -\frac{\hbar^2}{2m}\nabla^2 + \hat{U}(r).$$ （10.39）

于是，坐标表象中的定态薛定谔方程为：

$$-\frac{\hbar^2}{2m}\nabla^2\psi(r) + \hat{U}(r)\psi(r) = E\psi(r).$$ （10.40）

其中，E 是待定的能量本征值。给波函数加上时间依赖性，就得到了相应的含时薛定谔方程：

$$i\hbar\frac{\partial\psi(r,t)}{\partial t} = -\frac{\hbar^2}{2m}\nabla^2\psi(r,t) + \hat{U}(r)\psi(r,t).$$ （10.41）

我们假设波函数已经归一化：

$$\int dr\psi(r,t)^*\psi(r,t) = 1.$$ （10.42）

任意物理量 $\hat{A} = \hat{A}(r, -i\hbar\nabla)$ 的期望值为：

$$\langle\hat{A}\rangle = \int dr\psi(r,t)^*\hat{A}\psi(r,t).$$ （10.43）

10.2　量子统计系综

类似于经典统计系综，可以定义量子统计系综。设有一个平衡系综，具有 Z 个微观系统。在某一时刻，第 λ 个微观系统的态矢量为 $|\Psi_\lambda\rangle$。我们知道物理量 $\hat{A}$ 在微观态的期望值是：

$$\langle\Psi_\lambda|\hat{A}|\Psi_\lambda\rangle.$$ （10.44）

我们定义该物理量 $\hat{A}$ 在该系综中的系综平均为：

$$\langle\hat{A}\rangle = \frac{1}{Z}\sum_{\lambda=1}^{Z}\langle\Psi_\lambda|\hat{A}|\Psi_\lambda\rangle.$$ （10.45）

如果定义密度算符（density operator）：

$$\hat{\rho} = \frac{1}{Z}\sum_{\lambda=1}^{Z}|\Psi_\lambda\rangle\langle\Psi_\lambda|,$$ （10.46）

那么可将系综平均写为：

$$\langle \hat{A} \rangle = \text{tr}[\hat{\rho}\hat{A}]. \qquad (10.47)$$

量子统计中的密度算符就相当于经典统计中的系综分布函数。所以，密度算符的本征值必须是正定的，且满足如下归一化条件：

$$\text{tr}\hat{\rho} = 1. \qquad (10.48)$$

对于平衡量子统计系综，密度算符与哈密顿量对易。从而，最一般的密度算符可表达为哈密顿量的某种函数：

$$\hat{\rho} = \frac{F(\hat{H})}{\text{tr}[F(\hat{H})]}, \qquad (10.49)$$

其中不同的统计系综对应不同的函数 F。

可将第 1 章的经典统计系综推广到量子统计的情形。例如，对于正则系综，密度算符为：

$$\hat{\rho} = \frac{e^{-\beta\hat{H}}}{Z(N,V,T)}, \qquad (10.50)$$

其中，

$$Z(N,V,T) = \text{tr}[e^{-\beta\hat{H}}] \qquad (10.51)$$

是正则配分函数。如果知道了哈密顿量的本征值谱：

$$\hat{H}|n\rangle = E_n|n\rangle, \qquad (10.52)$$

那么还可将正则配分函数写为：

$$Z(N,V,T) = \sum_n \langle n|e^{-\beta\hat{H}}|n\rangle = \sum_n e^{-\beta E_n}. \qquad (10.53)$$

然而，在很多情况下，计算哈密顿量的本征值谱是很困难的事情，此时就需要借助数值计算了。下一节介绍的路径积分就提供了一种利用经典统计力学求解量子统计问题的方法。

10.3　路径积分量子统计力学

我们首先讨论一维单粒子体系，稍后再推广到三维多粒子体系。在坐标表象中，量子正则配分函数可写为：

$$Z = \text{tr}[e^{-\beta\hat{H}}] = \int dq \langle q|e^{-\beta\hat{H}}|q\rangle. \qquad (10.54)$$

其中，哈密顿量为：

$$\hat{H} = \frac{\hat{p}^2}{2m} + U(\hat{q}) \equiv \hat{K} + \hat{U}(q). \tag{10.55}$$

为了计算 $\left\langle q \middle| e^{-\beta \hat{H}} \middle| q \right\rangle$，需将动能和势能的因子分开。首先注意到，因为动能和势能算符不对易，故 $e^{-\beta \hat{H}} \neq e^{-\beta \hat{K}} e^{-\beta \hat{U}(q)}$。进一步的计算需要使用 Trotter 定理：

$$e^{\hat{A}+\hat{B}} = \lim_{P \to \infty} (e^{\hat{A}/P} e^{\hat{B}/P})^P. \tag{10.56}$$

利用该定理，我们有：

$$Z = \lim_{P \to \infty} \int \mathrm{d}q \left\langle q \middle| (e^{-\beta_P \hat{K}} e^{-\beta_P \hat{U}})^P \middle| q \right\rangle. \tag{10.57}$$

其中，$\beta_P = \beta / P = 1/(k_B T P)$。引入一系列坐标本征态的恒等算符 $\hat{I} = \int \mathrm{d}q_j \middle| q_j \middle\rangle \middle\langle q_j \middle|$ 并令 $q = q_1 = q_{P+1}$，则可将量子统计配分函数写为：

$$Z = \lim_{P \to \infty} \int \mathrm{d}q_1 \mathrm{d}q_2 \cdots \mathrm{d}q_P \prod_{j=1}^{P} \left\langle q_{j+1} \middle| e^{-\beta_P \hat{K}} e^{-\beta_P \hat{U}} \middle| q_j \right\rangle. \tag{10.58}$$

接下来考虑上式中的某一个内积，如 $\left\langle q_2 \middle| e^{-\beta_P \hat{K}} e^{-\beta_P \hat{U}} \middle| q_1 \right\rangle$。因为 $|q\rangle$ 是势能函数的本征态，故有：

$$\left\langle q_2 \middle| e^{-\beta_P \hat{K}} e^{-\beta_P \hat{U}} \middle| q_1 \right\rangle = e^{-\beta_P U(q_1)} \left\langle q_2 \middle| e^{-\beta_P \hat{K}} \middle| q_1 \right\rangle. \tag{10.59}$$

利用动量本征态的恒等算符 $\hat{I} = \int \mathrm{d}p |p\rangle \langle p|$ 和动量本征态与坐标本征态的内积 $\langle q | p \rangle = e^{ipq/\hbar} / \sqrt{2\pi\hbar}$，可推导出如下等式：

$$\left\langle q_2 \middle| e^{-\beta_P \hat{K}} \middle| q_1 \right\rangle = \sqrt{\frac{m}{2\pi\hbar^2 \beta_P}} e^{-\frac{m(q_1-q_2)^2}{2\hbar^2 \beta_P}}. \tag{10.60}$$

定义频率 $\hbar\omega_P = 1/\beta_P = k_B T P$，我们有：

$$\left\langle q_2 \middle| e^{-\beta_P \hat{K}} \middle| q_1 \right\rangle = \sqrt{\frac{m}{2\pi\hbar^2 \beta_P}} e^{-\beta_P \frac{m\omega_P^2(q_1-q_2)^2}{2}}. \tag{10.61}$$

于是，我们最终可将量子统计配分函数写为：

$$Z = \lim_{P \to \infty} \left(\frac{m}{2\pi\hbar^2 \beta_P} \right)^{P/2} \int \mathrm{d}q_1 \mathrm{d}q_2 \cdots \mathrm{d}q_P e^{-\beta_P \sum_{j=1}^{P} \left[\frac{m\omega_P^2(q_j-q_{j+1})^2}{2} + U(q_j) \right]}. \tag{10.62}$$

至此，量子统计配分函数中不再有量子力学期望值。它完全变成了一个经典体系的配分函数，只不过这里的经典体系有无穷多个粒子，而且每两个相邻的粒子之间好像用一个劲度系数为 $k=m\omega_P^2$ 的弹簧相连。如果上式中的 P 取有限值，那么我们就将一个量子粒子的统计物理近似地映射到了 P 个经典粒子组成的环状链的统计物理。这 P 个经典粒子都是量子粒子的副本（replica），它们好似用弹簧连起来的一串项链，或环状高分子（注意到 $q_1=q_{P+1}$），故常将一个副本称为一个珠子（bead）。图 10.1 展示了 $P=8$ 时一个一维量子粒子所对应的珠子项链模型。

最后，我们可将上式推广到三维空间的 N 粒子体系：

$$Z = \lim_{P\to\infty} \prod_{i=1}^{N}\left(\frac{m_i}{2\pi\hbar^2\beta_P}\right)^{3P/2} \int \prod_{i=1}^{N} d\boldsymbol{r}_1^{(i)}d\boldsymbol{r}_2^{(i)}\cdots d\boldsymbol{r}_P^{(i)}$$

$$\times e^{-\beta_P\left[\sum_{i=1}^{N}\sum_{j=1}^{P}\frac{m_i\omega_P^2\left(\boldsymbol{r}_j^{(i)}-\boldsymbol{r}_{j+1}^{(i)}\right)^2}{2}+\sum_{j=1}^{P}U\left(\boldsymbol{r}_j^{(1)},\boldsymbol{r}_j^{(2)},\cdots,\boldsymbol{r}_j^{(N)}\right)\right]}. \tag{10.63}$$

在上式中，我们用带括号的上标 i 表示真实的量子粒子，用下标 j 表示某个真实量子粒子的珠子副本。对每一个真实粒子 i，我们都有 $\boldsymbol{r}_1^{(i)}=\boldsymbol{r}_{P+1}^{(i)}$。图 10.2 展示了 $P=5$ 时两个三维空间的量子粒子所对应的珠子项链模型。

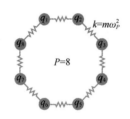

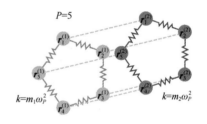

图 10.1　$P=8$ 时一个一维量子粒子　　　　图 10.2　$P=5$ 时两个三维空间的量子
所对应的珠子项链模型　　　　　　　　　粒子所对应的珠子项链模型

对于一个给定的量子粒子体系，需要用多大的 P 才能得到足够好的近似呢？一般来说，这取决于所研究的物理性质。本章会通过一些例子来测试。因为连接珠子的弹簧频率正比于温度和 P 的乘积，所以当温度较高时，同样的 P 值会给出较大的频率，使得弹簧的作用更加强劲，从而缩小珠子项链的半径，使得量子效应减弱。此时，使用较少量的珠子即可获得较好的近似。反之，在温度较低的情况下，弹簧的频率较低，珠子项链的半径较大，使得量子效应增强，则需要较多的珠子才能获得较好的近似。

以上讨论忽略了玻色子和费米子的特性，特别是费米子体系的符号问题。然而，如果不考虑极端低温的情况，忽略玻色子和费米子的特性是一个可以接受的近似，这也是本书的假设。

10.4　路径积分分子动力学的算法

10.4.1　珠子项链体系的哈密顿量

上一节将量子正则配分函数约化成了一个经典配分函数，其中势能部分对应一系列用弹簧连接的珠子项链。然而，珠子的动能部分没有体现，使得我们还不能推导分子动力学算法。为了能推导基于路径积分的分子动力学算法，必须先为珠子构造动能项的配分函数。由此得到的分子动力学方法就称为 PIMD，由 Parrinello 和 Rahman 首次提出[66]。

动能项的正则配分函数在第 1 章讨论过，对于珠子项链体系，其为：

$$\prod_{i=1}^{N}\left(\frac{2\pi m_i'}{\beta_P}\right)^{3P/2} = \int \prod_{i=1}^{N} \mathrm{d}\boldsymbol{p}_1^{(i)}\mathrm{d}\boldsymbol{p}_2^{(i)}\cdots\mathrm{d}\boldsymbol{p}_P^{(i)}\mathrm{e}^{-\beta_P\sum_{i=1}^{N}\sum_{j=1}^{P}\frac{[\boldsymbol{p}_j^{(i)}]^2}{2m_i'}}. \tag{10.64}$$

需要注意的是，此处构造的珠子质量 m_i' 不一定需要等于物理粒子的质量 m_i。利用该表达式，我们可以将式（10.63）改写为如下形式：

$$Z = \lim_{P\to\infty}\prod_{i=1}^{N}\left(\frac{m_i}{4\pi^2\hbar^2 m_i'}\right)^{3P/2}\int\prod_{i=1}^{N}\mathrm{d}\boldsymbol{r}_1^{(i)}\mathrm{d}\boldsymbol{r}_2^{(i)}\cdots\mathrm{d}\boldsymbol{r}_P^{(i)}\mathrm{d}\boldsymbol{p}_1^{(i)}\mathrm{d}\boldsymbol{p}_2^{(i)}\cdots\mathrm{d}\boldsymbol{p}_P^{(i)}$$
$$\times\mathrm{e}^{-\beta_P\left[\sum_{i=1}^{N}\sum_{j=1}^{P}\left[\frac{m_i\omega_P^2(\boldsymbol{r}_j^{(i)}-\boldsymbol{r}_{j+1}^{(i)})^2}{2}+\frac{[\boldsymbol{p}_j^{(i)}]^2}{2m_i'}\right]+\sum_{j=1}^{P}U(\boldsymbol{r}_j^{(1)},\boldsymbol{r}_j^{(2)},\cdots,\boldsymbol{r}_j^{(N)})\right]}. \tag{10.65}$$

与此配分函数对应的具有 P 个珠子的项链体系的（经典）哈密顿量为：

$$H_P = \sum_{i=1}^{N}\sum_{j=1}^{P}\left[\frac{m_i\omega_P^2(\boldsymbol{r}_j^{(i)}-\boldsymbol{r}_{j+1}^{(i)})^2}{2}+\frac{[\boldsymbol{p}_j^{(i)}]^2}{2m_i'}\right]+\sum_{j=1}^{P}U(\boldsymbol{r}_j^{(1)},\boldsymbol{r}_j^{(2)},\cdots,\boldsymbol{r}_j^{(N)}). \tag{10.66}$$

利用该哈密顿量对相空间采样（使用控温算法获得正则系综）时，质量 m_i' 对静态物理量的计算并无影响，所以一个常用的选择就是 $m_i' = m_i$。文献中有使用其他质量的做法，但本书不会涉及。

10.4.2　运动方程与数值积分

从哈密顿量可推导如下运动方程：

$$\frac{\mathrm{d}}{\mathrm{d}t}\boldsymbol{r}_j^{(i)} = \frac{\boldsymbol{p}_j^{(i)}}{m_i}, \tag{10.67}$$

$$\frac{\mathrm{d}}{\mathrm{d}t}\boldsymbol{p}_j^{(i)} = -\frac{\partial}{\partial \boldsymbol{r}_j^{(i)}}U(\boldsymbol{r}_j^{(1)},\boldsymbol{r}_j^{(2)},\cdots,\boldsymbol{r}_j^{(N)}) - m_i\omega_P^2(2\boldsymbol{r}_j^{(i)} - \boldsymbol{r}_{j+1}^{(i)} - \boldsymbol{r}_{j-1}^{(i)}). \quad （10.68）$$

因为珠子项链体系的频率通常比所考虑的物理体系的特征频率高很多，所以对以上运动方程的直接积分将需要很小的时间步长。所以，实际的 PIMD 编程实现并不是基于以上运动方程。目前有两类主流的编程实现，一种是基于所谓的 staging variable[3]，另一种是基于珠子项链系统的简正模式[67]。本书介绍后者。

为简洁起见，我们记质量为 m 的物理粒子在某个方向的坐标和动量为 q 和 p。考虑使用 P 个珠子的情形。与该物理自由度对应的珠子坐标为 $\{q_j\}_{j=1}^P$，动量为 $\{p_j\}_{j=1}^P$。不考虑物理粒子之间的相互作用，则珠子项链的自由哈密顿量为（注意 $q_{P+1}=q_1$）：

$$H_P^0 = \sum_{j=1}^P\left(\frac{p_j^2}{2m} + \frac{1}{2}m\omega_P^2(q_j - q_{j+1})^2\right). \quad （10.69）$$

定义如下坐标变换（k 从 0 到 $P-1$ 取值）：

$$\tilde{q}_k = \sum_{j=1}^P q_j C_{jk}, \quad （10.70）$$

$$\tilde{p}_k = \sum_{j=1}^P p_j C_{jk}, \quad （10.71）$$

其中，

$$C_{jk} = \begin{cases} \dfrac{1}{\sqrt{P}} & (k=0) \\ \sqrt{2/P}\cos(2\pi jk/P) & (1\leqslant k\leqslant P/2-1) \\ \dfrac{1}{\sqrt{P}}(-1)^j & (k=P/2) \\ \sqrt{2/P}\sin(2\pi jk/P) & (P/2+1\leqslant k\leqslant P-1). \end{cases} \quad （10.72）$$

该变换将珠子项链的自由哈密顿量变为：

$$H_P^0 = \sum_{k=0}^{P-1}\left(\frac{\tilde{p}_k^2}{2m} + \frac{1}{2}m\omega_k^2\tilde{q}_k^2\right). \quad （10.73）$$

其中，

$$\omega_k = 2\omega_P\sin(k\pi/P). \quad （10.74）$$

这是一系列简正模式的哈密顿量，其运动方程有解析解：

$$\tilde{p}_k \leftarrow \cos(\omega_k \Delta t)\tilde{p}_k - m\omega_k \sin(\omega_k \Delta t)\tilde{q}_k, \tag{10.75}$$

$$\tilde{q}_k \leftarrow \frac{1}{m\omega_k}\sin(\omega_k \Delta t)\tilde{p}_k + \cos(\omega_k \Delta t)\tilde{q}_k. \tag{10.76}$$

Korol 等人[68]运用 Cayley 变换构造的积分算法更稳定，使得可在 PIMD 中使用更大的积分步长。该算法可表达如下：

$$\tilde{p}_k \leftarrow \frac{1-(\omega_k \Delta t/2)^2}{1+(\omega_k \Delta t/2)^2}\tilde{p}_k - m\omega_k \frac{\omega_k \Delta t}{1+(\omega_k \Delta t/2)^2}\tilde{q}_k, \tag{10.77}$$

$$\tilde{q}_k \leftarrow \frac{1}{m\omega_k}\frac{\omega_k \Delta t}{1+(\omega_k \Delta t/2)^2}\tilde{p}_k + \frac{1-(\omega_k \Delta t/2)^2}{1+(\omega_k \Delta t/2)^2}\tilde{q}_k. \tag{10.78}$$

在对简正模式的变量 $\tilde{q}_k$ 和 $\tilde{p}_k$ 积分后，我们还需将它们变换到原来的珠子项链体系的变量：

$$q_j = \sum_{k=0}^{P-1}\tilde{q}_k C_{kj}; \tag{10.79}$$

$$p_j = \sum_{k=0}^{P-1}\tilde{p}_k C_{kj}. \tag{10.80}$$

再额外考虑物理粒子的势能 $U(q)$，可得到如下完整的积分方案：

① 根据物理粒子体系的势能对动量进行一半的更新：

$$p_j \leftarrow p_j - \frac{\partial U}{\partial q_j}\frac{\Delta t}{2}. \tag{10.81}$$

② 将珠子变量变换为简正模式的变量。

③ 对简正模式的变量进行积分。

④ 将简正模式的变量变换为珠子变量。

⑤ 根据物理粒子体系的势能对动量进行另一半的更新：

$$p_j \leftarrow p_j - \frac{\partial U}{\partial q_j}\frac{\Delta t}{2}. \tag{10.82}$$

以上算法虽然是针对一维空间的单个粒子的，但不难将其推广至三维空间的多粒子体系。

10.4.3　PIMD 中的朗之万热浴

以上算法类似于经典分子动力学模拟中的 *NVE* 系综，相空间的各态历经性质很不好。为了对相空间进行充分的采样，需要施加热浴。这里介绍 Ceriotti

等人[67]首先在 PIMD 中采用的朗之万热浴方法。值得指出的是，如果不施加热浴，PIMD 便退化为所谓的 ring-polymer MD（RPMD）[69]，可用来计算某些时间关联函数。另一个相关的可用于计算时间关联函数的方法称为 centroid MD（CMD）[70]。本书不对 PRMD 和 CMD 展开讨论。

我们在第 6 章讨论过朗之万热浴。在经典分子动力学模拟中，使用朗之万热浴时需要对 $3N$ 个自由度控温，而在 PIMD 中使用朗之万热浴时需要对 $3NP$ 个自由度控温。我们依然选择使用简正模式的变量，则需要在 NVE 系综的积分步骤的前后施加如下操作：

$$\tilde{p}_k \leftarrow \sum_{j=1}^{P} p_j C_{jk}, \tag{10.83}$$

$$\tilde{p}_k \leftarrow c_{1k}\tilde{p}_k + \sqrt{\frac{m}{\beta_P}}c_{2k}\xi_k, \tag{10.84}$$

$$p_j \leftarrow \sum_{k=0}^{P-1} C_{jk}\tilde{p}_k. \tag{10.85}$$

其中，ξ_k 是均值为 0、方差为 1 的正态分布随机数，$c_{1k} = \mathrm{e}^{-(\Delta t/2)\gamma_k}$，$c_{2k} = \sqrt{1-(c_{1k})^2}$，$\gamma_0 = 1/\tau_T$，$\gamma_k = \omega_k$（当 $k>0$ 时）。只有参数 τ_T 是需要选择的，它类似于经典分子动力学模拟中控温算法的弛豫时间。

10.5 Python 编程范例：路径积分分子动力学的积分算法

我们以简谐振子为例讨论 PIMD 的编程实现。代码 10.1 给出了核心的 Python 函数 get_energy()，该函数的输入 n_beads 和 beta 分别表示 P 和 $\beta = 1/(k_B T)$。第 6~15 行计算了由式（10.72）定义的变换矩阵 C_{jk}。第 19~25 行实施朗之万控温算法的操作，即式（10.83）~式（10.85）。第 26~43 行对应从式（10.81）到式（10.82）的操作。第 44~50 行再次实施朗之万控温算法的操作。第 51~54 行计算动能、势能和总能。

代码 10.1　以简谐振子为例实现 PIMD 的基本算法

```
1   def get_energy(n_beads,beta):
2       hbar=1; m=1; _lambda=1; dt=0.1; tau_T=100
3       omega_n=n_beads/beta/hbar; n_step=1000000; n_step_pimd=1000000;
```

```
4        cayley=True  # cayley is much more stable
5        C=np.zeros((n_beads,n_beads))
6        for j in range(0,n_beads):
7            for k in range(0,n_beads):
8                if k==0:
9                    C[j,k]=np.sqrt(1/n_beads)
10               elif k<=(n_beads/2-1):
11                   C[j,k]=np.sqrt(2/n_beads)*np.cos(2*np.pi*j* k/n_beads)
12               elif k==n_beads/2:
13                   C[j,k]=np.sqrt(1/n_beads)*(-1)**j
14               else:
15                   C[j,k]=np.sqrt(2/n_beads)*np.sin(2*np. pi*j*k/n_beads)
16       p=np.zeros(n_beads); q=np.ones(n_beads)
17       energy=np.zeros((n_step,1))
18       for step in range(1,n_step+1):
19           p_normal=np.matmul(p,C)
20           c1=np.exp(-dt*omega_n*np.sin(np.linspace(0,n_ beads-1,n_beads)
         *np.pi/n_beads))
21           if step<=n_step_pimd:
22               c1[0]=np.exp(-1/2/tau_T)
23           c2=np.sqrt(1-c1**2)
24           p_normal=c1*p_normal+np.sqrt(n_beads*m/beta)*c2* np.random.
         standard_normal(n_beads)
25           p=(np.matmul(C,p_normal.T)).T
26           p=p-(dt/2)*m*_lambda*_lambda*q
27           p_normal=np.matmul(p,C)
28           q_normal=np.matmul(q,C)
29           for k in range(0,n_beads):
30               omega_k=2*omega_n*np.sin(k*np.pi/n_beads)
31               if k==0:
```

```
32          q_normal[k]=(dt/m)*p_normal[k]+q_normal[k]
33      else:
34          c=np.cos(omega_k*dt); s=np.sin(omega_k*dt)
35          if cayley:
36              c=(1-(omega_k*dt/2)**2)/(1+(omega_k*dt/ 2)**2)
37              s=omega_k*dt/(1+(omega_k*dt/2)**2)
38          p_temp=p_normal[k]
39          q_temp=q_normal[k]
40          p_normal[k]=c*p_temp-m*omega_k*s*q_temp
41          q_normal[k]=(1/m/omega_k)*s*p_temp+c*q_temp
42      p=(np.matmul(C,p_normal.T)).T; q=(np.matmul(C,q_normal.T)).T
43      p=p-(dt/2)*m*_lambda*_lambda*q
44      p_normal=np.matmul(p,C)
45      c1=np.exp(-dt*omega_n*np.sin(np.linspace(0, n_beads-1,n_beads)*np.pi/n_beads))
46      if step<=n_step_pimd:
47          c1[0]=np.exp(-1/2/tau_T)
48      c2=np.sqrt(1-c1**2)
49      p_normal=c1*p_normal+np.sqrt(n_beads*m/beta)*c2* np.random.standard_normal(n_beads,)
50      p=(np.matmul(C,p_normal.T)).T
51      q_ave=np.mean(q)
52      kinetic_energy=0.5/beta+0.5*m*_lambda*_lambda*np.mean((q-q_ave)*q)
53      potential_energy=0.5*m*_lambda*_lambda*np.mean(q**2)
54      energy[step-1]=kinetic_energy+potential_energy
55  energy=np.mean(energy[int(len(energy)/2):])
56  return energy
```

我们用该程序计算了能量随温度的变化关系。我们测试了 $P=4$ 到 $P=32$ 。当 P 很小时，结果接近经典极限 $E=k_BT$ 。随着 P 的增大，结果接近量子极限。下面推导量子力学的结果。对于一维简谐振子，其能谱为 $E_n=(n+1/2)h\nu$ 。正则配分函数为：

$$Z(\beta) = \sum_{n=0}^{\infty} e^{-\beta E_n} = \sum_{n=0}^{\infty} e^{-\beta\left(n+\frac{1}{2}\right)hv} = e^{-\beta\frac{1}{2}hv}\sum_{n=0}^{\infty} e^{-\beta nhv} = \frac{e^{-\beta\frac{1}{2}hv}}{1-e^{-\beta hv}}. \qquad (10.86)$$

由此可得亥姆霍兹自由能：

$$F(\beta) = -\frac{1}{\beta}\ln Z = \frac{1}{2}hv + \frac{1}{\beta}\ln(1-e^{-\beta hv}) \qquad (10.87)$$

以及内能：

$$E(\beta) = -\frac{\partial}{\partial\beta}\ln Z = \frac{1}{2}hv + \frac{hve^{-\beta hv}}{1-e^{-\beta hv}}. \qquad (10.88)$$

可见，即使在零温极限 $\beta \to \infty$，内能也具有一个有限的值 $\frac{1}{2}hv$，这称为零点能（zero-point energy）。图 10.3 的结果展示，当 P 足够大时，PIMD 模拟能准确地描述零点能。由能量表达式，可推导等容热容：

$$C = k_B \frac{x^2 e^x}{(e^x-1)^2}. \qquad (10.89)$$

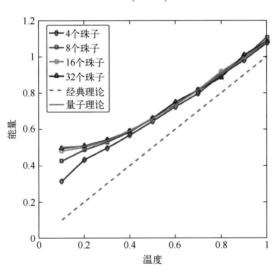

图 10.3 一维简谐振子的能量与温度的关系

其中，$x = \beta hv = \dfrac{hv}{k_B T}$。量子热容与经典热容（恒定值 k_B）比值 $\dfrac{x^2 e^x}{(e^x-1)^2}$ 通常称为量子修正因子。在非简谐性的量子效应可忽略不计时，通常用该因子对热力学量（如热容和热导率）进行修正。例如，王彦周等人[60]、徐克等人[71]、张宏岗等人[72]和梁挺等人[73]分别使用该修正方法成功地使用 NEP 势函数预测了非晶硅、液态水、非晶二氧化铪以及非晶二氧化硅在一系列温度及压强下的热导率。

10.6 GPUMD 使用范例：用 PIMD 计算水的径向分布函数

在第 8 章，我们用陈泽坤等人拟合的 NEP 势函数[46]计算了水的径向分布函数。当时使用的是经典分子动力学模拟，发现结果与实验有一定的差距。这里，我们用同样的势函数进行 PIMD 模拟，再次计算水的径向分布函数。

代码 10.2 给出了 run.in 输入文件的内容。关键字 ensemble 后面的参数 pimd 表示采用 PIMD 模拟，后面仅接的参数就是珠子个数 P。我们采用 24 个珠子，在平衡阶段控温控压，在产出阶段仅控温，两个阶段分别持续 5ps 和 3ps。计算 RDF 的关键字 compute_rdf 用法与经典分子动力学模拟的情形一致。值得注意的是，计算 RDF 所用坐标可以是体系的任意珠子副本（任意 $0 \leqslant k \leqslant P-1$）而不能用所有副本的平均坐标。

代码 10.2 计算水的径向分布函数的 GPUMD 输入脚本

```
1   potential    nep.txt
2   velocity     300
3   time_step    0.5
4
5   ensemble     pimd 24 300 300 200 0 2 2000
6   run          10000
7
8   ensemble     pimd 24 300 300 200
9   compute_rdf  8.0 400 100 atom 0 0 atom 1 1 atom 0 1
10  run          6000
```

模拟结果见图 10.4。该图的上、中、下三部分分别给出了 O-O、H-O 和 H-H 原子对的 RDF。图中用虚线表示实验值（细节见陈泽坤等人的文章[46]），用实线表示计算值。对于经典分子动力学模拟，O-O 原子对的 RDF 与实验值符合得很好，但 H-O 和 H-H 原子对的 RDF 在第一个峰附近的分布相对实验都较窄。这是因为，经典分子动力学模拟缺失了原子的零点振动，使得原子振动幅度偏小，从而获得更加尖锐的 RDF 峰。PIMD 能够体现这样的原子（核）量子效应，从而得到正确的 RDF。当然，这也反映我们所使用的 NEP 势函数是比较准确的。经典分子动力学之所以能得到比较准确的 O-O 原子对的 RDF，是因为氧原子相对 H 原子较重，量子效应较小。

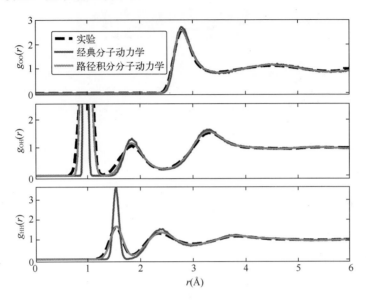

图 10.4　水的径向分布函数的实验、经典以及路径积分分子动力学模拟结果

第11章

总结与展望

在前面 10 章的内容中，本书将读者由简单的速度-Verlet 算法逐步引导至相对比较高级的路径积分分子动力学。相信读者不仅学习到了与分子动力学模拟相关的理论知识，还掌握了实用的编程与应用技能。鉴于时间与篇幅的限制，本书侧重于阐述分子动力学模拟的核心精要，而不追求面面俱到。

本书回顾的物理学知识对深入理解分子动力学模拟至关重要。其中，数值积分与控温控压算法的推导离不开经典力学、热力学和统计物理的相关知识，而路径积分分子动力学算法的推导则需要量子力学的基础。因此，要想更深入地理解分子动力学模拟以及更好地运用它解决问题，读者一定要建立坚实的理论基础。

本书算法的编程实现涵盖了自编的 C++ 和 Python 程序，同时也基于笔者主导开发的 GPUMD 程序包[9]。从编程实现的角度看，无论是已包含的内容，还是未涵盖的部分，分子动力学模拟都大致可从势函数、积分算法和物理量的测量三方面进行总结。

11.1　势函数

本书在系统性地介绍势函数之前，以简单的 Lennard-Jones 势[5,6]为基础讨论了分子动力学模拟程序的要素（第 2 章），以及模拟盒子与近邻列表的高级技术（第 3 章）。在第 4 章，我们首先对势函数进行了归纳，并推导了一般多体势的力的表达式[11]。然后，我们重点讨论了两个典型的经验多体势，包括广泛用于金属体系的嵌入原子方法势[12,13]和广泛用于半导体体系的Tersoff 势[16]。有了一般多体势的准备后，我们在第 5 章重点讨论了笔者主导开发的一个机器学习多体势，即神经演化势（neuroevolution potential，NEP）[18~21]。我们逐一讲解了 NEP 势的人工神经网络机器学习模型、原子环境描述符以及基于自然演化策略的训练算法，然后以晶体硅为例完整地展示了使用 GPUMD 程序包构建 NEP 势的流程。第 5 章还讨论了 NEP 与 Ziegler-Biersack-Littmark 短程排斥势[28]的结合[29]，以及 NEP 与 D3 色散相互作用势[30,31]的组合[32]。第 7 章和第 9 章分别推导了一般多体势的位力和热流表达式[11]。

本书尚未讨论长程库仑势。长程库仑势的准确计算涉及 Ewald 求和技术。如果要获得线性或准线性标度算法，还需要使用快速傅里叶变换。这方面的讨论至少需要一整章的篇幅。之所以没有对长程库仑势进行讨论，主要是因为 GPUMD 程序包中的 NEP 势函数还没有包含电荷信息。待将来在 NEP 势函数中引入电荷自由度之后，我们期望对此进行深入探讨。

此外，我们在构建 NEP 机器学习势时提到了从头算分子动力学（ab initio molecular dynamics，AIMD），但没有对其进行深入讨论。实际上，仅对 AIMD 的粗浅介绍都需要一整章的篇幅，因为这涉及电子结构的理论。此外，第 4 章提到的紧束缚模型（tight-binding models）也是机器学习势函数领域一个颇具前景的发展方向。

11.2 积分算法

本书的积分算法都是基于刘维尔算符和 Trotter 定理的[3]，在 NVE 系综（第 1 章）等价于速度-Verlet 算法。对 NVT 系综（第 6 章），我们讨论了 Berendsen[34]、Bussi-Donadio-Parrinello[35]、Nose-Hoover[36,37]、Nose-Hoover 链[38]以及朗之万[39]控温算法。对 NPT 系综（第 7 章），我们讨论了 Berendsen[34]、Bernetti- Bussi[41] 以及 Martyna-Tuckerman-Tobias-Klein[44,45]控压算法。对路径积分分子动力学（第 10 章），我们讨论了基于简正模式[67]和 Cayley 变换的稳健的积分算法[68]，以及朗之万控温算法[67]。对所有积分算法，我们都针对一维简谐振子体系给出了 Python 编程实现，并展示了 GPUMD 程序包中的相关用法。

本书讨论了微正则（NVE），正则（NVT）和等温等压（NPT）系综的积分算法，但还未涉及与开放系统对应的巨正则系综（μVT）的积分算法。特别地，我们也尚未讨论化学势 μ 的计算。一般来说，巨正则系综的模拟涉及蒙特卡洛模拟，或混合蒙特卡洛与分子动力学（hybrid Monte Carlo and molecular dynamics，MCMD）模拟。GPUMD 程序包中最近实现了一些 MCMD 模拟方法[74]，但相关功能还在完善中。我们期望进一步完善 GPUMD 中的 MCMD 模拟并在本书未来的版本中进行讨论。

除了结合蒙特卡洛模拟对化学组分与构型空间进行有效的探索之外，还可以用增强采样（enhanced sampling）算法加速对复杂体系构型空间的探索。目前，GPUMD 程序包可通过 PLUMED 插件（扫描前言中的二维码，即可获取相关链接）实现增强采样，但效率不高。我们期望在 GPUMD 程序包中实现高效的增强采样功能并在本书未来的版本中进行讨论。

11.3   物理量的测量

势函数和积分算法是得到相轨迹的基础。在得到相轨迹之后，便可通过测量手段获得有用的结果。在分子动力学模拟中，对物理量的测量基于各态历经假设，即系综平均等价于时间平均的假设。因为该等价性严格地说要求模拟到无穷大时间，而这显然是无法做到的，所以分子动力学模拟必然有统计误差。我们在第 8 章定义了统计误差，并讨论了简单热力学量（如温度和压强）、热力学响应函数（如热膨胀系数和热容）、径向分布函数以及自由能的计算。第 9 章讨论了线性响应理论和三种典型的输运性质的计算，包括自扩散系数、黏滞系数和热导率。对于径向分布函数和热容，我们还讨论了核量子效应（第 10 章）。我们基于 GPUMD 程序包的在线计算功能，用一个硅体系的通用 NEP 势[18]计算了液态硅的自扩散系数和黏滞系数，用一个晶体硅体系的特殊 NEP 势[33]计算了晶体硅的热导率，并用一个水的 NEP 势[46]计算了径向分布函数。

分子动力学模拟好比一台微观摄影机，可以真实地记录原子世界的精微影像，它所能研究的物理、化学性质是非常多的。本书显然仅触及到众多分子动力学模拟应用课题的冰山一角。为了研究更多性质，一方面可以在所用分子动力学模拟软件中编写相关的测量功能，另一方面也可以输出相轨迹，然后对相轨迹进行后处理操作。即使是笔者熟悉的热输运领域，本书所讨论的物理量测量方面的内容都是非常有限的。例如，本书仅讨论了固体中的热传导，而没有涉及流体中的对流传热，以及多组分流体中相互耦合的热质输运。在线性响应理论框架下还可以计算光谱，如红外（infrared）和拉曼（Raman）光谱。最近，许楠等人[75]在 GPUMD 程序包中实现了能计算电偶极矩与电极化张量的张量版 NEP 模型以及红外与拉曼光谱的预测，但本书暂未对此进行讨论。

最后，值得一提的是，分子动力学还可与其他研究方法相结合。例如，分子动力学与晶格动力学（lattice dynamics）相结合，可用来更深入地研究材料的结构、振动、输运以及相变等性质。再如，分子动力学与线性标度量子输运方法以及紧束缚模型相结合，可用来研究电声耦合（electron-phonon coupling）对电子输运的影响[76]。我们也考虑在下一版本中增加对这些方面应用的介绍与讨论。

参考文献

[1] VERLET L. Computer "Experiments" on Classical Fluids. I. Thermodynamical Properties of Lennard-Jones Molecules[J/OL]. Phys. Rev.,1967,159: 98-103.

https://link.aps.org/doi/10.1103/PhysRev.159.98.

[2] SWOPE W C,ANDERSEN H C,BERENS P H,et al. A computer simulation method for the calculation of equilibrium constants for the formation of physical clusters of molecules: Application to small water clusters[J/OL]. The Journal of Chemical Physics,1982,76(1): 637-649 .

https://doi.org/10.1063/1.442716.

[3] TUCKERMAN M E. Statistical mechanics: theory and molecular simulation[M]. Oxford: Oxford university press,2023 .

[4] METROPOLIS N,ROSENBLUTH A W,ROSENBLUTH M N,et al. Equation of State Calculations by Fast Computing Machines[J/OL]. The Journal of Chemical Physics,1953,21(6): 1087-1092 .

http://dx.doi.org/10.1063/1.1699114.

[5] JONES J E. On the determination of molecular fields. I. From the variation of the viscosity of a gas with temperature[J/OL]. Proceedings of the Royal Society of London. Series A,Containing Papers of a Mathematical and Physical Character,1924,106(738): 441-462.

https://royalsocietypublishing.org/doi/abs/10.1098/rspa.1924.0081.

[6] JONES J E. On the determination of molecular fields. II. From the equation of state of a gas[J/OL]. Proceedings of the Royal Society of London. Series A,Containing Papers of a Mathematical and Physical Character,1924,106(738): 463-477.

https://royalsocietypublishing.org/doi/abs/10.1098/rspa.1924.0082.

[7] QUENTREC B,BROT C. New method for searching for neighbors in molecular dynamics computations[J/OL]. Journal of Computational Physics,1973,13(3): 430-432.

https://www.sciencedirect.com/science/article/pii/0021999173900466.

[8] 樊哲勇. CUDA 编程:基础与实践[M]. 北京: 清华大学出版社,2020.

[9] FAN Z Y,CHEN W,VIERIMAA V,et al. Efficient molecular dynamics simulations with many-body potentials on graphics processing units[J/OL]. Computer Physics Communications,2017,218: 10-16.

http://dx.doi.org/https://doi.org/10.1016/j.cpc.2017.05.003.

[10] HARRISON J A,SCHALL J D,MASKEY S,et al. Review of force fields and intermolecular potentials used in atomistic computational materials research[J/OL]. Applied Physics Reviews, 2018,5(3): 031104.

https://doi.org/10.1063/1.5020808.

[11] FAN Z Y, PEREIRA L F C,WANG H Q,et al. Force and heat current formulas for many-body potentials in molecular dynamics simulations with applications to thermal conductivity calculations[J/OL]. Phys. Rev. B,2015,92: 094301.

https://link.aps.org/doi/10.1103/PhysRevB.92.094301.

[12] DAW M S,BASKES M I. Embedded-atom method: Derivation and application to impurities, surfaces,and other defects in metals[J/OL]. Phys. Rev. B,1984,29: 6443-6453.

https://link.aps.org/doi/10.1103/PhysRevB.29.6443.

[13] FINNIS M W,SINCLAIR J E. A simple empirical N-body potential for transition metals[J/OL]. Philosophical Magazine A,1984,50(1): 45-55.

http://dx.doi.org/10.1080/01418618408244210.

[14] ZHOU X W,JOHNSON R A,WADLEY H N G. Misfit-energy-increasing dislocations in vapor-deposited CoFe/NiFe multilayers[J/OL]. Phys. Rev. B,2004,69: 144113.

https://link.aps.org/doi/10.1103/PhysRevB.69.144113.

[15] DAI X D,KONG Y,LI J H,et al. Extended Finnis-Sinclair potential for bcc and fcc metals and alloys[J/OL]. Journal of Physics: Condensed Matter,2006,18(19): 4527.

https://dx.doi.org/10.1088/0953-8984/18/19/008.

[16] TERSOFF J. Modeling solid-state chemistry: Interatomic potentials for multicomponent systems [J/OL]. Phys. Rev. B,1989,39: 5566-5568.

https://link.aps.org/doi/10.1103/PhysRevB.39.5566.

[17] BEHLER J,PARRINELLO M. Generalized Neural-Network Representation of High-Dimensional Potential-Energy Surfaces[J/OL]. Phys. Rev. Lett.,2007,98: 146401.

https://link.aps.org/doi/10.1103/PhysRevLett.98.146401.

[18] FAN Z Y, ZENG Z Z,ZHANG C Z, et al. Neuroevolution machine learning potentials: Combining high accuracy and low cost in atomistic simulations and application to heat transport[J/OL]. Phys. Rev. B,2021,104: 104309.

https://link.aps.org/doi/10.1103/PhysRevB.104.104309.

[19] FAN Z Y. Improving the accuracy of the neuroevolution machine learning potential for multi-component systems[J/OL]. Journal of Physics: Condensed Matter,2022,34(12): 125902.

https://dx.doi.org/10.1088/1361-648X/ac462b.

[20] FAN Z Y, WANG Y Z,YING P H, et al. GPUMD: A package for constructing accurate machine-learned potentials and performing highly efficient atomistic simulations[J/OL]. The Journal of Chemical Physics,2022,157(11): 114801.

https://doi.org/10.1063/5.0106617.

[21] SONG K K, ZHAO R,LIU J H, et al. General-purpose machine-learned potential for 16 elemental metals and their alloys[J/OL]. Nature Communications, 2024, 15: 10208.

http://dx.doi.org/10.48550/arXiv.2311.04732.

[22] BARTÓK A P,PAYNE M C,KONDOR R,et al. Gaussian Approximation Potentials: The Accuracy of Quantum Mechanics,without the Electrons[J/OL]. Phys. Rev. Lett.,2010,104: 136403.

https://link.aps.org/doi/10.1103/PhysRevLett.104.136403.

[23] THOMPSON A,SWILER L,TROTT C,et al. Spectral neighbor analysis method for automated generation of quantum-accurate interatomic potentials[J/OL]. Journal of Computational Physics, 2015,285: 316-330.

https://www.sciencedirect.com/science/article/pii/S0021999114008353.

[24] SHAPEEV A V. Moment Tensor Potentials: A Class of Systematically Improvable Interatomic Potentials[J/OL]. Multiscale Modeling & Simulation,2016,14(3): 1153-1173.

https://doi.org/10.1137/15M1054183.

[25] WANG H,ZHANG L F, HAN J Q, et al. DeePMD-kit: A deep learning package for many-body potential energy representation and molecular dynamics[J/OL]. Computer Physics Communications, 2018, 228: 178-184.

https://www.sciencedirect.com/science/article/pii/S0010465518300882.

[26] DRAUTZ R. Atomic cluster expansion for accurate and transferable interatomic potentials[J/OL]. Phys. Rev. B,2019,99: 014104.

https://link.aps.org/doi/10.1103/PhysRevB.99.014104.

[27] SCHAUL T,GLASMACHERS T,SCHMIDHUBER J. High Dimensions and Heavy Tails for Natural Evolution Strategies[C/OL]// GECCO '11: Proceedings of the 13th Annual Conference on Genetic and Evolutionary Computation. New York,NY,USA: Association for Computing Machinery,2011: 845-852.

https://doi.org/10.1145/2001576.2001692.

[28] ZIEGLER J F,BIERSACK J P. The Stopping and Range of Ions in Matter[M/OL] // BROMLEY D A. Treatise on Heavy-Ion Science: Volume 6: Astrophysics,Chemistry,and Condensed Matter. Boston,MA: Springer US,1985: 93-129.

https://doi.org/10.1007/978-1-4615-8103-1_3.

[29] LIU J H, BYGGMÄSTAR J,FAN Z Y, et al. Large-scale machine-learning molecular dynamics simulation of primary radiation damage in tungsten[J/OL]. Phys. Rev. B,2023,108: 054312.

https://link.aps.org/doi/10.1103/PhysRevB.108.054312.

[30] GRIMME S,ANTONY J,EHRLICH S,et al. A consistent and accurate ab initio parametrization of density functional dispersion correction (DFT-D) for the 94 elements H-Pu[J/OL]. The Journal of

Chemical Physics,2010,132(15): 154104.

https://doi.org/10.1063/1.3382344.

[31] GRIMME S,EHRLICH S,GOERIGK L. Effect of the damping function in dispersion corrected density functional theory[J/OL]. Journal of Computational Chemistry,2011,32(7): 1456-1465.

https://onlinelibrary.wiley.com/doi/abs/10.1002/jcc.21759.

[32] YING P H,FAN Z Y. Combining the D3 dispersion correction with the neuroevolution machine-learned potential[J/OL]. Journal of Physics: Condensed Matter,2023,36(12): 125901.

https://dx.doi.org/10.1088/1361-648X/ad1278.

[33] DONG H K,SHI Y B,YING P H,et al. Molecular dynamics simulations of heat transport using machine-learned potentials: A mini-review and tutorial on GPUMD with neuroevolution potentials[J/OL]. Journal of Applied Physics,2024,135(16): 161101.

http://dx.doi.org/10.1063/5.0200833.

[34] BERENDSEN H J C,POSTMA J P M,van GUNSTEREN W F,et al. Molecular dynamics with coupling to an external bath[J/OL]. The Journal of Chemical Physics,1984,81(8): 3684-3690.

http://dx.doi.org/10.1063/1.448118.

[35] BUSSI G,DONADIO D,PARRINELLO M. Canonical sampling through velocity rescaling[J/OL]. The Journal of Chemical Physics,2007,126(1): 014101.

https://doi.org/10.1063/1.2408420.

[36] NOSE S. A unified formulation of the constant temperature molecular dynamics methods[J/OL]. The Journal of Chemical Physics,1984,81(1): 511-519.

http://dx.doi.org/10.1063/1.447334.

[37] HOOVER W G. Canonical dynamics: Equilibrium phase-space distributions[J/OL]. Phys. Rev. A,1985,31: 1695-1697.

https://link.aps.org/doi/10.1103/PhysRevA.31.1695.

[38] MARTYNA G J,KLEIN M L,TUCKERMAN M. Nose-Hoover chains: The canonical ensemble via continuous dynamics[J/OL]. The Journal of Chemical Physics,1992,97(4): 2635-2643.

http://dx.doi.org/10.1063/1.463940.

[39] BUSSI G,PARRINELLO M. Accurate sampling using Langevin dynamics[J/OL]. Phys. Rev. E,2007,75: 056707.

https://link.aps.org/doi/10.1103/PhysRevE.75.056707.

[40] LEIMKUHLER B,MATTHEWS C. Rational Construction of Stochastic Numerical Methods for Molecular Sampling[J/OL]. Applied Mathematics Research eXpress,2012,2013(1): 34-56.

https://doi.org/10.1093/amrx/abs010.

[41] BERNETTI M,BUSSI G. Pressure control using stochastic cell rescaling[J/OL]. The Journal of

Chemical Physics,2020,153(11): 114107.

http://dx.doi.org/10.1063/5.0020514.

[42] ANDERSEN H C. Molecular dynamics simulations at constant pressure and/or temperature[J/OL]. The Journal of Chemical Physics,1980,72(4): 2384-2393.

http://dx.doi.org/10.1063/1.439486.

[43] PARRINELLO M,RAHMAN A. Crystal Structure and Pair Potentials: A Molecular-Dynamics Study[J/OL]. Phys. Rev. Lett.,1980,45: 1196-1199.

https://link.aps.org/doi/10.1103/PhysRevLett.45.1196.

[44] MARTYNA G J,TOBIAS D J,KLEIN M L. Constant pressure molecular dynamics algorithms [J/OL]. The Journal of Chemical Physics,1994,101(5): 4177-4189.

http://dx.doi.org/10.1063/1.467468.

[45] MARTYNA G J,TUCKERMAN M E,TOBIAS D J,et al. Explicit reversible integrators for extended systems dynamics[J/OL]. Molecular Physics,1996,87(5): 1117-1157.

http://dx.doi.org/10.1080/00268979600100761.

[46] CHEN Z K,BERRENS M L,CHAN K-T,et al. Thermodynamics of Water and Ice from a Fast and Scalable First-Principles Neuroevolution Potential[J/OL]. Journal of Chemical & Engineering Data,2024,69(1): 128-140.

http://dx.doi.org/10.1021/acs.jced.3c00561.

[47] ZWANZIG R W. High-Temperature Equation of State by a Perturbation Method. I. Nonpolar Gases[J/OL]. The Journal of Chemical Physics,1954,22(8): 1420-1426.

http://dx.doi.org/10.1063/1.1740409.

[48] KIRKWOOD J G. Statistical Mechanics of Fluid Mixtures[J/OL]. The Journal of Chemical Physics,1935,3(5): 300-313.

http://dx.doi.org/10.1063/1.1749657.

[49] JARZYNSKI C. Nonequilibrium Equality for Free Energy Differences[J/OL]. Phys. Rev. Lett., 1997,78: 2690-2693.

https://link.aps.org/doi/10.1103/PhysRevLett.78.2690.

[50] de KONING M. Optimizing the driving function for nonequilibrium free-energy calculations in the linear regime: A variational approach[J/OL]. The Journal of Chemical Physics,2005,122(10): 104106.

http://dx.doi.org/10.1063/1.1860556.

[51] FRENKEL D,LADD A J C. New Monte Carlo method to compute the free energy of arbitrary solids. Application to the fcc and hcp phases of hard spheres[J/OL]. The Journal of Chemical Physics,1984,81(7): 3188-3193.

http://dx.doi.org/10.1063/1.448024.

[52] FAN Z Y,WANG Y Z,GU X K,et al. A minimal Tersoff potential for diamond silicon with improved descriptions of elastic and phonon transport properties[J/OL]. Journal of Physics: Condensed Matter,2019,32(13): 135901.

https://dx.doi.org/10.1088/1361-648X/ab5c5f.

[53] CHENG B Q,CERIOTTI M. Computing the absolute Gibbs free energy in atomistic simulations: Applications to defects in solids[J/OL]. Physical Review B,2018,97(5): 1-10.

http://dx.doi.org/10.1103/PhysRevB.97.054102.

[54] CAJAHUARINGA S,ANTONELLI A. Non-equilibrium free-energy calculation of phase-boundaries using LAMMPS[J/OL]. Computational Materials Science,2022,207(March): 111275.

https://doi.org/10.1016/j.commatsci.2022.111275.

[55] GREEN M S. Markoff Random Processes and the Statistical Mechanics of Time-Dependent Phenomena. II. Irreversible Processes in Fluids[J/OL]. The Journal of Chemical Physics,1954, 22(3): 398-413.

http://dx.doi.org/10.1063/1.1740082.

[56] KUBO R. Statistical-Mechanical Theory of Irreversible Processes. I. General Theory and Simple Applications to Magnetic and Conduction Problems[J/OL]. Journal of the Physical Society of Japan,1957,12(6): 570-586.

http://dx.doi.org/10.1143/JPSJ.12.570.

[57] J EVANS D,P MORRISS G. Statistical mechanics of nonequilbrium liquids[M/OL]. World: ANU Press,2007.

http://dx.doi.org/http://doi.org/10.22459/SMNL.08.2007.

[58] FAN Z Y,DONG H K,HARJU A,et al. Homogeneous nonequilibrium molecular dynamics method for heat transport and spectral decomposition with many-body potentials[J/OL]. Phys. Rev. B, 2019, 99: 064308.

https://link.aps.org/doi/10.1103/PhysRevB.99.064308.

[59] LI Z,XIONG S Y,SIEVERS C,et al. Influence of thermostatting on nonequilibrium molecular dynamics simulations of heat conduction in solids[J/OL]. The Journal of chemical physics, 2019, 151(23): 234105.

http://dx.doi.org/10.1063/1.5132543.

[60] WANG Y Z,FAN Z Y,QIAN P,et al. Quantum-corrected thickness-dependent thermal conductivity in amorphous silicon predicted by machine learning molecular dynamics simulations[J/OL]. Phys. Rev. B,2023,107: 054303.

https://link.aps.org/doi/10.1103/PhysRevB.107.054303.

[61] GU X K,FAN Z Y,BAO H,et al. Revisiting phonon-phonon scattering in single-layer graphene[J/OL]. Phys. Rev. B,2019,100: 064306.

https://link.aps.org/doi/10.1103/PhysRevB.100.064306.

[62] DICKEY J M,PASKIN A. Computer Simulation of the Lattice Dynamics of Solids[J/OL]. Phys. Rev.,1969,188: 1407-1418.

https://link.aps.org/doi/10.1103/PhysRev.188.1407.

[63] DONG H K,FAN Z Y,SHI L B,et al. Equivalence of the equilibrium and the nonequilibrium molecular dynamics methods for thermal conductivity calculations: From bulk to nanowire silicon[J/OL]. Phys. Rev. B,2018,97: 094305.

https://link.aps.org/doi/10.1103/PhysRevB.97.094305.

[64] XU K,FAN Z Y,ZHANG J C,et al. Thermal transport properties of single-layer black phosphorous from extensive molecular dynamics simulations[J/OL]. Modelling and Simulation in Materials Science and Engineering,2018,26: 085001.

http://dx.doi.org/10.1088/1361-651X/aae180.

[65] FEYNMAN R P,HIBBS A R. Quantum Mechanics and Path Integrals[M]. New York: McGraw-Hill,1965 .

[66] PARRINELLO M,RAHMAN A. Study of an F center in molten KCl[J/OL]. The Journal of Chemical Physics,1984,80(2): 860-867 .

http://dx.doi.org/10.1063/1.446740.

[67] CERIOTTI M,PARRINELLO M,MARKLAND T E,et al. Efficient stochastic thermostatting of path integral molecular dynamics[J/OL]. The Journal of Chemical Physics,2010,133(12): 124104.

http://dx.doi.org/10.1063/1.3489925.

[68] KOROL R,BOU-RABEE N,Thomas F MILLER I. Cayley modification for strongly stable path-integral and ring-polymer molecular dynamics[J/OL]. The Journal of Chemical Physics, 2019,151(12): 124103.

http://dx.doi.org/10.1063/1.5120282.

[69] CRAIG I R,MANOLOPOULOS D E. Quantum statistics and classical mechanics: Real time correlation functions from ring polymer molecular dynamics[J/OL]. The Journal of Chemical Physics,2004,121(8): 3368-3373.

http://dx.doi.org/10.1063/1.1777575.

[70] CAO J S,VOTH G A. The formulation of quantum statistical mechanics based on the Feynman path centroid density. II. Dynamical properties[J/OL]. The Journal of Chemical Physics,1994, 100(7): 5106-5117.

http://dx.doi.org/10.1063/1.467176.

[71] XU K,HAO Y C,LIANG T,et al. Accurate prediction of heat conductivity of water by a neuroevolution potential[J/OL]. The Journal of Chemical Physics,2023,158(20): 204114.

https://doi.org/10.1063/5.0147039.

[72] ZHANG H G,GU X K,FAN Z Y,et al. Vibrational anharmonicity results in decreased thermal conductivity of amorphous HfO_2 at high temperature[J/OL]. Phys. Rev. B,2023,108: 045422.

https://link.aps.org/doi/10.1103/PhysRevB.108.045422.

[73] LIANG T,YING P H,XU K,et al. Mechanisms of temperature-dependent thermal transport in amorphous silica from machine-learning molecular dynamics[J/OL]. Phys. Rev. B,2023,108: 184203.

https://link.aps.org/doi/10.1103/PhysRevB.108.184203.

[74] SONG K K,LIU J H,CHEN S D,et al. Solute segregation in polycrystalline aluminum from hybrid Monte Carlo and molecular dynamics simulations with a unified neuroevolution potential[J/OL]. arXiv, 2024.

http://dx.doi.org/10.48550/arXiv.2404.13694.

[75] XU N,ROSANDER P,SCHäFER C,et al. Tensorial Properties via the Neuroevolution Potential Framework: Fast Simulation of Infrared and Raman Spectra[J/OL]. Journal of Chemical Theory and Computation,2024,20(8): 3273-3284.

http://dx.doi.org/10.1021/acs.jctc.3c01343.

[76] FAN Z Y,XIAO Y Z,WANG Y Z,et al. Combining linear-scaling quantum transport and machine-learning molecular dynamics to study thermal and electronic transports in complex materials[J/OL]. Journal of Physics: Condensed Matter,2024,36(24): 245901.

https://dx.doi.org/10.1088/1361-648X/ad31c2.